KB100630

최상위 수학 S 2-2

펴낸날 [초판 1쇄] 2024년 3월 20일 [초판 2쇄] 2024년 8월 13일
펴낸이 이기열
펴낸곳 (주)디딤돌 교육
주소 (03972) 서울특별시 마포구 월드컵북로 122 청원선와이즈타워
대표전화 02-3142-9000
구입문의 02-322-8451
내용문의 02-323-9166
팩시밀리 02-338-3231
홈페이지 www.didimdol.co.kr
등록번호 제10-718호
구입한 후에는 철회되지 않으며 잘못 인쇄된 책은 바꾸어 드립니다.

초등 2·2

상위권의 기준

최상위 수학 S

디딤돌

상위권의 힘, 느낌!

처음 자전거를 배울 때, 설명만 듣고 탈 수는 없습니다.
하지만, 직접 자전거를 타고 넘어져 가며
방법을 몸으로 느끼고 나면
나는 이제 '자전거를 탈 수 있는 사람'이 됩니다.
그리고 평생 자전거를 탈 수 있습니다.

수학을 배우는 것도 꼭 이와 같습니다.
자세한 설명, 반복학습 모두 필요하지만
가장 중요한 것은 "느꼈는가"입니다.
느껴야 이해할 수 있고,
이해해야 평생 '수학을 할 수 있는 사람'이 됩니다.

"최상위 수학 S는
수학에 대한 느낌과 이해를 통해
중고등까지 상위권이 될 수 있는 힘을 길러줍니다."

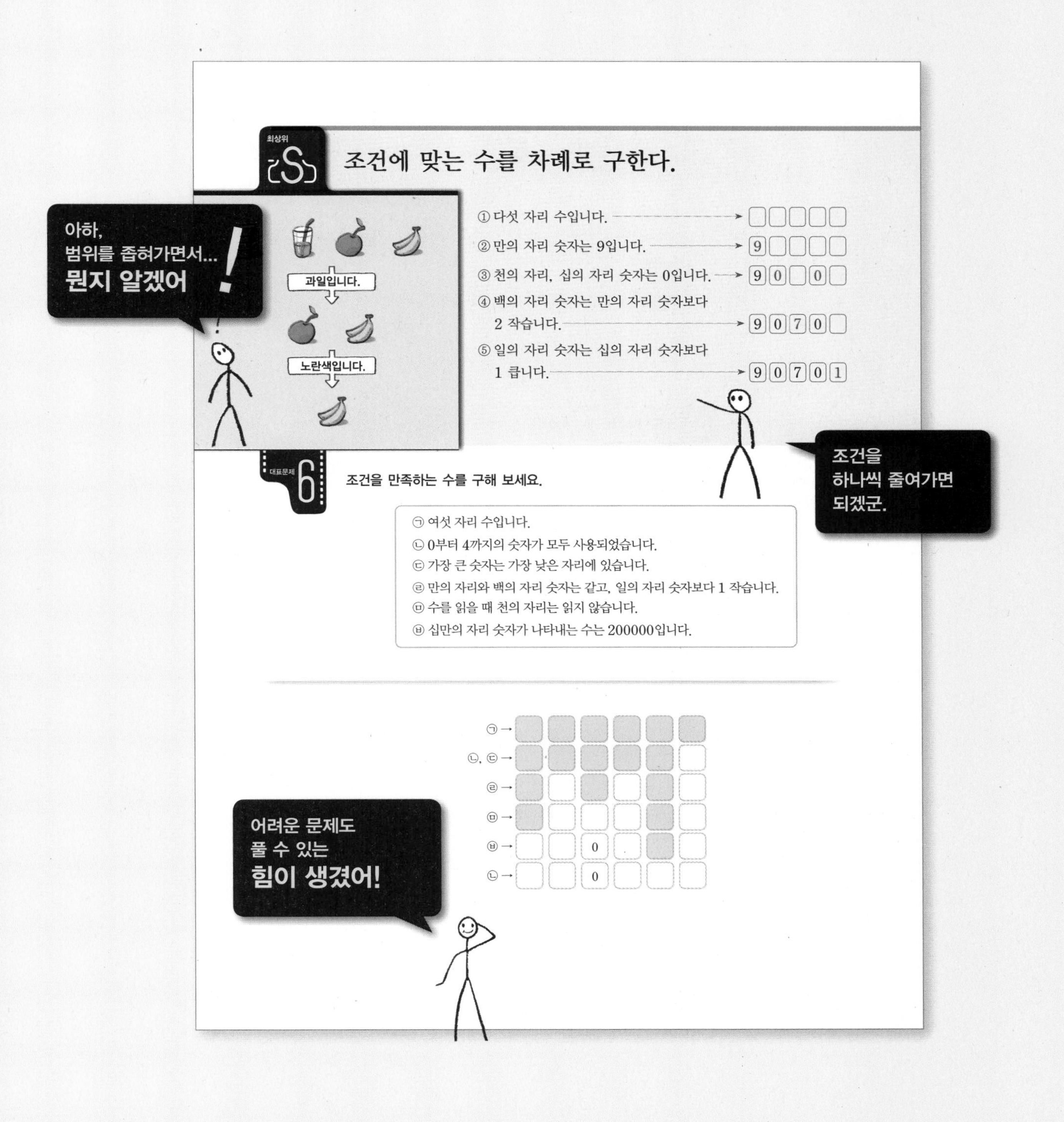

최상위 S

조건에 맞는 수를 차례로 구한다.

① 다섯 자리 수입니다. → □□□□□
② 만의 자리 숫자는 9입니다. → 9□□□□
③ 천의 자리, 십의 자리 숫자는 0입니다. → 9 0 □ 0 □
④ 백의 자리 숫자는 만의 자리 숫자보다 2 작습니다. → 9 0 7 0 □
⑤ 일의 자리 숫자는 십의 자리 숫자보다 1 큽니다. → 9 0 7 0 1

대표문제 6

조건을 만족하는 수를 구해 보세요.

㉠ 여섯 자리 수입니다.
㉡ 0부터 4까지의 숫자가 모두 사용되었습니다.
㉢ 가장 큰 숫자는 가장 낮은 자리에 있습니다.
㉣ 만의 자리와 백의 자리 숫자는 같고, 일의 자리 숫자보다 1 작습니다.
㉤ 수를 읽을 때 천의 자리는 읽지 않습니다.
㉥ 십만의 자리 숫자가 나타내는 수는 200000입니다.

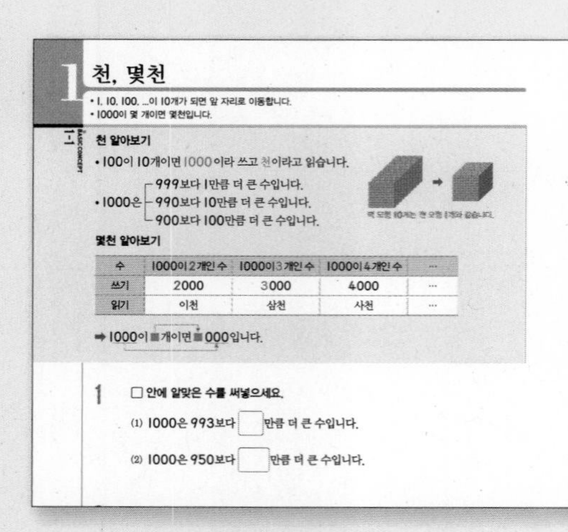

1 천, 몇천

- 1, 10, 100, ...이 10개가 되면 앞 자리로 이동합니다.
- 1000이 몇 개이면 몇천입니다.

1-1 BASIC CONCEPT

천 알아보기

- 100이 10개이면 1000이라 쓰고 천이라고 읽습니다.
- 1000은 ─ 999보다 1만큼 더 큰 수입니다. / 990보다 10만큼 더 큰 수입니다. / 900보다 100만큼 더 큰 수입니다.

몇천 알아보기

수	1000이 2개인 수	1000이 3개인 수	1000이 4개인 수	···
쓰기	2000	3000	4000	···
읽기	이천	삼천	사천	···

➡ 1000이 ■개이면 ■000입니다.

1 □ 안에 알맞은 수를 써넣으세요.

(1) 1000은 993보다 □만큼 더 큰 수입니다.

(2) 1000은 950보다 □만큼 더 큰 수입니다.

교과서 개념부터
심화 · 중등개념까지!

수학을 느껴야
이해할 수 있고

100이 10개이면 1000이다.

1000원

100이 10개 ➡ 1000
100이 20개 ➡ 2000
100이 30개 ➡ 3000
⋮
100이 90개 ➡ 9000

1 소윤이는 1000원짜리 지폐 3장과 100원짜리 동전 20개를 가지고 있습니다. 소윤이가 가지고 있는 돈은 모두 얼마인지 구해 보세요.

100이 10개이면 1000이므로 100원짜리 동전 10개는 □원입니다.

1000원짜리 지폐 3장은 □원이고,

100원짜리 동전 20개는 □원입니다.

MATH MASTER

1 채소나 과일 등을 묶어 셀 때 100개를 한 접이라고 합니다. 마늘 20접을 한 봉지에 50개씩 담으면 모두 몇 봉지가 될까요?

( )

먼저 생각해 봐요!
1000은 50이 몇 개인 수일까요?

서술형 2 수민이는 매일 400원씩 모아 3200원짜리 장난감을 한 개 사려고 합니다. 수민이는 돈을 며칠 동안 모아야 하는지 풀이 과정을 쓰고 답을 구해 보세요.

풀이

답

3 1000이 4개, 100이 22개, 10이 51개, 1이 8개인 수에서 커지는 규칙으로 100씩 5번 뛰어 센 수는 얼마일까요?

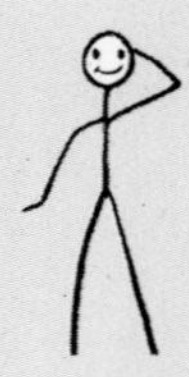

이해해야
어떤 문제라도
풀 수 있습니다.

C O N T E N T S

1

네 자리 수

1 천, 몇천

- 1, 10, 100, ...이 10개가 되면 앞 자리로 이동합니다.
- 1000이 몇 개이면 몇천입니다.

1-1 BASIC CONCEPT

천 알아보기

- 100이 10개이면 1000이라 쓰고 천이라고 읽습니다.
- 1000은 ┌ 999보다 1만큼 더 큰 수입니다.
  ├ 990보다 10만큼 더 큰 수입니다.
  └ 900보다 100만큼 더 큰 수입니다.

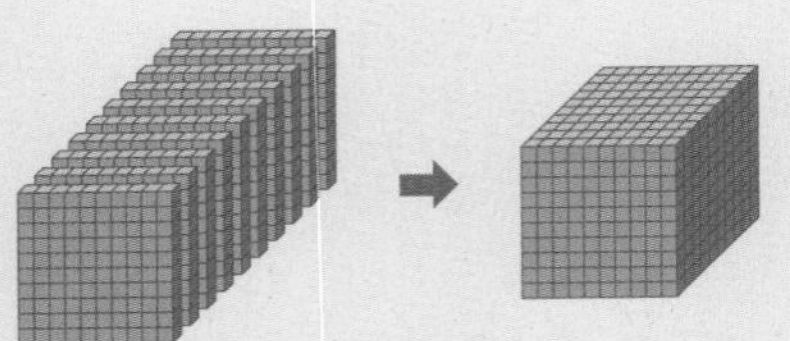
백 모형 10개는 천 모형 1개와 같습니다.

몇천 알아보기

수	1000이 2개인 수	1000이 3개인 수	1000이 4개인 수	···
쓰기	2000	3000	4000	···
읽기	이천	삼천	사천	···

➡ 1000이 ■개이면 ■000입니다.

1 □ 안에 알맞은 수를 써넣으세요.

(1) 1000은 993보다 □만큼 더 큰 수입니다.

(2) 1000은 950보다 □만큼 더 큰 수입니다.

2 1000이 되도록 이은 것입니다. □ 안에 알맞은 수를 써넣으세요.

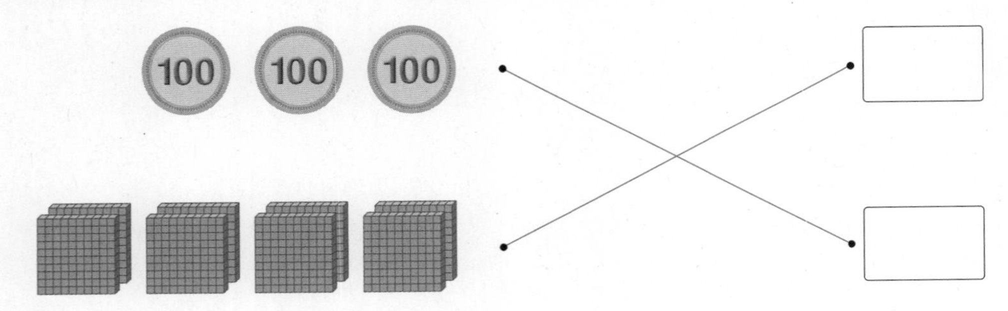

3 색종이가 한 상자에 1000장씩 들어 있습니다. 8상자에 들어 있는 색종이는 모두 몇 장일까요?

( )

BASIC CONCEPT 1-2

돈으로 1000 알아보기

1000원짜리 1장	500원짜리 2개	100원짜리 10개	10원짜리 100개
1000 천원	500 500	100 100 100 100 100 100 100 100 100 100	10 10 10 10 10 → 10개 10 10 10 10 10

4 소미는 100원짜리 동전을 6개 가지고 있습니다. 1000원짜리 초콜릿을 사려면 100원짜리 동전이 몇 개 더 있어야 할까요?

(　　　　　　　　)

BASIC CONCEPT 1-3

1000을 여러 가지 덧셈식으로 나타내기

1000의 표현	덧셈식
1이 1000개인 수	$\underbrace{1+1+1+1+\cdots+1}_{1000개}=1000$
10이 100개인 수	$\underbrace{10+10+10+10+\cdots+10}_{100개}=1000$
100이 10개인 수	$\underbrace{100+100+100+100+\cdots+100}_{10개}=1000$
999보다 1만큼 더 큰 수	$999+1=1000$
990보다 10만큼 더 큰 수	$990+10=1000$
900보다 100만큼 더 큰 수	$900+100=1000$

5 나타내는 수가 다른 하나를 찾아 기호를 써 보세요.

㉠ $950+10+10+10+10+10$
㉡ $500+100+100+100+100$
㉢ $993+1+1+1+1+1+1+1$

(　　　　　　　　)

2 네 자리 수, 자릿값

• 네 자리 수는 천의 자리, 백의 자리, 십의 자리, 일의 자리가 있습니다.
• 같은 숫자라도 자리에 따라 나타내는 수가 다릅니다.

BASIC CONCEPT 2-1

네 자리 수 알아보기

└ 네 개의 자리가 있는 수: 천의 자리, 백의 자리, 십의 자리, 일의 자리

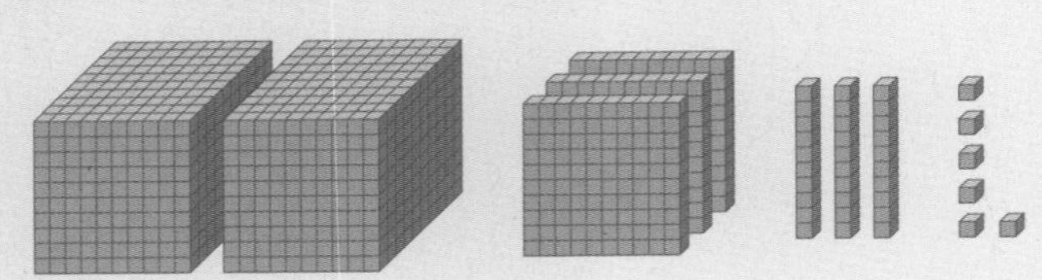

1000이 2개, 100이 3개, 10이 3개, 1이 6개인 수 ➡ 쓰기: 2336 / 읽기: 이천삼백삼십육

(2000(이천), 300(삼백), 30(삼십), 6(육))

네 자리 수의 자릿값 알아보기

천의 자리	백의 자리	십의 자리	일의 자리
2	3	3	6

→ 자릿값은 오른쪽부터 왼쪽으로 한 자리씩 옮겨갈 때마다 10배씩 커집니다.

⬇

2	0	0	0
	3	0	0
		3	0
			6

숫자는 같지만 자리에 따라 나타내는 수가 다릅니다.

2는 천의 자리 숫자이고 2000을,
3은 백의 자리 숫자이고 300을,
3은 십의 자리 숫자이고 30을,
6은 일의 자리 숫자이고 6을 나타냅니다.

➡ $2336 = 2000 + 300 + 30 + 6$

1 □ 안에 알맞은 수를 써넣으세요.

(1) $3000 + 500 + 20 + 8 =$ □

(2) $6000 + 400 + 3 =$ □

2 ㉠이 나타내는 수는 ㉡이 나타내는 수의 몇 배일까요?

4274 (첫째 4: ㉠, 둘째 4: ㉡)

(　　　　　　　)

BASIC CONCEPT 2-2

네 자리 수를 여러 가지 방법으로 나타내기

1000이 5개 ➡ 5000	1000이 4개 ➡ 4000	1000이 5개 ➡ 5000
100이 8개 ➡ 800	100이 18개 ➡ 1800	100이 6개 ➡ 600
10이 2개 ➡ 20	10이 2개 ➡ 20	10이 22개 ➡ 220
1이 3개 ➡ 3	1이 3개 ➡ 3	1이 3개 ➡ 3
5823	5823	5823
	(100이 10개, 100이 8개) =(1000이 1개, 100이 8개)	(10이 20개, 10이 2개) =(100이 2개, 10이 2개)

3 7348을 잘못 나타낸 것의 기호를 써 보세요.

㉠ 1000이 6개, 100이 13개, 10이 4개, 1이 8개인 수
㉡ 1000이 7개, 100이 3개, 10이 3개, 1이 28개인 수

( )

BASIC CONCEPT 2-3

4장의 수 카드를 한 번씩만 사용하여 조건에 맞는 네 자리 수 만들기

3 5 0 6 → 6>5>3>0

가장 큰 네 자리 수	둘째로 큰 네 자리 수	가장 작은 네 자리 수	둘째로 작은 네 자리 수
가장 큰 수부터 천, 백, 십, 일의 자리에 차례로 놓습니다. 6 5 3 0	가장 큰 네 자리 수의 십의 자리와 일의 자리 숫자를 바꿉니다. 6 5 0 3	가장 작은 수부터 천, 백, 십, 일의 자리에 차례로 놓습니다. 3 0 5 6	가장 작은 네 자리 수의 십의 자리와 일의 자리 숫자를 바꿉니다. 3 0 6 5

→ 높은 자리일수록 나타내는 수가 크기 때문입니다.

→ 천의 자리에 0이 올 수 없으므로 둘째로 작은 수 3을 천의 자리에 놓고 0은 백의 자리에 놓습니다.

4 4장의 수 카드를 한 번씩만 사용하여 네 자리 수를 만들려고 합니다. 만들 수 있는 가장 작은 수를 구해 보세요.

7 0 4 2

( )

3 뛰어 세기, 두 수의 크기 비교하기

• 어느 자리 수가 얼마나 변했는지 살펴보면 뛰어 세는 규칙을 알 수 있습니다.
• 높은 자리일수록 큰 수를 나타냅니다.

3-1 BASIC CONCEPT

뛰어 세기

• 1000씩 뛰어 세기 1425 - 2425 - 3425 - 4425 - 5425
천의 자리 수가 1씩 커집니다.

• 100씩 뛰어 세기 3279 - 3379 - 3479 - 3579 - 3679
백의 자리 수가 1씩 커집니다.

• 10씩 뛰어 세기 5749 - 5759 - 5769 - 5779 - 5789
십의 자리 수가 1씩 커집니다.

• 1씩 뛰어 세기 4893 - 4894 - 4895 - 4896 - 4897
일의 자리 수가 1씩 커집니다.

두 수의 크기 비교하기

• 자릿수가 다를 때에는 자릿수가 많은 쪽이 더 큽니다.

1273 > 394
네 자리 수 세 자리 수

• 자릿수가 같을 때에는 천의 자리, 백의 자리, 십의 자리, 일의 자리 수를 차례로 비교합니다.

1273 < 4013 (1<4)　　1273 > 1154 (2>1)　　1273 < 1290 (7<9)　　1273 < 1278 (3<8)

1 뛰어 세는 규칙을 찾아 빈칸에 알맞은 수를 써넣으세요.

(1) 3381 - 3481 - [ ] - [ ] - 3781

(2) 6738 - [ ] - 6740 - 6741 - [ ]

2 상자 안에 구슬이 1432개 들어 있습니다. 구슬을 10개씩 6번 더 넣으면 상자 안의 구슬은 모두 몇 개가 될까요?

( )

3-2 BASIC CONCEPT

수직선에서 수의 크기 비교하기

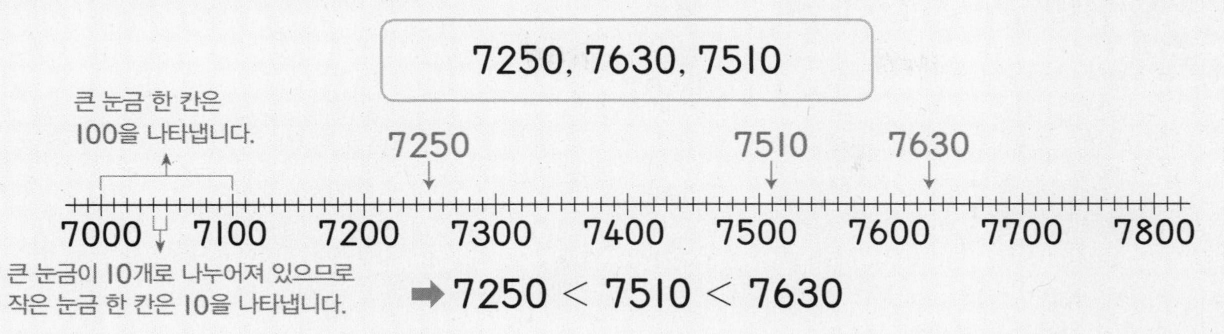

3 수직선에 ㉠, ㉡, ㉢의 위치를 각각 화살표로 표시해 보고 큰 수부터 차례로 기호를 써 보세요.

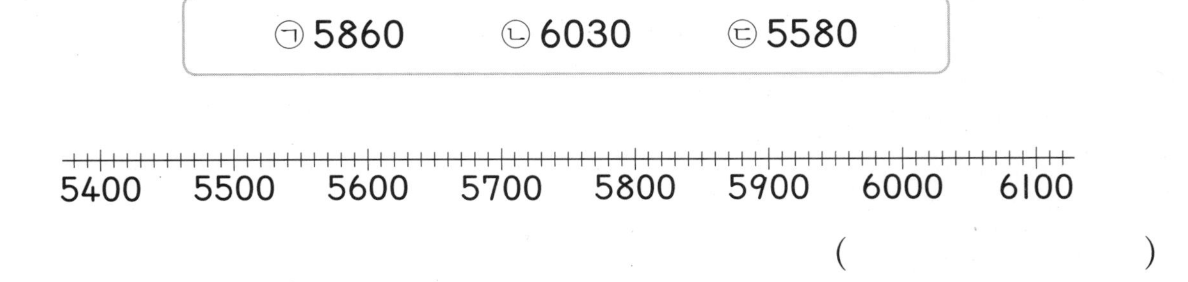

( )

3-3 BASIC CONCEPT

수의 크기를 비교하여 □ 안에 들어갈 수 있는 수 구하기

0부터 9까지의 수 중에서 □ 안에 들어갈 수 있는 수 구하기

$6\square75 < 6473$

① 천의 자리 수, 십의 자리 수, 일의 자리 수 비교: $6=6$, $7=7$, $5>3$

② 백의 자리 수 비교: $\square<4$ ➡ □ 안에 4보다 작은 수가 들어갈 수 있습니다.

$\square=4$ ➡ □ 안에 4는 들어갈 수 없습니다. — □ 안에 4를 넣으면 부등호 방향이 바뀝니다. $6475>6473$

➡ □ 안에 들어갈 수 있는 수는 0, 1, 2, 3입니다.

4 0부터 9까지의 수 중에서 □ 안에 들어갈 수 있는 수는 모두 몇 개일까요?

$8557 > 85\square4$

( )

100이 10개이면 1000이다.

100이 10개 ➡ 1000
100이 20개 ➡ 2000
100이 30개 ➡ 3000
⋮ ⋮
100이 90개 ➡ 9000

소윤이는 1000원짜리 지폐 3장과 100원짜리 동전 20개를 가지고 있습니다. 소윤이가 가지고 있는 돈은 모두 얼마인지 구해 보세요.

100이 10개이면 1000이므로 100원짜리 동전 10개는 [ ] 원입니다.

1000원짜리 지폐 3장은 [ ] 원이고,

100원짜리 동전 20개는 [ ] 원입니다.

➡ 소윤이가 가지고 있는 돈: 지폐 [ ] 원과 동전 [ ] 원

따라서 소윤이가 가지고 있는 돈은 모두 [ ] 원입니다.

1-1 하영이는 1000원짜리 지폐 4장과 100원짜리 동전 30개를 가지고 있습니다. 하영이가 가지고 있는 돈은 모두 얼마일까요?

( )

1-2 예린이는 1000원짜리 지폐 5장과 100원짜리 동전 몇 개를 가지고 있습니다. 민호는 예린이보다 1000원 더 많은 8000원을 가지고 있습니다. 예린이가 가지고 있는 100원짜리 동전은 몇 개일까요?

( )

1-3 민지의 저금통에는 1000원짜리 지폐 2장, 500원짜리 동전 5개, 100원짜리 동전 15개가 들어 있습니다. 민지의 저금통에 들어 있는 돈은 모두 얼마일까요?

( )

1-4 도희의 저금통에는 1000원짜리 지폐 1장, 500원짜리 동전 3개, 100원짜리 동전 25개가 들어 있습니다. 도희의 저금통에 들어 있는 돈으로 9000원짜리 장난감을 사려고 할 때 부족한 돈은 얼마일까요?

( )

최상위 S

바뀌는 수의 차이만큼 뛰어 센다.

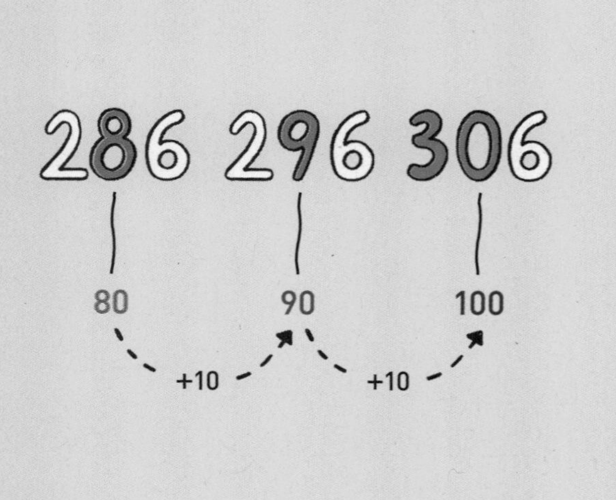

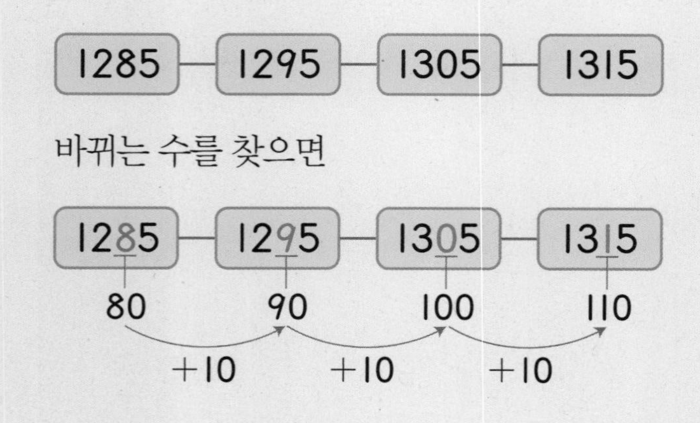

대표문제 2

●씩 뛰어 센 수를 수직선에 나타냈습니다. ●는 얼마인지 구해 보세요.

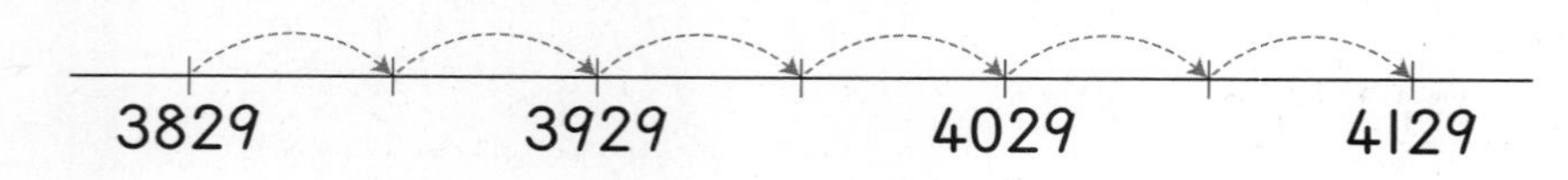

3829에서 눈금 두 칸만큼 뛰어 세면 ☐ 이므로

눈금 두 칸은 ☐ 을 나타냅니다.

☐ 은 ☐ 이 2개인 수이므로 눈금 한 칸의 크기는 ☐ 입니다.

따라서 ●는 ☐ 입니다.

2-1 ●씩 뛰어 센 수를 수직선에 나타냈습니다. ●는 얼마일까요?

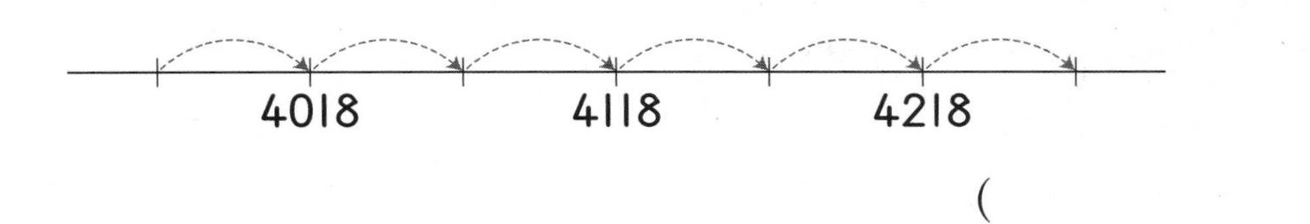

(　　　　　　)

2-2 ●씩 뛰어 센 수를 수직선에 나타냈습니다. ●는 얼마일까요?

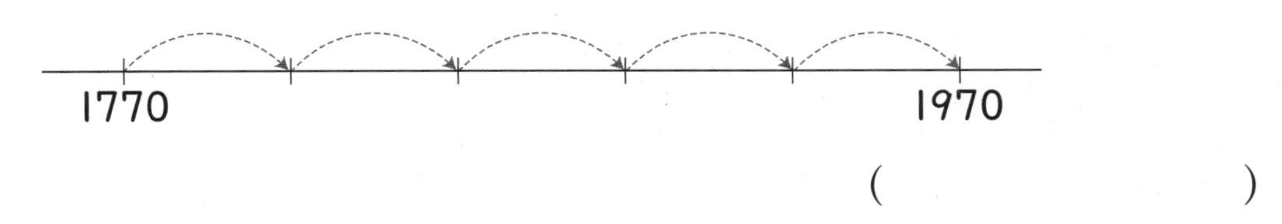

(　　　　　　)

2-3 ●씩 뛰어 센 수를 수직선에 나타냈습니다. ㉠과 ㉡이 나타내는 수를 각각 써 보세요.

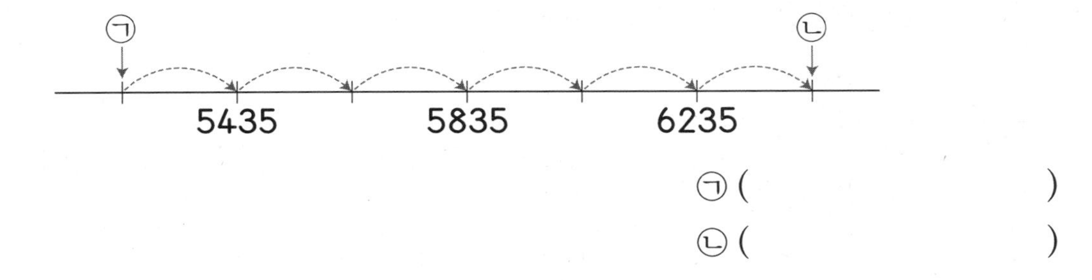

㉠ (　　　　　　)

㉡ (　　　　　　)

2-4 ●씩 뛰어 센 수를 수직선에 나타냈습니다. ㉠, ㉡, ㉢이 나타내는 수를 각각 써 보세요.

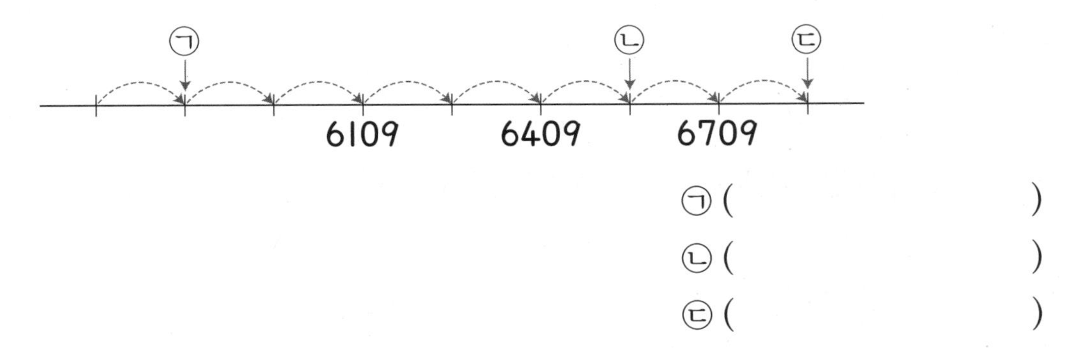

㉠ (　　　　　　)

㉡ (　　　　　　)

㉢ (　　　　　　)

1, 10, 100이 10개가 되면 앞 자리로 이동한다.

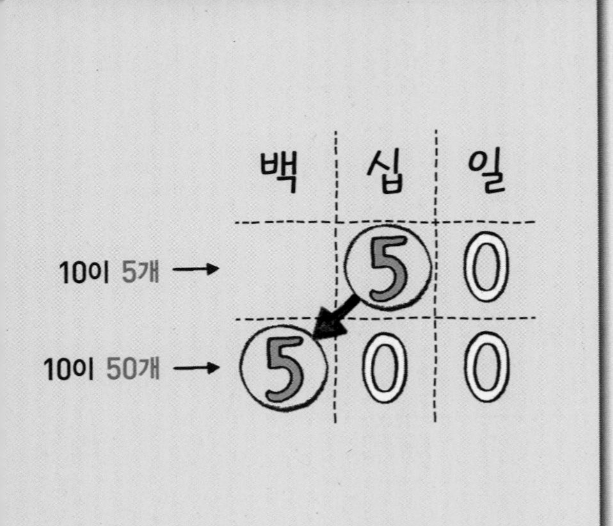

10이 2개 ➡ 20
10이 10개 ➡ 100
10이 12개 ➡ 120

100이 3개 ➡ 300
100이 20개 ➡ 2000
100이 23개 ➡ 2300

대표문제 3

0부터 9까지의 수 중에서 ■에 알맞은 수를 구해 보세요.

7545는 1000이 7개, 100이 ■개, 10이 24개, 1이 5개 입니다.

1000이 7개 ➡ 7000
10이 24개 ➡ 240
1이 5개 ➡ 5

[ ]

[ ]는 7545보다 [ ]만큼 더 작은 수입니다.

[ ]은 100이 [ ]개인 수이므로 ■에 알맞은 수는 [ ]입니다.

3-1 0부터 9까지의 수 중에서 ■에 알맞은 수를 구해 보세요.

6691은 1000이 ■개, 100이 26개, 10이 9개, 1이 1개입니다.

( )

3-2 0부터 9까지의 수 중에서 ■에 알맞은 수를 구해 보세요.

8274는 1000이 3개, 100이 52개, 10이 ■개, 1이 24개입니다.

( )

3-3 0부터 9까지의 수 중에서 ●, ■에 알맞은 수를 각각 구해 보세요.

●823은 1000이 6개, 100이 ■개, 10이 51개, 1이 13개입니다.

● ( )

■ ( )

3-4 0부터 9까지의 수 중에서 ▲, ●, ■에 알맞은 수를 각각 구해 보세요.

7●6■는 1000이 ▲개, 100이 33개, 10이 46개, 1이 9개입니다.

▲ ( )

● ( )

■ ( )

커진 만큼 작아지면 처음 수가 된다.

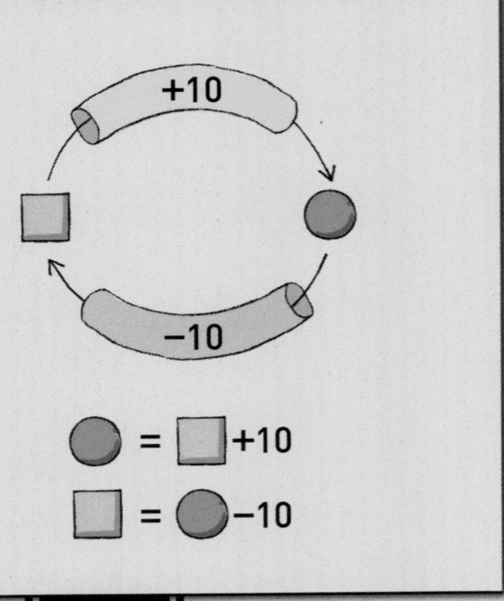

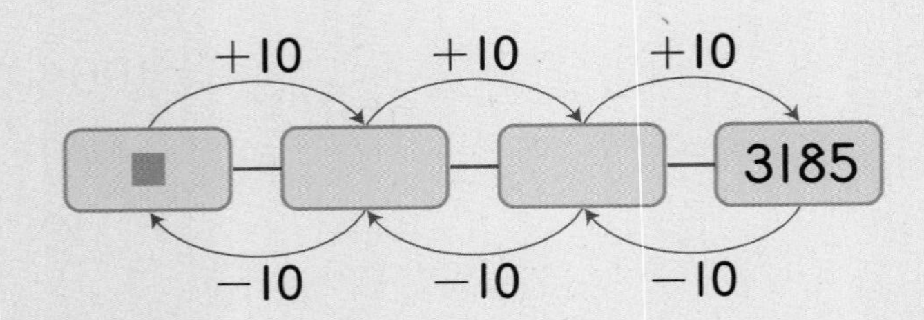

■에서 커지는 규칙으로 10씩 3번 뛰어 세면 3185
➡ 3185에서 작아지는 규칙으로 10씩 3번 뛰어 세면
■=3155

■에서 커지는 규칙으로 10씩 4번 뛰어 세었더니 6792가 되었습니다. ■에 알맞은 수를 구해 보세요.

■에서 커지는 규칙으로 10씩 4번 뛰어 세어 6792가 되었으므로

■는 6792에서 작아지는 규칙으로 10씩 ☐번 뛰어 센 수입니다.

6792에서 작아지는 규칙으로 10씩 ☐번 뛰어 세면

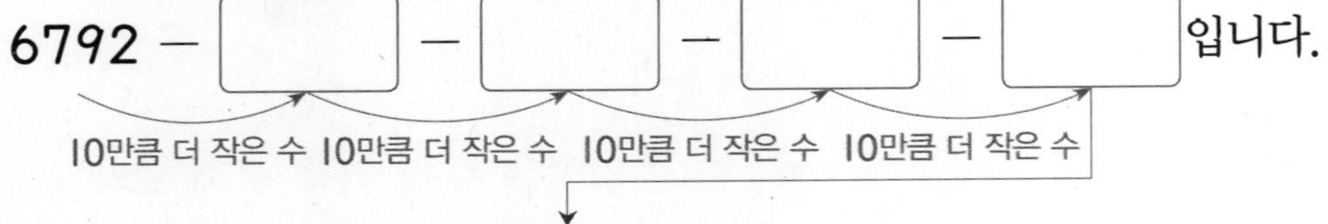

따라서 ■에 알맞은 수는 ☐ 입니다.

4-1 ■에서 커지는 규칙으로 100씩 6번 뛰어 세었더니 5814가 되었습니다. ■에 알맞은 수는 얼마일까요?

( )

서술형 **4-2** ●에서 작아지는 규칙으로 10씩 5번 뛰어 세었더니 2902가 되었습니다. ●에 알맞은 수는 얼마인지 풀이 과정을 쓰고 답을 구해 보세요.

풀이

답

4-3 ▲에서 커지는 규칙으로 100씩 4번 뛰어 세었더니 8685가 되었습니다. ▲에서 작아지는 규칙으로 10씩 7번 뛰어 센 수는 얼마일까요?

( )

4-4 어떤 수에서 커지는 규칙으로 30씩 3번 뛰어 세어야 할 것을 잘못하여 커지는 규칙으로 300씩 3번 뛰어 세었더니 7320이 되었습니다. 바르게 뛰어 센 수는 얼마일까요?

( )

최상위 S

조건에 맞는 수를 차례로 구한다.

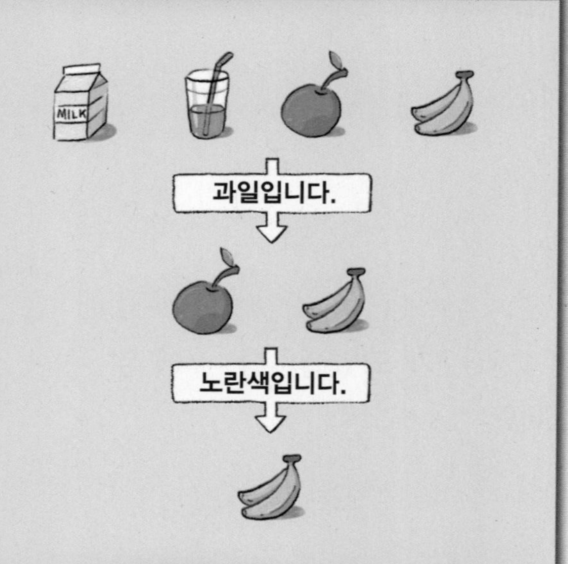

① 2000보다 크고 3000보다 작습니다. → 2 □ □ □

② 백의 자리 숫자는 5입니다. → 2 5 □ □

③ 십의 자리 수는 천의 자리 수보다 5만큼 더 큽니다. → 2 5 7 □

④ 각 자리 수의 합은 20입니다. → 2 5 7 6

대표문제 5

다음 조건을 모두 만족하는 네 자리 수를 구해 보세요.

- 4000보다 크고 5000보다 작습니다.
- 백의 자리 숫자는 6입니다.
- 각 자리 수의 합은 20입니다.
- 십의 자리 숫자와 일의 자리 숫자가 같습니다.

- 4000보다 크고 5000보다 작으므로 천의 자리 숫자는 □입니다.
- 백의 자리 숫자는 □입니다.
- 각 자리 수의 합은 20이므로
  십의 자리 수와 일의 자리 수의 합은 20 − □ − □ = □입니다.
- □ = □ + □이므로 십의 자리 숫자와 일의 자리 숫자는 □로 같습니다.

  십의 자리 숫자와 일의 자리 숫자가 같으므로 같은 수입니다.

따라서 조건을 모두 만족하는 네 자리 수는 □입니다.

5-1 다음 조건을 모두 만족하는 네 자리 수를 구해 보세요.

- 7000보다 크고 8000보다 작습니다.
- 백의 자리 숫자는 천의 자리 숫자와 같습니다.
- 각 자리 수의 합은 15입니다.
- 십의 자리 수는 일의 자리 수보다 큽니다.

( )

5-2 다음 조건을 모두 만족하는 네 자리 수는 몇 개일까요?

- 3000보다 크고 4000보다 작습니다.
- 백의 자리 수는 천의 자리 수보다 5만큼 더 큽니다.
- 십의 자리 수는 일의 자리 수보다 7만큼 더 큽니다.

( )

5-3 다음 조건을 모두 만족하는 네 자리 수는 몇 개일까요?

- 4000보다 크고 5000보다 작습니다.
- 십의 자리 수는 천의 자리 수보다 1만큼 더 작습니다.
- 일의 자리 수는 천의 자리 수보다 작고
  백의 자리 수는 일의 자리 수보다 작습니다.

( )

최상위 S

조건에 맞게 수 카드를 놓아 수를 만든다.

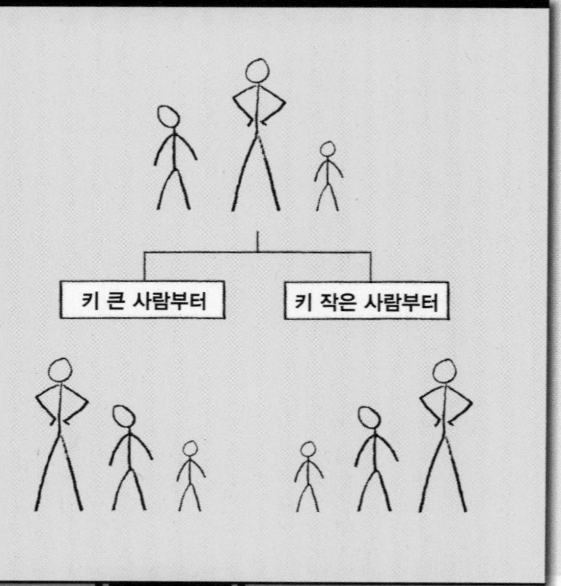

2 4 0 6

6000보다 큰 네 자리 수 ➡ 천의 자리 숫자 6

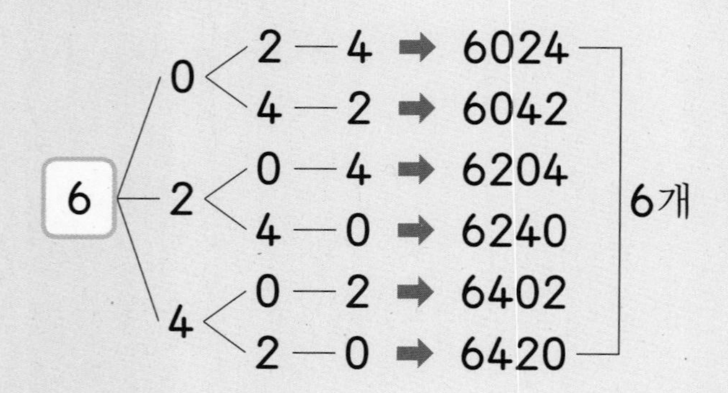

대표문제 6

수 카드를 한 번씩만 사용하여 5000보다 큰 네 자리 수를 만들려고 합니다. 만들 수 있는 수는 모두 몇 개인지 구해 보세요.

8 0 5 3

- 5000보다 큰 네 자리 수를 만들어야 하므로
  천의 자리에 올 수 있는 수는 5와 8입니다.
- 천의 자리 숫자가 5일 때 만들 수 있는 수를 작은 수부터 차례로 써 보면
  5038, 5083, ☐, ☐, ☐, ☐이므로 ☐개입니다.
- 천의 자리 숫자가 8일 때 만들 수 있는 수를 작은 수부터 차례로 써 보면
  ☐, ☐, ☐, ☐, ☐, ☐이므로 ☐개입니다.

따라서 5000보다 큰 네 자리 수는 모두 ☐+☐=☐(개) 만들 수 있습니다.

6-1 수 카드를 한 번씩만 사용하여 4000보다 작은 네 자리 수를 만들려고 합니다. 만들 수 있는 수는 모두 몇 개일까요?

3 6 4 1

(　　　　　　　　)

6-2 수 카드를 한 번씩만 사용하여 십의 자리 숫자가 5인 네 자리 수를 만들려고 합니다. 만들 수 있는 수 중에서 가장 큰 수는 얼마일까요?

5 9 2 1

(　　　　　　　　)

6-3 수 카드를 한 번씩만 사용하여 백의 자리 숫자가 7인 네 자리 수를 만들려고 합니다. 만들 수 있는 수 중에서 가장 작은 수는 얼마일까요?

3 0 6 7

(　　　　　　　　)

6-4 수 카드를 한 번씩만 사용하여 십의 자리 숫자가 0인 네 자리 수를 만들려고 합니다. 만들 수 있는 수 중에서 4200보다 큰 수를 모두 구해 보세요.

8 4 0 1

(　　　　　　　　　　　　)

최상위 S

모르는 수 바로 아랫자리까지 크기를 비교한다.

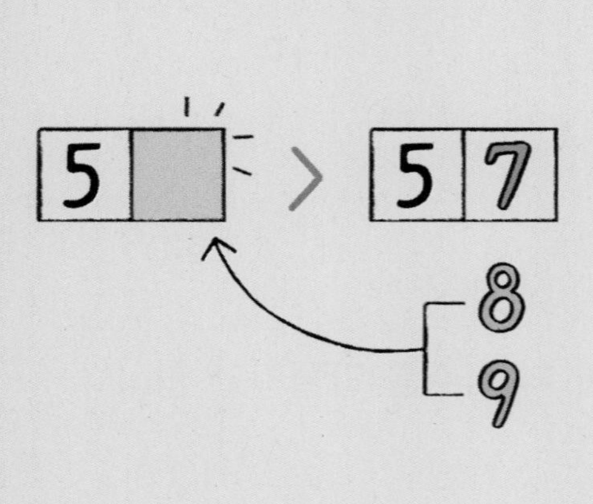

9□54 < 9436

5>3

□ 안에 들어갈 수 있는 수는 4보다 작은 수입니다.

➡ 0, 1, 2, 3

0부터 9까지의 수 중에서 □ 안에 공통으로 들어갈 수 있는 수를 구해 보세요.

4□63 < 4759　　76□8 > 7665

• 4□63<4759에서 천의 자리 수가 □로 같고 십의 자리 수가 □>5이므로 □ 안에 들어갈 수 있는 수는 □보다 작은 수입니다.

➡ 0, 1, 2, □, □, □, □ ······ ㉠

• 76□8>7665에서 천의 자리 수가 □, 백의 자리 수가 □으로 같고 일의 자리 수가 8>5이므로 □ 안에 들어갈 수 있는 수는 □과 같거나 큰 수입니다.

➡ □, □, □, □ ······ ㉡

따라서 □ 안에 공통으로 들어갈 수 있는 수는 □입니다.

㉠, ㉡에 공통으로 있는 수

7-1 0부터 9까지의 수 중에서 □ 안에 공통으로 들어갈 수 있는 수는 모두 몇 개일까요?

54□1 < 5600　　9121 > 91□0

(　　　　　　)

7-2 0부터 9까지의 수 중에서 ㉠, ㉡에 들어갈 수 있는 두 수의 짝을 (㉠, ㉡)으로 나타낼 때 그 짝은 모두 몇 가지일까요?

21㉠0 > 218㉡

(　　　　　　)

7-3 0부터 9까지의 수 중에서 ㉠, ㉡에 들어갈 수 있는 두 수의 짝을 (㉠, ㉡)으로 나타낼 때 그 짝은 모두 몇 가지일까요?

7㉠85 > 76㉡7

(　　　　　　)

1000원, 500원, 100원짜리로 1000원을 만들 수 있다.

1000원을 만드는 방법

1000원짜리	500원짜리	100원짜리	
1장	•	•	→ 1000원
•	2개	•	→ 1000원
•	1개	5개	→ 1000원
•	•	10개	→ 1000원

은주가 가지고 있는 돈은 다음과 같습니다. 2000원짜리 인형 한 개를 살 때 인형 가격에 맞게 돈을 낼 수 있는 방법은 모두 몇 가지인지 구해 보세요.

1000원짜리	500원짜리	100원짜리
2장	2개	10개

1000원짜리 지폐를 2장 사용하는 경우, 1장 사용하는 경우, 사용하지 않는 경우로 나누어 2000원을 만드는 방법을 알아봅니다.

1000원짜리	500원짜리	100원짜리
2장	•	•
1장	□개	•
1장	1개	□개
1장	•	□개
•	2개	□개

따라서 돈을 낼 수 있는 방법은 모두 □가지입니다.

8-1 하윤이가 가지고 있는 돈은 다음과 같습니다. 1500원짜리 초콜릿 한 개를 살 때 초콜릿 가격에 맞게 돈을 낼 수 있는 방법은 모두 몇 가지일까요?

1000원짜리	500원짜리	100원짜리
1장	1개	15개

( )

8-2 도희가 가지고 있는 돈은 다음과 같습니다. 3000원짜리 장난감 한 개를 살 때 장난감 가격에 맞게 돈을 낼 수 있는 방법은 모두 몇 가지일까요?

1000원짜리	500원짜리	100원짜리
1장	3개	20개

( )

8-3 은수가 가지고 있는 돈은 다음과 같습니다. 2000원짜리 가위 두 개를 살 때 가위 두 개의 가격에 맞게 돈을 낼 수 있는 방법은 모두 몇 가지일까요?

1000원짜리	500원짜리	100원짜리
2장	4개	20개

( )

1 채소나 과일 등을 묶어 셀 때 100개를 한 접이라고 합니다. 마늘 20접을 한 봉지에 50개씩 담으면 모두 몇 봉지가 될까요?

(　　　　　　　　)

먼저 생각해 봐요!

1000은 50이 몇 개인 수일까요?

서술형 **2** 수민이는 매일 400원씩 모아 3200원짜리 장난감을 한 개 사려고 합니다. 수민이는 돈을 며칠 동안 모아야 하는지 풀이 과정을 쓰고 답을 구해 보세요.

풀이 ....

답 ....

3 1000이 4개, 100이 22개, 10이 51개, 1이 8개인 수에서 커지는 규칙으로 100씩 5번 뛰어 센 수는 얼마일까요?

(　　　　　　　　)

4 □ 안에 0부터 9까지의 수가 들어갈 수 있을 때 큰 수부터 차례로 기호를 써 보세요.

㉠ 2□50　　㉡ 150□　　㉢ 10□9　　㉣ 201□

(　　　　　　　　)

5 수 카드 중에서 4장을 골라 한 번씩만 사용하여 네 자리 수를 만들려고 합니다. 만들 수 있는 수 중에서 가장 큰 수와 가장 작은 수를 각각 구해 보세요.

9 1 0 6 7 3

가장 큰 수 (　　　　　　　　)

가장 작은 수 (　　　　　　　　)

6 종성이는 1000원짜리 지폐 3장과 500원짜리 동전 4개, 100원짜리 동전 36개를 가지고 있고, 규리는 100원짜리 동전만 가지고 있습니다. 규리가 종성이보다 더 많은 돈을 가지고 있다면 규리는 동전을 적어도 몇 개 가지고 있을까요?

(　　　　　　　　)

7 5178보다 크고 5304보다 작은 네 자리 수 중에서 일의 자리 숫자가 3인 수는 모두 몇 개일까요?

(　　　　　　　　)

8 어느 분식집의 메뉴입니다. 4500원으로 음식을 주문할 수 있는 방법은 모두 몇 가지일까요?(단, 같은 메뉴를 1개보다 많게 주문하지 않으며, 돈을 모두 사용하지 않아도 됩니다.)

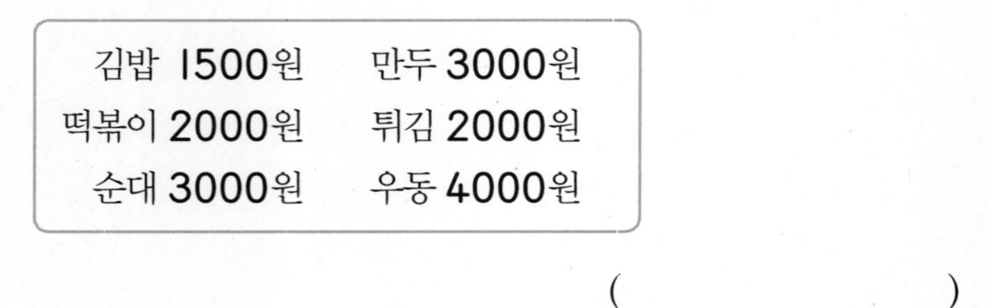

( )

9 다음과 같은 규칙으로 뛰어 셀 때 뛰어 센 수 중에서 5000에 가장 가까운 수를 구해 보세요.

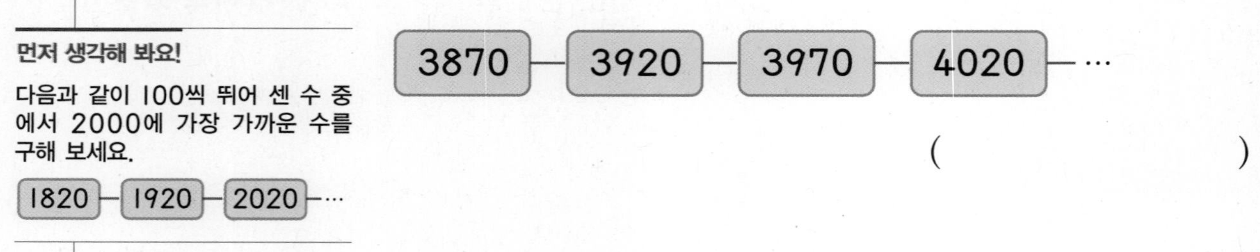

( )

10 1180부터 1400까지의 네 자리 수를 한 번씩 차례로 쓸 때 숫자 6은 모두 몇 번 쓰게 될까요?

( )

2
곱셈구구

1 2, 5, 3, 6단 곱셈구구

- ●를 ■번 더한 수는 ●×■와 같습니다.
- ■단 곱셈구구에서는 곱이 ■씩 커집니다.

1-1 BASIC CONCEPT

2단 곱셈구구 → 곱이 2씩 커집니다.

×	1	2	3	4	5	6	7	8	9
2	2	4	6	8	10	12	14	16	18

+2 +2 +2 +2 +2 +2 +2 +2

18 → 2를 9번 더한 수

5단 곱셈구구 → 곱이 5씩 커집니다. 곱의 일의 자리 숫자는 5 또는 0입니다.

×	1	2	3	4	5	6	7	8	9
5	5	10	15	20	25	30	35	40	45

+5 +5 +5 +5 +5 +5 +5 +5

3단, 6단 곱셈구구 → 3단은 곱이 3씩, 6단은 곱이 6씩 커집니다.

×	1	2	3	4	5	6	7	8	9
3	3	6	9	12	15	18	21	24	27
6	6	12	18	24	30	36	42	48	54

➡ 6단 곱셈구구의 곱은 3단 곱셈구구의 곱의 2배입니다.

1 곱의 크기를 비교하여 ○ 안에 >, =, <를 알맞게 써넣으세요.

(1) 2×7 ○ 5×3　　(2) 3×8 ○ 6×4

2 □ 안에 알맞은 수를 써넣으세요.

(1) $12 = \square \times \square$　　(2) $15 = \square \times \square$

3 철쭉 한 송이의 꽃잎은 5장입니다. 철쭉 7송이의 꽃잎은 모두 몇 장일까요?

(　　　　　　)

1-2 BASIC CONCEPT

곱셈구구의 곱을 수직선에 나타내기

5단 —— 5씩 뛰어 센 수들은 5단 곱셈구구의 곱과 같습니다.

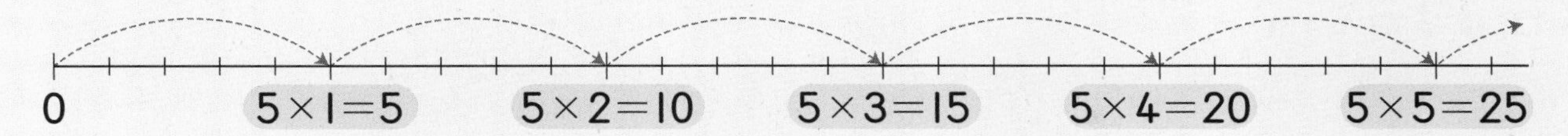

3단, 6단 —— 3씩 뛰어 센 수들은 3단 곱셈구구의 곱, 6씩 뛰어 센 수들은 6단 곱셈구구의 곱과 같습니다.

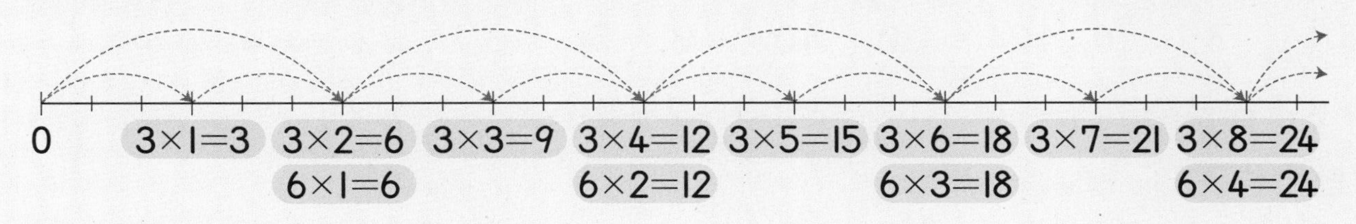

4 수직선을 보고 □ 안에 알맞은 수를 써넣으세요.

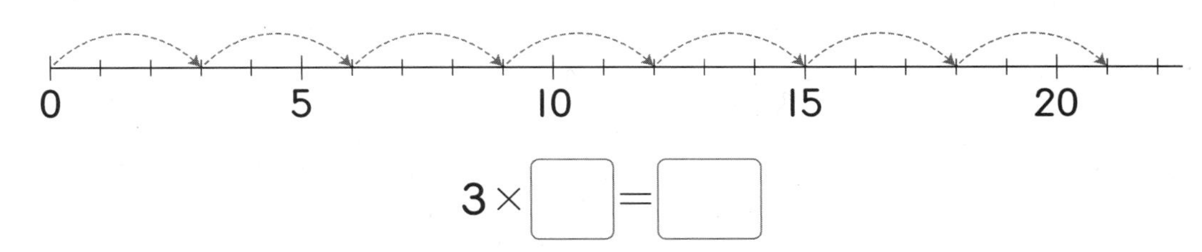

$3 \times \square = \square$

1-3 BASIC CONCEPT

■×2와 ■×3의 합과 차 구하기

• 3×2와 3×3의 합

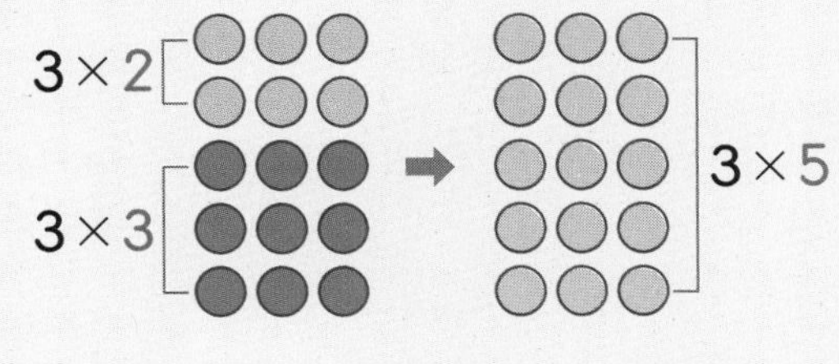

➡ $3 \times 2 + 3 \times 3 = 3 \times 5$

×, +가 같이 있는 식은 ×부터 계산합니다.

• 3×2와 3×3의 차

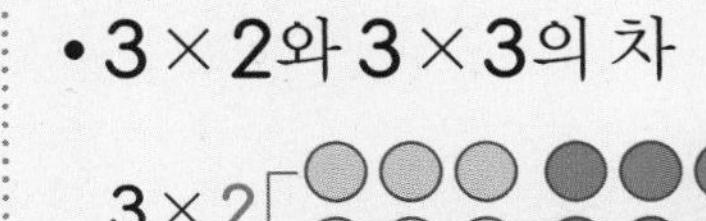

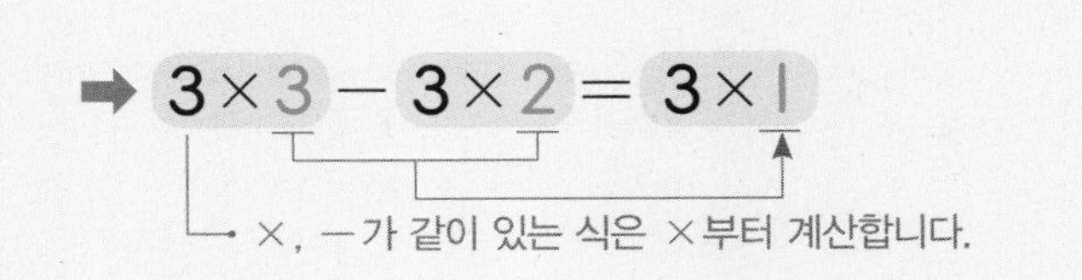

➡ $3 \times 3 - 3 \times 2 = 3 \times 1$

×, −가 같이 있는 식은 ×부터 계산합니다.

5 공책을 우진이는 2권씩 5묶음 가지고 있고 시영이는 2권씩 4묶음 가지고 있습니다. 우진이와 시영이가 가지고 있는 공책은 모두 몇 권일까요?

(　　　　　　　　)

2 4, 8, 7, 9단 곱셈구구

- ■씩 뛰어 센 수들은 ■단 곱셈구구의 곱과 같습니다.
- 곱하는 두 수의 순서를 서로 바꾸어도 곱은 같습니다.

2-1 BASIC CONCEPT

4단, 8단 곱셈구구 → 4단은 곱이 4씩, 8단은 곱이 8씩 커집니다.

×	1	2	3	4	5	6	7	8	9
4	4	8	12	16	20	24	28	32	36
8	8	16	24	32	40	48	56	64	72

36 → 4를 9번 더한 수
72 → 8을 9번 더한 수

➡ 8단 곱셈구구의 곱은 4단 곱셈구구의 곱의 2배입니다.

7단 곱셈구구 → 곱이 7씩 커집니다.

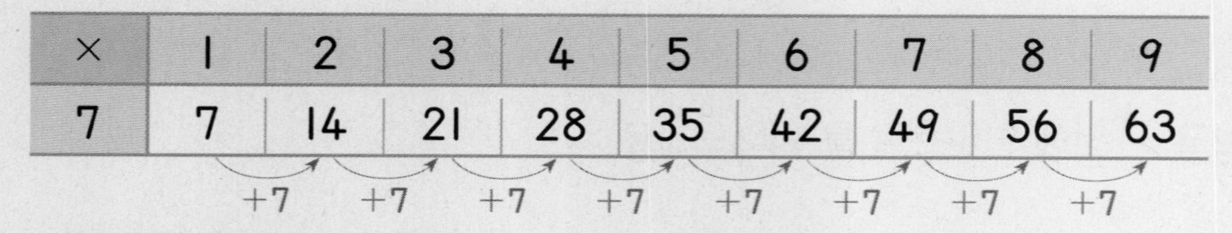

×	1	2	3	4	5	6	7	8	9
7	7	14	21	28	35	42	49	56	63

+7 +7 +7 +7 +7 +7 +7 +7

9단 곱셈구구 → 곱이 9씩 커집니다.

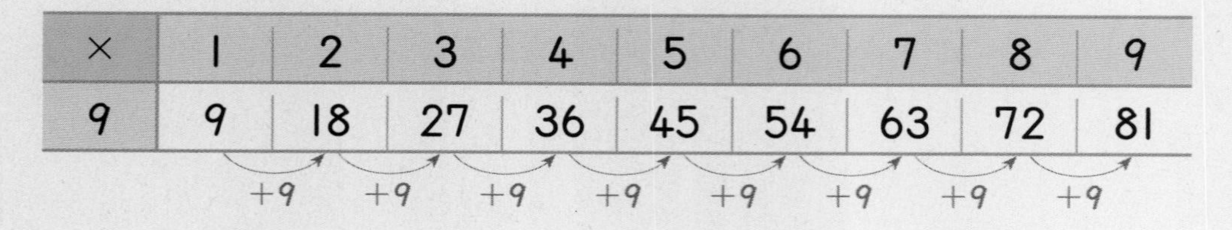

×	1	2	3	4	5	6	7	8	9
9	9	18	27	36	45	54	63	72	81

+9 +9 +9 +9 +9 +9 +9 +9

1 곱이 가장 큰 것을 찾아 기호를 써 보세요.

㉠ 4×9　　㉡ 7×8　　㉢ 9×5　　㉣ 8×5

(　　　　　　)

2 거미 한 마리의 다리는 8개입니다. 거미 8마리의 다리는 모두 몇 개일까요?

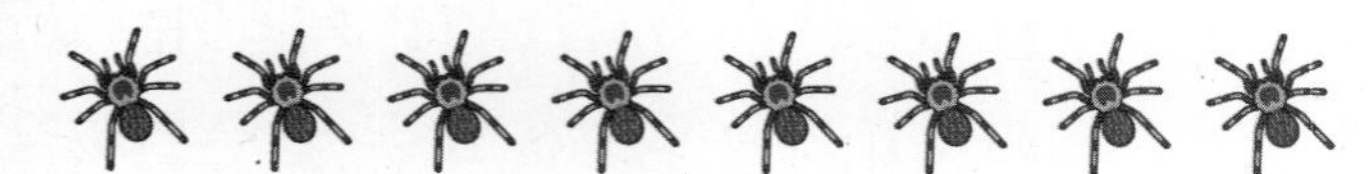

(　　　　　　)

2-2 BASIC CONCEPT

곱셈구구의 곱을 수직선에 나타내기

4단, 8단 —— 4씩 뛰어 센 수들은 4단 곱셈구구의 곱, 8씩 뛰어 센 수들은 8단 곱셈구구의 곱과 같습니다.

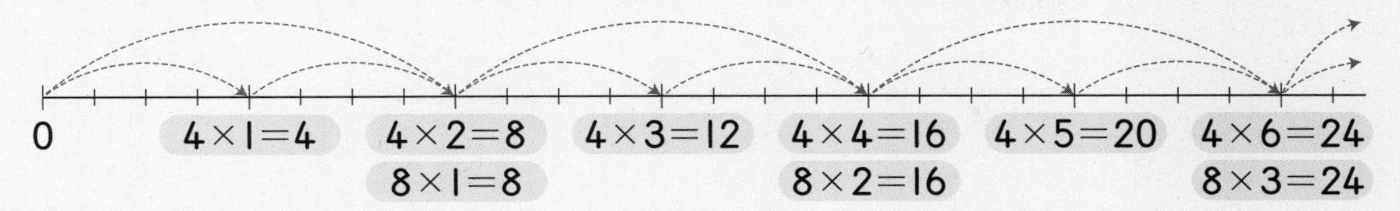

7단 —— 7씩 뛰어 센 수들은 7단 곱셈구구의 곱과 같습니다.

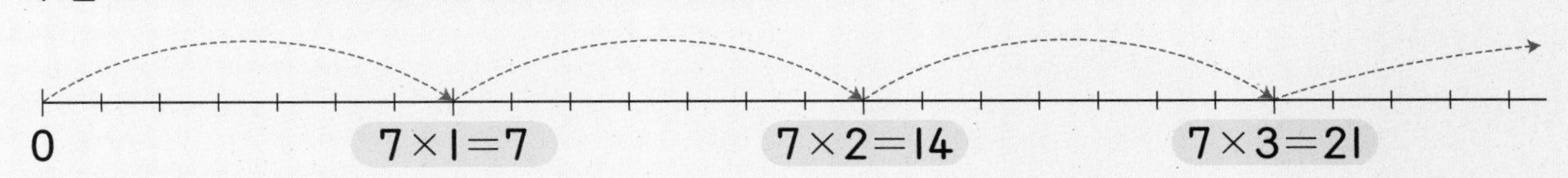

3 수직선을 보고 □ 안에 알맞은 수를 써넣으세요.

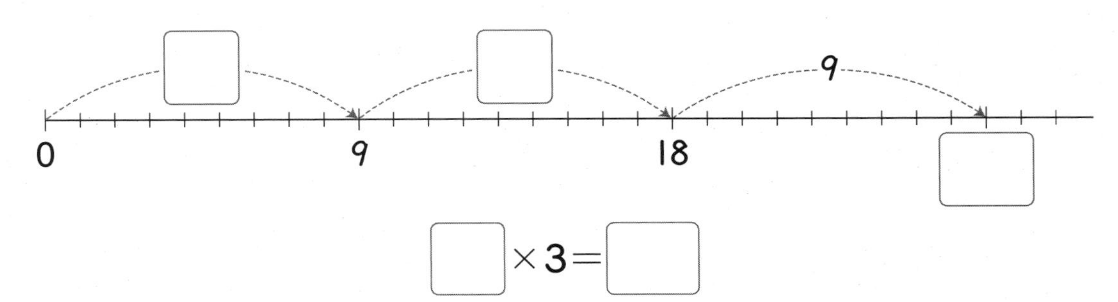

□×3=□

2-3 BASIC CONCEPT

두 수를 바꾸어 곱하기

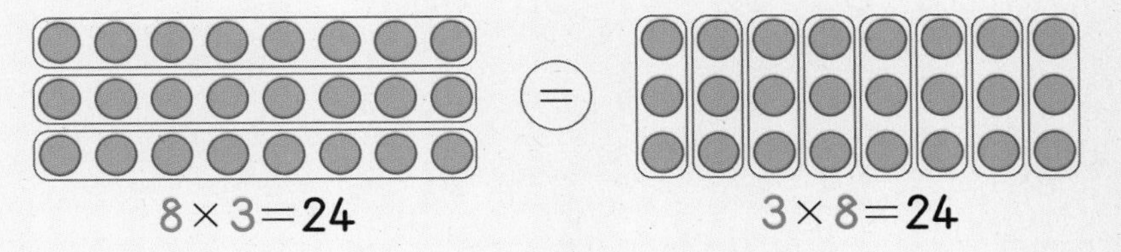

$8\times3=24$ $3\times8=24$

➡ 곱하는 두 수의 순서를 서로 바꾸어도 곱은 같습니다.

4 ●와 ■에 알맞은 수의 곱을 구해 보세요.

$6\times7=$●$\times6$ $9\times8=8\times$■

(　　　　　)

3 1단 곱셈구구, 0의 곱, 곱셈표

- $1 \times ■ = ■$, $■ \times 1 = ■$, $■ \times 0 = 0$, $0 \times ■ = 0$
- 같은 수를 여러 가지 곱으로 나타낼 수 있습니다.

BASIC CONCEPT 3-1

1단 곱셈구구 ── 곱이 1씩 커집니다.

×	1	2	3	4	5	6	7	8	9
1	1	2	3	4	5	6	7	8	9

└ 1과 어떤 수의 곱은 항상 어떤 수입니다.

1×(어떤 수)=(어떤 수)

0의 곱

$0 \times 1 = 0$, $0 \times 2 = 0$, $0 \times 3 = 0$, ...

0×(어떤 수)=0

곱셈표 알아보기

×	1	2	3	4	5	6	7	8	9
1	1	2	3	4	5	6	7	8	9
2	2	4	6	8	10	12	14	16	18
3	3	6	9	12	15	18	21	24	27
4	4	8	12	16	20	24	28	32	36
5	5	10	15	20	25	30	35	40	45
6	6	12	18	24	30	36	42	48	54
7	7	14	21	28	35	42	49	56	63
8	8	16	24	32	40	48	56	64	72
9	9	18	27	36	45	54	63	72	81

- 2단 곱셈구구의 곱은 2씩 커집니다.
- 세로줄의 4와 가로줄의 7의 곱인 $4 \times 7 = 28$을 씁니다.
- 점선을 따라 곱셈표를 접었을 때 만나는 수들은 서로 같습니다. $5 \times 8 = 8 \times 5$
- 점선 위에 있는 수들은 같은 수끼리의 곱입니다.
- 3단 곱셈구구의 곱은 3씩 커집니다.

1 □ 안에 알맞은 수가 다른 하나를 찾아 기호를 써 보세요.

㉠ $□ \times 5 = 0$ ㉡ $3 \times 0 = □$ ㉢ $8 \times □ = 8$ ㉣ $□ \times 7 = 0$

(　　　　　　　)

BASIC CONCEPT 3-2

같은 수를 여러 가지 곱으로 나타내기

12를 여러 가지 곱셈구구로 나타내기

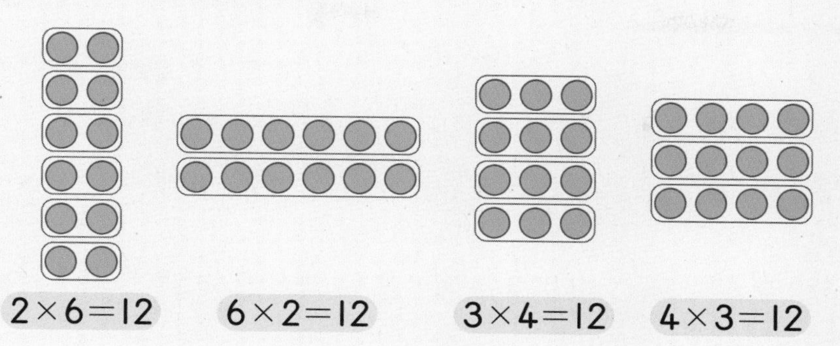

2 2×9와 곱이 같은 곱셈구구는 모두 몇 개일까요?

3×8	6×3	5×3	1×8
4×7	8×2	9×2	3×6

( )

BASIC CONCEPT 3-3

곱셈표의 빈칸 채우기

×	㉠2	3	㉡5	6
2	4	6	10	12
4	8	12	20	24
㉢5	10	15	25	30
㉣7	14	21	35	42

① 곱하는 수와 곱해지는 수를 먼저 구합니다.
$2 \times$ ㉠$=4$에서 $2 \times 2=4$이므로 ㉠$=2$입니다.
$4 \times$ ㉡$=20$에서 $4 \times 5=20$이므로 ㉡$=5$입니다.
㉢$\times 3=15$에서 $5 \times 3=15$이므로 ㉢$=5$입니다.
㉣$\times 6=42$에서 $7 \times 6=42$이므로 ㉣$=7$입니다.
② ㉠, ㉡, ㉢, ㉣에 각각 2, 5, 5, 7을 써넣고 나머지 빈칸을 채웁니다.

3 오른쪽 곱셈표에서 점선을 따라 접었을 때 ㉠과 만나는 곳에 알맞은 수를 구해 보세요.

( )

최상위 S

여러 가지 방법으로 몇 개인지 구할 수 있다.

4개씩 3묶음

4의 3배

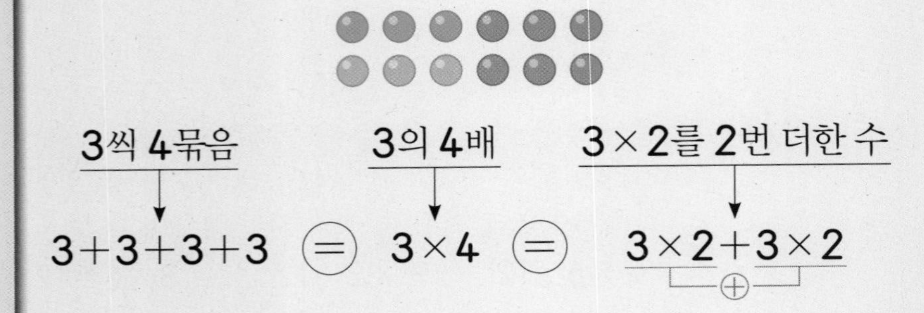

대표문제 1

구슬이 모두 몇 개인지 구하는 방법으로 옳지 않은 것을 찾아 기호를 써 보세요.

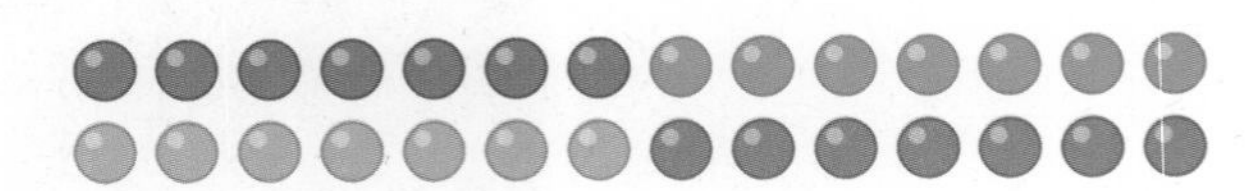

㉠ $7+7+7+7$로 구합니다.	㉡ 7×4로 구합니다.
㉢ 4×7로 구합니다.	㉣ 7×2를 4번 더하여 구합니다.

㉠ 7씩 □ 묶음이므로 7을 □ 번 더합니다. ➡ $7+7+7+7=$ □

㉡ 7의 4배이므로 7×4로 구합니다. ➡ $7\times4=$ □

㉢ 7씩 4묶음은 4씩 □ 묶음과 같으므로 $4\times$ □ 로 구합니다.

➡ $4\times$ □ $=$ □

㉣ 7×4는 7을 4번 더한 수이므로 7×2를 □ 번 더한 수와 같습니다.

➡ $7\times2+7\times2=7\times$ □ $=$ □

따라서 옳지 않은 것은 □ 입니다.

1-1 구슬이 모두 몇 개인지 구하는 방법으로 옳지 않은 것을 찾아 기호를 써 보세요.

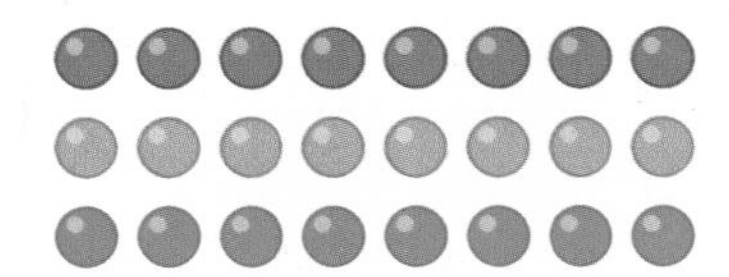

㉠ 3×8로 구합니다.	㉡ $8+8+8$로 구합니다.
㉢ 4를 8번 더하여 구합니다.	㉣ 6×4로 구합니다.

(　　　　　　　　)

1-2 바둑돌이 모두 몇 개인지 구하는 방법으로 옳지 않은 것을 찾아 기호를 써 보세요.

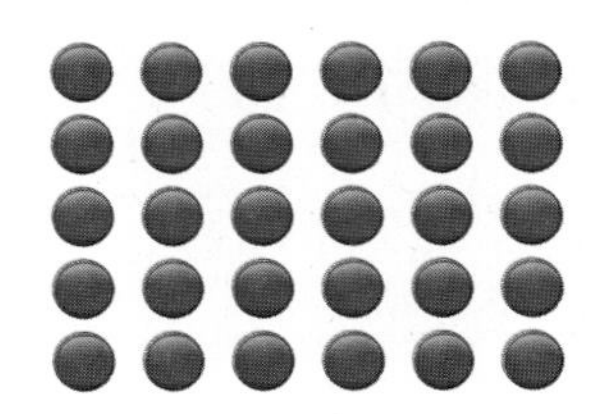

㉠ $6+6+6+6+6$으로 구합니다.	㉡ 6×4에 4를 더하여 구합니다.
㉢ 5×6으로 구합니다.	㉣ 5×3을 2번 더하여 구합니다.

(　　　　　　　　)

1-3 운동장에 학생들이 3명씩 6줄로 서 있습니다. 그중 3줄은 여학생이고 3줄은 남학생입니다. 운동장에 서 있는 학생은 모두 몇 명인지 구하는 방법으로 옳지 않은 것을 찾아 기호를 써 보세요.

㉠ 3×2를 3번 더하여 구합니다.	㉡ 2×8에 2를 더하여 구합니다.
㉢ $9+9$로 구합니다.	㉣ 6×2를 2번 더하여 구합니다.

(　　　　　　　　)

최상위 S

□ 안에 들어갈 수 있는 수를 구할 때는

양쪽의 값이 같아지게 하는 수를 먼저 찾는다.

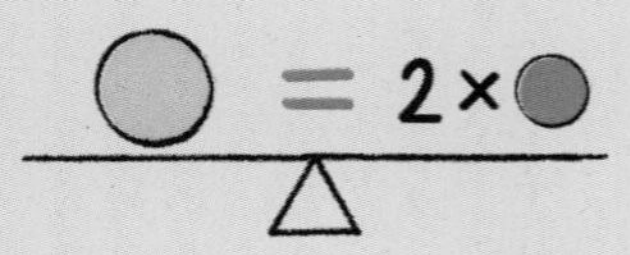

$3\times4 < 2\times\square$

① $3\times4=12$

② 양쪽의 값이 같아지게 하는 수를 먼저 구하면 $3\times4=12=2\times\boxed{6}$이므로 1부터 9까지의 수 중에서 □ 안에는 6보다 큰 수인 7, 8, 9가 들어갈 수 있습니다.

1부터 9까지의 수 중에서 □ 안에 들어갈 수 있는 수를 모두 구해 보세요.

$6\times8 < 9\times\square$

$6\times8=\square$ 이므로 $\square < 9\times\square$입니다.

□ 안에 5를 넣어 보면 $9\times5=45$로 $6\times8=48$보다 작으므로

□ 안에는 5보다 큰 수가 들어가야 합니다.

➡ $9\times\square=54$, $9\times\square=63$, $9\times\square=72$, $9\times\square=81$

따라서 □ 안에 들어갈 수 있는 수는 □, □, □, □입니다.

2-1 1부터 9까지의 수 중에서 □ 안에 들어갈 수 있는 수를 모두 구해 보세요.

$4 \times 9 < 6 \times \square$

(　　　　　　　　　　)

2-2 1부터 9까지의 수 중에서 □ 안에 들어갈 수 있는 수를 모두 구해 보세요.

$5 \times \square < 3 \times 8$

(　　　　　　　　　　)

2-3 1부터 9까지의 수 중에서 □ 안에 공통으로 들어갈 수 있는 수를 모두 구해 보세요.

$7 \times \square > 9 \times 5$　　　$\square \times 3 < 12 + 14$

(　　　　　　　　　　)

2-4 1부터 9까지의 수 중에서 □ 안에 공통으로 들어갈 수 있는 수는 모두 몇 개일까요?

$0 \times \square = 0$　　　$8 \times 2 < \square \times 4$

(　　　　　　　　　　)

곱셈을 이용하면

다 세어 보지 않아도 몇 개인지 구할 수 있다.

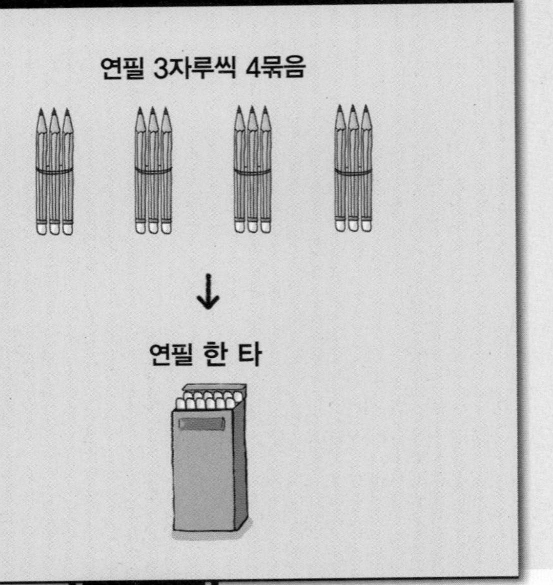

똑같은 모양을 만드는 데 필요한 면봉의 수

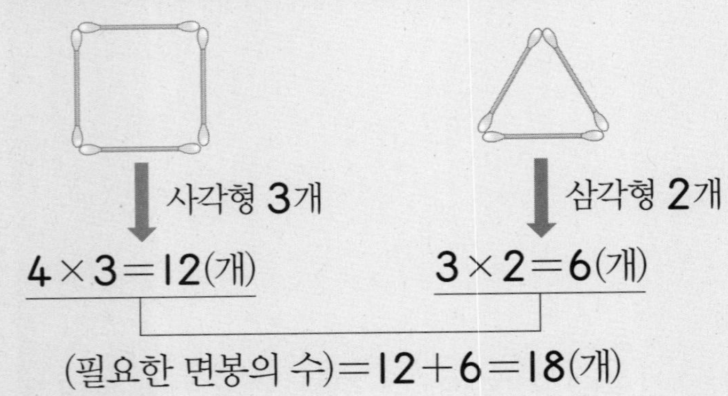

$4 \times 3 = 12$(개)　　$3 \times 2 = 6$(개)

(필요한 면봉의 수)$=12+6=18$(개)

면봉으로 다음과 똑같은 사각형 5개와 삼각형 4개를 겹치지 않게 만들려고 합니다. 면봉은 모두 몇 개 필요할까요?

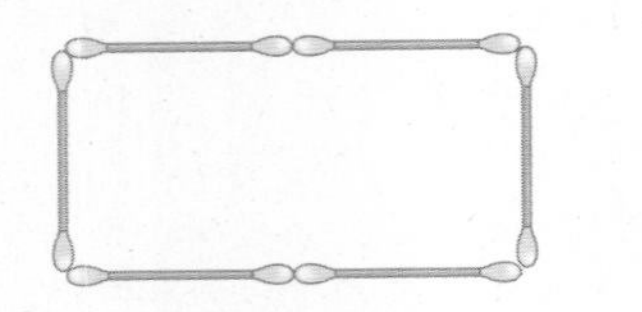 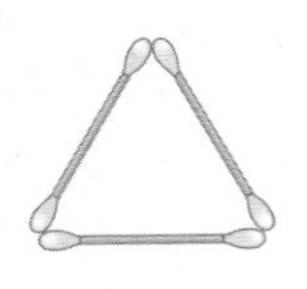

- 사각형 한 개를 만드는 데 필요한 면봉은 ☐개이므로

  (사각형 5개를 만드는 데 필요한 면봉의 수)$=$☐$\times 5=$☐(개)입니다.
  　　　　　　　　　　　　　　　　　　　　　　　　㉠
- 삼각형 한 개를 만드는 데 필요한 면봉은 ☐개이므로

  (삼각형 4개를 만드는 데 필요한 면봉의 수)$=$☐$\times 4=$☐(개)입니다.
  　　　　　　　　　　　　　　　　　　　　　　　　㉡

➡ (필요한 면봉의 수)$=$☐$+$☐$=$☐(개)
　　　　　　　　　　　㉠　㉡

3-1 면봉으로 다음과 똑같은 삼각형 8개와 사각형 6개를 겹치지 않게 만들려고 합니다. 면봉은 모두 몇 개 필요할까요?

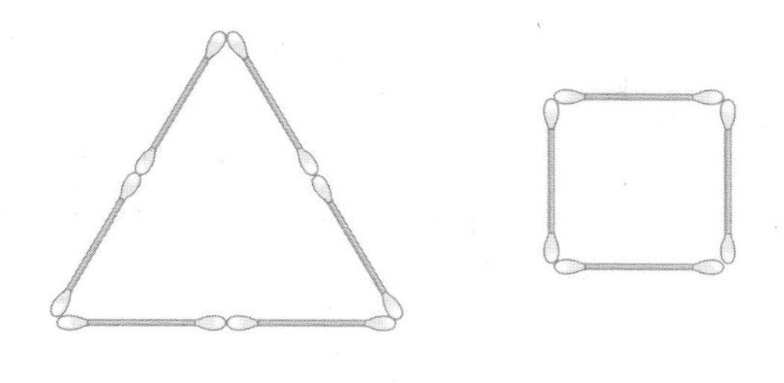

( )

서술형 **3-2** 수민이네 농장에서 오리 7마리와 돼지 5마리를 기르고 있습니다. 이 농장에서 기르는 오리와 돼지의 다리는 모두 몇 개인지 풀이 과정을 쓰고 답을 구해 보세요.

풀이

답

3-3 주호는 과녁맞히기 놀이를 하여 오른쪽과 같이 맞혔습니다. 주호가 얻은 점수는 모두 몇 점일까요?

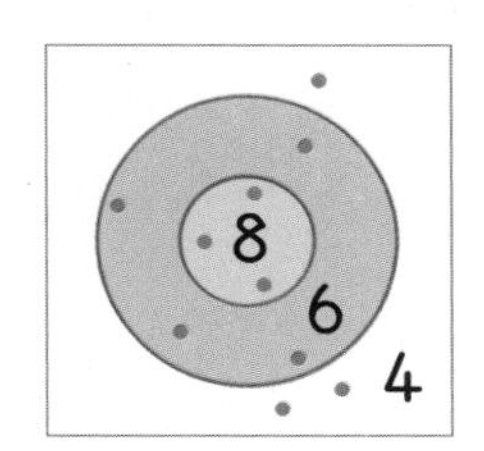

( )

3-4 다음과 같이 도화지에 도형을 그렸습니다. 그린 도형에서 찾을 수 있는 변은 모두 몇 개일까요?

( )

최상위 S

1과 어떤 수의 곱은 항상 어떤 수 자신이고, 0과 어떤 수의 곱은 항상 0이다.

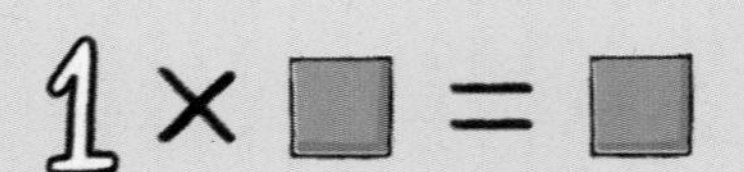

0 × ■ = 0

수 카드 중에서 2장을 골라 두 수의 곱을 구할 때

4 ? 1

• 두 수의 곱이 6이면

1 × ? = 6 또는 ? × 1 = 6이므로 ? = 6

• 두 수의 곱이 0이면
　└ 곱하는 수 중 한 수가 반드시 0

0과 어떤 수의 곱은 0이므로 ? = 0

대표문제 4

4장의 수 카드 중에서 2장을 골라 두 수의 곱을 구하려고 합니다. 윤지가 구한 곱은 5이고, 승민이가 구한 곱은 0입니다. 구할 수 있는 두 수의 곱 중에서 가장 큰 곱을 구해 보세요.

? 3 ? 1

• 두 수의 곱이 5인 경우는 1 × □ = 5 또는 5 × □ = 5이므로

모르는 수 카드 중에 수 □(㉠)가 있어야 합니다.

• 두 수의 곱이 0인 경우는 곱하는 수 중 한 수가 반드시 □이어야 하므로

모르는 수 카드 중에 수 □(㉡)이 있어야 합니다.

➡ 모르는 2장의 수 카드에 적힌 수: □(㉠), □(㉡)

따라서 4장의 수 카드 중에서 2장을 골라 구할 수 있는 두 수의 곱 중에서 가장 큰 곱은 가장 큰 수와 둘째로 큰 수를 곱한 □ × 3 = □입니다.

4-1 4장의 수 카드 중에서 2장을 골라 두 수의 곱을 구하려고 합니다. 구할 수 있는 두 수의 곱이 가장 큰 경우와 가장 작은 경우의 곱을 각각 구해 보세요.

1 7 4 6

가장 큰 경우 (　　　　　　)
가장 작은 경우 (　　　　　　)

4-2 4장의 수 카드 중에서 2장을 골라 두 수의 곱을 구하려고 합니다. 주하가 구한 곱은 3이고, 선미가 구한 곱은 0입니다. 구할 수 있는 두 수의 곱 중에서 가장 큰 곱을 구해 보세요.

6 ? ? ?

(　　　　　　)

4-3 5장의 수 카드 중에서 2장을 골라 두 수의 곱을 구하려고 합니다. 서우가 구한 곱은 0이고, 아라가 구한 곱은 7입니다. 구할 수 있는 두 수의 곱 중에서 가장 큰 곱을 구해 보세요.

3 8 ? ? ?

(　　　　　　)

4-4 4장의 수 카드 중에서 2장을 골라 두 수의 곱을 구하려고 합니다. 유미가 구한 곱은 1이고, 진수가 구한 곱은 5입니다. 구할 수 있는 두 수의 곱 중에서 둘째로 큰 곱을 구해 보세요.

6 ? ? ?

(　　　　　　)

곱하는 두 수가 달라도 곱은 같을 수 있다.

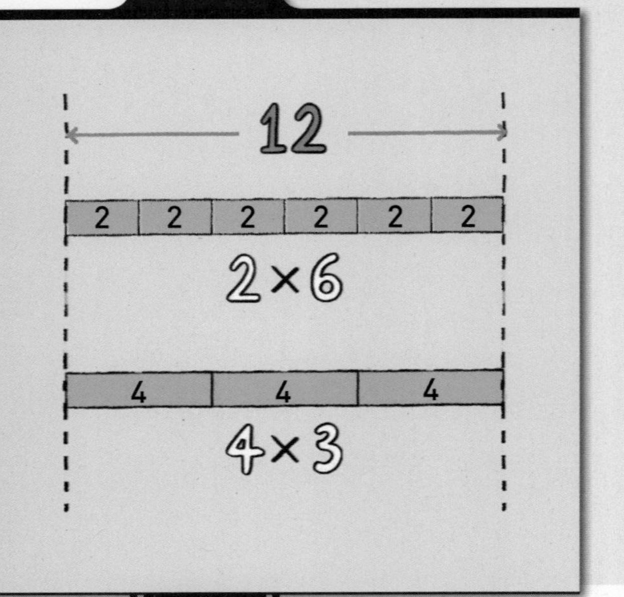

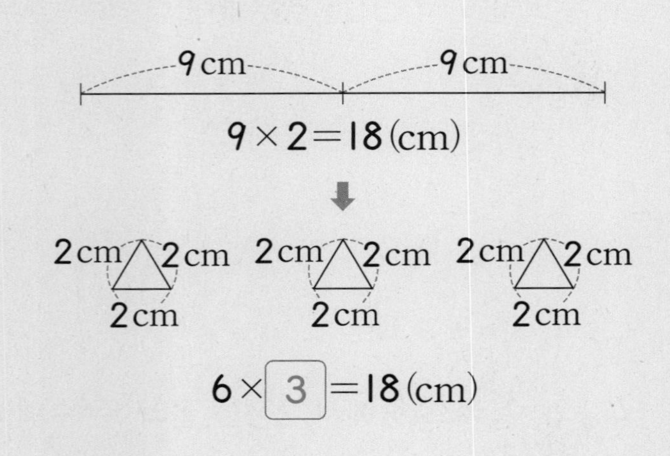

길이가 9 cm인 막대로 4번 잰 것과 길이가 같은 철사가 있습니다. 이 철사로 세 변의 길이가 모두 2 cm인 삼각형을 몇 개까지 만들 수 있을까요?

철사의 길이는 길이가 9 cm인 막대로 4번 잰 것과 같으므로

9 × ☐ = ☐ (cm)입니다.

만들려는 삼각형의 세 변의 길이의 합은 2 × ☐ = ☐ (cm)입니다.

삼각형의 변의 수

만들 수 있는 삼각형의 수를 ■라 하면 ☐ × ■ = ☐ 이고,

6 × 6 = 36이므로 ■ = ☐ 입니다.

따라서 삼각형을 ☐ 개까지 만들 수 있습니다.

5-1 미란이네 반 학생들은 한 모둠에 6명씩 4모둠입니다. 게임을 하기 위해 한 모둠을 3명씩으로 하면 몇 모둠이 될까요?

( )

서술형 **5-2** 길이가 2 cm인 막대로 6번 잰 것과 길이가 같은 철사가 있습니다. 이 철사로 네 변의 길이가 모두 1 cm인 사각형을 몇 개까지 만들 수 있는지 풀이 과정을 쓰고 답을 구해 보세요.

풀이

답

5-3 두 사람이 함께 하면 8일 만에 끝낼 수 있는 일이 있습니다. 이 일을 4명이 함께 하면 며칠 만에 끝낼 수 있을까요? (단, 한 사람이 하루에 하는 일의 양은 모두 같습니다.)

( )

5-4 운동장에 학생들이 한 줄에 7명씩 8줄로 서 있습니다. 이 학생들이 두 모둠으로 나누어 다시 서려고 합니다. 한 모둠은 한 줄에 6명씩 6줄로 선다면 다른 한 모둠은 한 줄에 5명씩 몇 줄로 서야 할까요?

( )

어떤 수를 먼저 구한다.

두 통에 들어 있는 공은 10개입니다.

□×2=10
↓
2×5=10
↓
□

□×3=21

↓ 3단 곱셈구구를 외워 보면

3×5=15
3×6=18
3×7=21

➡ □=7

어떤 수에 5를 곱해야 할 것을 잘못하여 8을 곱했더니 48이 되었습니다. 바르게 계산하면 얼마일까요?

어떤 수를 ■라 하면

잘못 계산한 식은 ■×□=□입니다.

6×8=48이므로 ■=□입니다.

따라서 바르게 계산하면 □×5=□입니다.

6-1 어떤 수에 7을 곱해야 할 것을 잘못하여 9를 곱했더니 72가 되었습니다. 바르게 계산하면 얼마일까요?

( )

6-2 어떤 수에 6을 곱한 후 4를 더해야 할 것을 잘못하여 어떤 수에 4를 곱한 후 6을 더했더니 26이 되었습니다. 바르게 계산하면 얼마일까요?

( )

6-3 8에 어떤 수를 곱한 후 4를 뺀 수와 7에 8을 곱한 후 4를 더한 수는 서로 같습니다. 어떤 수는 얼마일까요?

( )

6-4 어떤 수에서 3씩 8번 뛰어 센 수를 구해야 할 것을 잘못하여 6씩 9번 뛰어 센 수를 구했더니 96이 되었습니다. 바르게 구하면 얼마일까요?

( )

최상위 S

알 수 있는 것부터 차례로 구한다.

$2 + \square = 6$이면

$\square = 4$

$\triangle \times \square = 12$이면

$\triangle \times 4 = 12$

$\triangle = 3$

●×●=25
▲×●=10

① ●×●=25에서 5×5=25이므로 ●=5

② ▲×●=10에서 ▲×5=10이므로 ▲=2

같은 모양은 같은 수를 나타냅니다. ●, ▲, ■는 서로 다른 한 자리 수일 때 ●+▲+■의 값을 구해 보세요.

●×●=3●　　▲×●=48　　■×2=1▲

●×●=3●에서 같은 두 수의 곱의 십의 자리 수가 □이 되는 수는

□×□=36이므로 ●=□입니다.

▲×●=48에서 ▲×□=48이고,

□×□=48이므로 ▲=□입니다.

■×2=1▲에서 ■×2=□이고,

□×2=□이므로 ■=□입니다.

따라서 ●+▲+■=□+□+□=□입니다.

7-1 같은 모양은 같은 수를 나타냅니다. ●, ■는 서로 다른 수일 때 ●와 ■의 값을 각각 구해 보세요.

8×●=8　　7×■=2●

●(　　　), ■(　　　)

7-2 같은 모양은 같은 수를 나타냅니다. ●, ▲, ■는 서로 다른 한 자리 수일 때 ●+▲+■의 값을 구해 보세요.

●×●=2●　　●×▲=35　　9×■=2▲

(　　　)

7-3 같은 모양은 같은 수를 나타냅니다. ◆, ●, ▲, ■는 서로 다른 수일 때 ◆+●+▲+■의 값을 구해 보세요. (단, ▲는 15보다 작은 수입니다.)

◆×7=28　　◆×●=▲　　■×6=▲

(　　　)

7-4 같은 모양은 같은 수를 나타냅니다. ◆, ●, ▲, ■, ★은 서로 다른 수일 때 ◆+●+▲+■+★의 값을 구해 보세요. (단, ◆, ●, ▲, ★은 한 자리 수이고 ■는 10보다 크고 40보다 작은 수입니다.)

◆×◆=8●　　▲×◆=■　　★×★=■

(　　　)

조건에 맞는 수를 차례로 구한다.

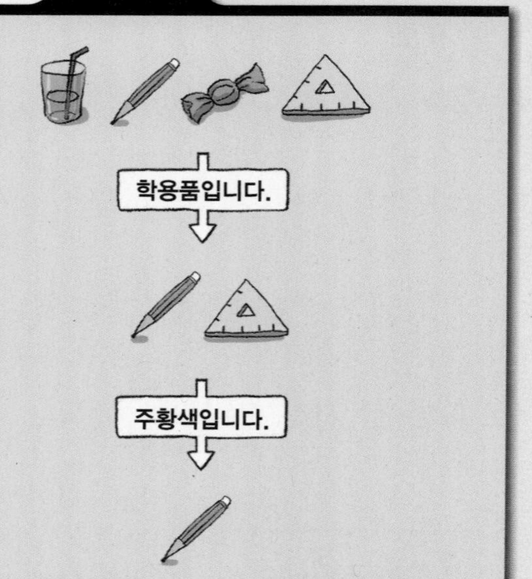

① 어떤 한 자리 수와 5의 곱은 30보다 큽니다.
➡ $\square \times 5 > 30$이므로 $\square$ = 7, 8, 9

② 4와 어떤 한 자리 수의 곱은 32보다 작습니다.
➡ $4 \times \square < 32$이므로
$\square$ = 1, 2, 3, ..., 6, 7

③ ①, ②를 모두 만족하는 $\square$ = 7입니다.

1부터 9까지의 수 중에서 다음 조건을 모두 만족하는 어떤 수를 구해 보세요.

- 어떤 수와 6의 곱은 40보다 큽니다.
- 4와 어떤 수의 곱은 35보다 작습니다.
- 3과 어떤 수의 곱은 22보다 큽니다.

어떤 수를 ■라 하면

첫째 조건에서 ■ × 6 > 40이므로 ■ = 7, 8, 9입니다. ······ ㉠

둘째 조건에서 4 × ■ < 35이므로

■ = ☐, ☐, ☐, ☐, ☐, ☐, ☐, ☐입니다. ······ ㉡

셋째 조건에서 3 × ■ > 22이므로 ■ = ☐, ☐입니다. ······ ㉢

따라서 조건을 모두 만족하는 ■ = ☐이므로 어떤 수는 ☐입니다.

㉠, ㉡, ㉢에서 공통으로 있는 수

8-1 1부터 9까지의 수 중에서 다음 조건을 모두 만족하는 어떤 수를 구해 보세요.

- 어떤 수와 5의 곱은 25보다 큽니다.
- 6과 어떤 수의 곱은 40보다 큽니다.
- 9와 어떤 수의 곱은 70보다 작습니다.

(　　　　　　　)

8-2 다음 조건을 모두 만족하는 어떤 수를 구해 보세요.

- 어떤 수는 6과 9의 곱보다 큽니다.
- 어떤 수는 8과 5의 곱을 두 번 더한 값보다 작습니다.
- 어떤 수는 같은 두 수의 곱입니다.

(　　　　　　　)

8-3 다음 조건을 모두 만족하는 어떤 수는 몇 개일까요?

- 어떤 수는 0보다 크고 10보다 작습니다.
- 어떤 수와 6의 곱은 5×4보다 큽니다.
- 어떤 수를 8번 더한 수는 50보다 작습니다.

(　　　　　　　)

예상하고 확인하여 답을 찾는다.

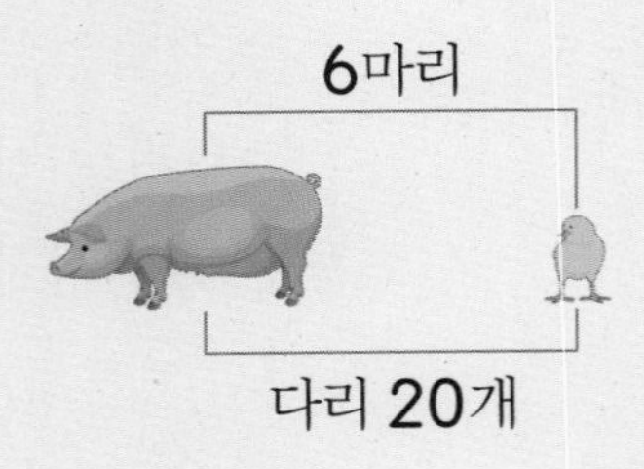

(예상하기) (다리 수 구하여 확인하기)

돼지 3마리, 병아리 3마리 ➡ $4 \times 3 = 12$, $2 \times 3 = 6$ ➡ $12 + 6 = 18$(개) ✕

돼지 4마리, 병아리 2마리 ➡ $4 \times 4 = 16$, $2 \times 2 = 4$ ➡ $16 + 4 = 20$(개) ○

나연이네 농장에서 키우는 소와 닭은 모두 10마리입니다. 이 농장에 있는 소와 닭의 다리 수를 세어 보니 모두 32개였다면 소는 닭보다 몇 마리 더 많을까요?

- 소가 7마리이면 닭은 $10 - \square = \square$(마리)입니다.

  이때 소의 다리는 $4 \times 7 = \square$(개)이고, 닭의 다리는 $2 \times \square = \square$(개)로

  (4: 소 한 마리의 다리 수, 2: 닭 한 마리의 다리 수)

  소와 닭의 다리는 모두 $\square + \square = \square$(개)이므로 틀립니다.

- 소가 6마리이면 닭은 $10 - \square = \square$(마리)입니다.

  이때 소의 다리는 $4 \times 6 = \square$(개)이고, 닭의 다리는 $2 \times \square = \square$(개)로

  소와 닭의 다리는 모두 $\square + \square = \square$(개)이므로 맞습니다.

➡ 소는 $\square$마리, 닭은 $\square$마리이므로

소는 닭보다 $\square - \square = \square$(마리) 더 많습니다.

9-1 소윤이네 농장에서 키우는 돼지와 오리는 모두 15마리입니다. 이 농장에 있는 돼지와 오리의 다리 수를 세어 보니 모두 40개였다면 오리는 돼지보다 몇 마리 더 많을까요?

(　　　　　　　)

9-2 미소네 아파트의 자전거 보관소에 있는 두발자전거와 세발자전거는 모두 20대입니다. 이 자전거 보관소에 있는 두발자전거와 세발자전거의 바퀴 수를 세어 보니 모두 51개였다면 두발자전거는 세발자전거보다 몇 대 더 적을까요?

(　　　　　　　)

9-3 5인용 긴의자와 7인용 긴의자가 모두 12개 있습니다. 12개의 긴의자에 70명이 모두 앉았더니 빈 자리가 없었다면 7인용 긴의자는 몇 개일까요?

(　　　　　　　)

9-4 유라는 오른쪽과 같은 과녁에 13개의 화살을 던져 4점짜리 과녁에 2개를 맞히고 8점짜리 과녁과 6점짜리 과녁에 나머지 화살을 맞혔습니다. 유라가 얻은 점수가 80점이라면 8점짜리 과녁에 맞힌 화살은 몇 개일까요?

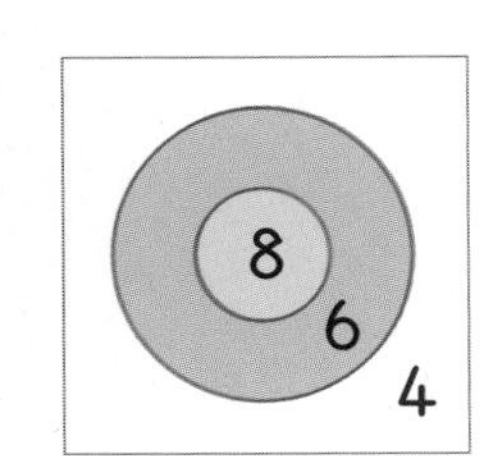

(　　　　　　　)

1 다음을 보고 ㉠×㉡의 값을 구해 보세요.

$3 \times 5 = ㉠ \times 3$　　　　$㉡ \times 7 = 7 \times 8$

(　　　　　　　　)

2 은솔이가 쌓기나무를 오른쪽과 같이 5층으로 쌓아 상자 모양을 만들었더니 쌓기나무가 4개 남았습니다. 은솔이가 가지고 있는 쌓기나무는 모두 몇 개일까요? (단, 1층부터 5층까지 쌓은 모양은 같습니다.)

(　　　　　　　　)

3 재우가 가지고 있는 사탕을 9개씩 4줄로 놓으면 6개가 남습니다. 이 사탕을 6줄로 모두 놓으려면 한 줄에 몇 개씩 놓아야 할까요?

(　　　　　　　　)

먼저 생각해 봐요!

8×3과 $4 \times$ ●의 곱은 같습니다.
●는 얼마일까요?

서술형 **4** 태희는 68쪽짜리 수학 문제집을 매일 2쪽씩 일주일 동안 풀었습니다. 남은 것을 매일 같은 쪽수씩 9일 동안 모두 풀려면 하루에 몇 쪽씩 풀어야 하는지 풀이 과정을 쓰고 답을 구해 보세요.

풀이 ....

....

....

답 ....

5 8×8의 곱을 여러 가지 방법으로 나타냈습니다. ●, ▲, ■에 알맞은 수를 각각 구해 보세요. (단, 같은 모양은 같은 수를 나타냅니다.)

먼저 생각해 봐요!

6×5의 곱을 여러 가지 방법으로 나타내 보세요.

- $6 \times 5 = 6 \times 4 + \square$
- $6 \times 5 = 6 \times 3 + 6 \times \square$

- $8 \times 8 = 8 \times$ ● $+ 8$
- $8 \times 8 = 8 \times$ ■ $+ 8 \times$ ■
- $8 \times 8 =$ ▲ $+ 8 + 8 + 8 + 8 + 8 + 8 + 8$

● (　　　　　　　　)

■ (　　　　　　　　)

▲ (　　　　　　　　)

6 현아, 찬희, 경화는 과녁맞히기 놀이를 하여 다음과 같이 과녁을 맞혔습니다. 얻은 점수가 가장 높은 사람이 이긴다고 할 때 이긴 사람은 누구일까요?

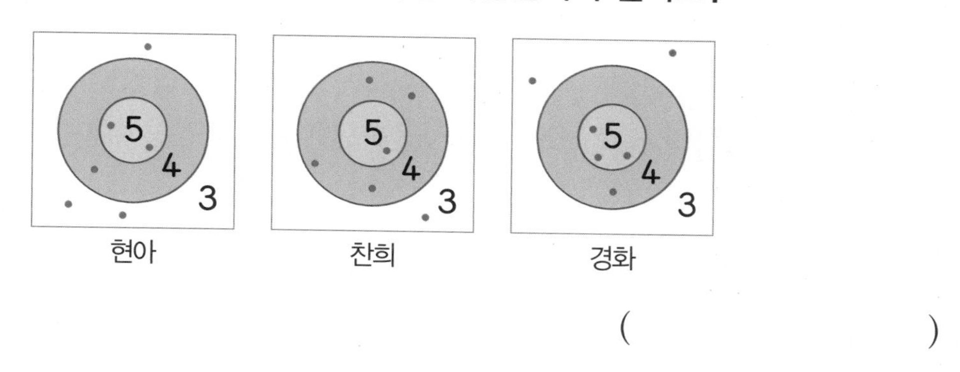

(　　　　　　　　)

7 규칙에 따라 바둑돌을 늘어놓을 때 다섯째에 놓이는 바둑돌은 몇 개일까요?

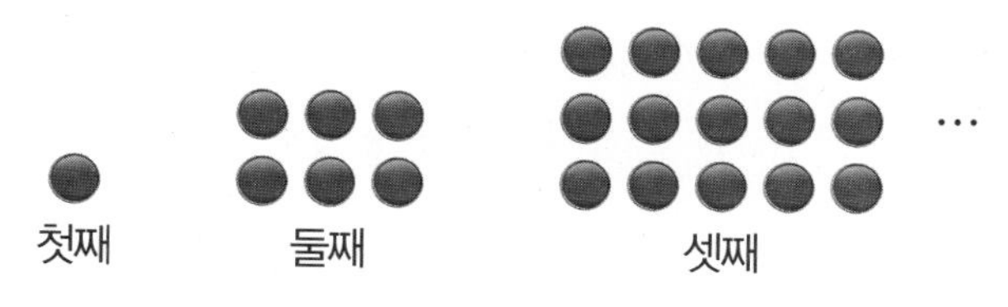

(　　　　　　　　)

8 곱셈표의 규칙을 이용하여 ㉠, ㉡에 알맞은 수를 각각 구해 보세요.

×	7	8	9	10	11
7	49	56	63		㉠
8	56	64	72		
9	63	72	81		
10					
11					㉡

㉠ (   )

㉡ (   )

9 용석이와 수민이는 계단 중간의 같은 칸에 서서 가위바위보를 하여 이기면 5칸을 올라가고, 비기면 제자리에 멈추고, 지면 2칸을 내려가기로 하였습니다. 가위바위보를 12번 하여 용석이는 4번 이기고, 5번 비기고, 3번 졌습니다. 용석이는 수민이보다 몇 칸 더 위에 있을까요? (단, 계단의 수는 50칸보다 많습니다.)

(   )

10 올해 규리, 동생, 이모의 나이의 합은 50살입니다. 2년 후 이모의 나이는 규리와 동생의 나이의 합의 6배가 됩니다. 규리와 동생의 나이의 차가 2살일 때 올해 규리의 나이는 몇 살일까요?

(   )

3
길이 재기

1 I m 알아보기, 자로 길이 재기

- 단위를 사용하면 길고 짧은 정도를 수로 나타낼 수 있습니다.
- 100 cm가 넘는 길이를 m로 나타내면 간단한 수로 나타낼 수 있습니다.

1-1 BASIC CONCEPT

cm보다 더 큰 단위 알아보기

- I m 이해하기

100 cm는 I m와 같습니다.

└ I cm로 100번 또는 10 cm로 10번 잰 길이입니다.

I m는 I 미터라고 읽습니다.

100 cm = I m

I m

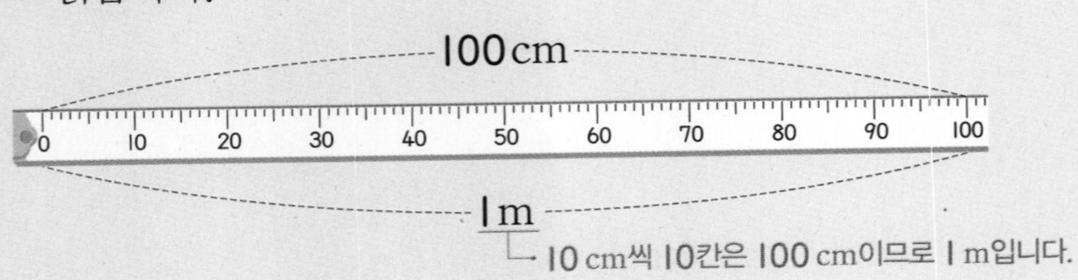

└ 10 cm씩 10칸은 100 cm이므로 I m입니다.

- I m가 넘는 길이 알아보기

145 cm는 I m보다 45 cm 더 깁니다.

145 cm를 I m 45 cm라고도 씁니다.

I m 45 cm를 I 미터 45 센티미터라고 읽습니다.

145 cm = I m 45 cm

자로 길이 재기

물건의 한끝을 줄자의 눈금 0에 맞추고 물건의 다른 쪽 끝에 있는 줄자의 눈금을 읽습니다.

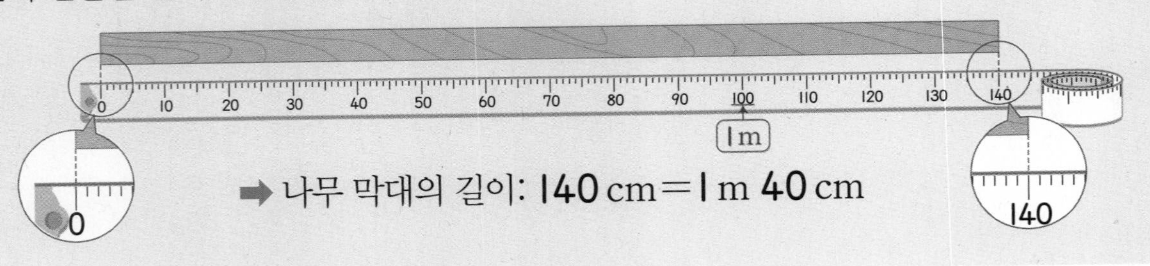

➡ 나무 막대의 길이: 140 cm=I m 40 cm

1 I m를 설명한 것입니다. □ 안에 알맞은 수를 써넣으세요.

I m는 10 cm로 □ 번 잰 길이입니다.

2 길이가 I m인 막대를 두 조각으로 잘랐습니다. 한 조각의 길이가 36 cm라면 다른 한 조각의 길이는 몇 cm일까요?

( )

1-2 BASIC CONCEPT

l m가 어느 정도인지 알기

• 100 cm=l m임을 이용하여 l m 만들기

종이띠를 길게 만들어 10 cm 간격으로 10번 표시하고 남는 부분을 잘라서 만듭니다.

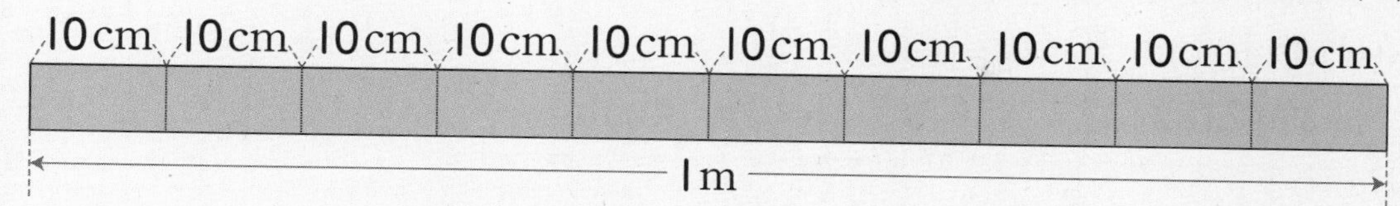

• 길이가 약 l m인 물건 찾기

l m가 어느 정도인지 알아본 후 주변에서 길이가 약 l m인 물건을 찾아봅니다.

예 선풍기의 높이, 방 창문의 짧은 쪽의 길이 등

3 길이를 m 단위로 나타내기에 알맞은 것을 모두 찾아 기호를 써 보세요.

㉠ 가로등의 높이	㉡ 연필의 길이
㉢ 신발의 길이	㉣ 아파트의 높이

( )

1-3 BASIC CONCEPT

길이를 몇 m 몇 cm로 나타내기

m		cm	
		2	7	0

m		cm		
		2	7	0
		4	5	8
	1	9	6	3

→ cm를 m로 고칠 때에는 백의 자리 수에 m를 붙입니다.

270 cm=200 cm+70 cm=2 m 70 cm

458 cm=400 cm+58 cm=4 m 58 cm

1963 cm=1900 cm+63 cm=19 m 63 cm

4 선물을 포장하는 데 리본을 l m 62 cm 사용하였습니다. 사용한 리본의 길이는 몇 cm일까요?

( )

5 동욱이의 키는 l m 32 cm이고 준서의 키는 127 cm입니다. 동욱이와 준서 중 키가 더 큰 사람은 누구일까요?

( )

2 길이의 합, 길이의 차

• 길이의 합과 차는 같은 단위끼리 계산합니다.

BASIC CONCEPT 2-1

길이의 합

• 1 m 40 cm와 1 m 30 cm의 합 구하기

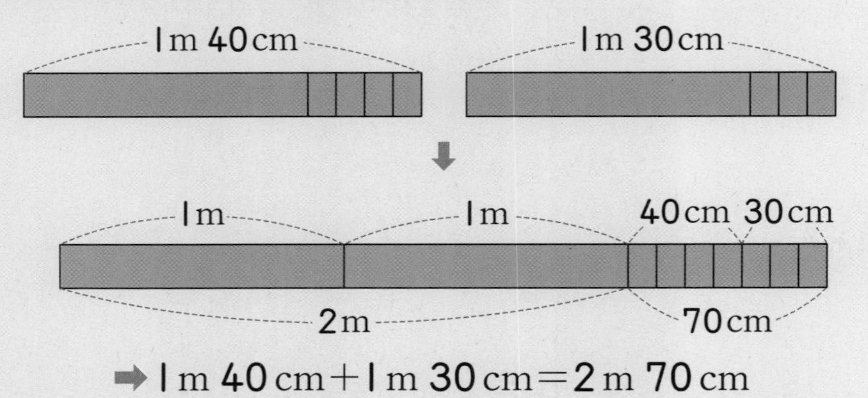

	1 m	40 cm
+	1 m	30 cm
	2 m	70 cm

m는 m끼리, cm는 cm끼리 맞추어 쓴 후, cm끼리 먼저 더하고 m끼리 더합니다.

➡ 1 m 40 cm + 1 m 30 cm = 2 m 70 cm

길이의 차

• 2 m 50 cm와 1 m 20 cm의 차 구하기

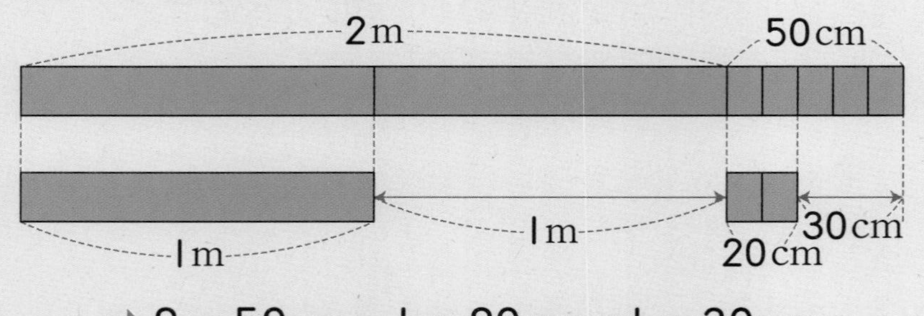

	2 m	50 cm
−	1 m	20 cm
	1 m	30 cm

m는 m끼리, cm는 cm끼리 맞추어 쓴 후, cm끼리 먼저 빼고 m끼리 뺍니다.

➡ 2 m 50 cm − 1 m 20 cm = 1 m 30 cm

1 □ 안에 알맞은 수를 써넣으세요.

(1) 3 m 40 cm + 2 m 52 cm = □ m □ cm

(2) 8 m 47 cm − 6 m 15 cm = □ m □ cm

2 빨간색 테이프와 파란색 테이프가 있습니다. 두 색 테이프의 길이의 합은 몇 m 몇 cm일까요?

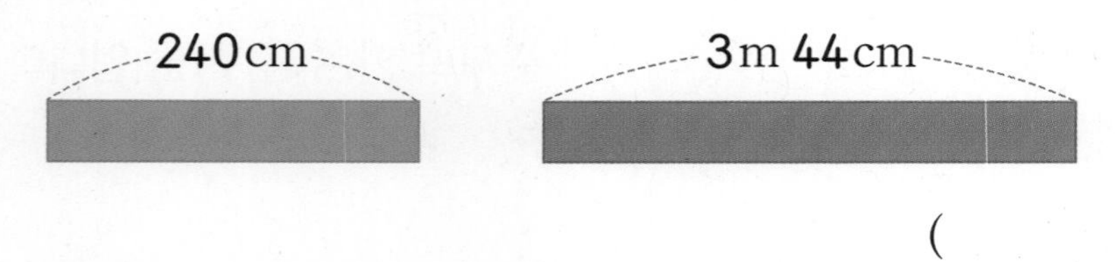

(   )

BASIC CONCEPT 2-2

받아올림이 있는 길이의 합과 받아내림이 있는 길이의 차

• 3 m 70 cm+4 m 50 cm의 계산

	m	cm
	3 m	70 cm
+	4 m	50 cm
	7 m	120 cm

cm끼리의 합이 100 cm이거나 100 cm를 넘으면 100 cm를 1 m로 바꾸어 더합니다.

=7 m+1 m 20 cm=

	m	cm
	3 m	70 cm
+	4 m	50 cm
	8 m	20 cm

• 9 m 20 cm−3 m 70 cm의 계산

	m	cm
	9 m	20 cm
−	3 m	70 cm

=8 m 100 cm+20 cm=

cm끼리 뺄 수 없으면 1 m를 100 cm로 바꾸어 뺍니다.

	m	cm
	8 m	120 cm
−	3 m	70 cm
	5 m	50 cm

3 길이가 1 m 42 cm인 고무줄을 잡아당겼더니 3 m 28 cm로 늘어났습니다. 고무줄은 처음 길이보다 몇 m 몇 cm만큼 더 늘어났을까요?

(　　　　　　　　)

BASIC CONCEPT 2-3

겹치게 이어 붙인 색 테이프의 전체 길이 구하기

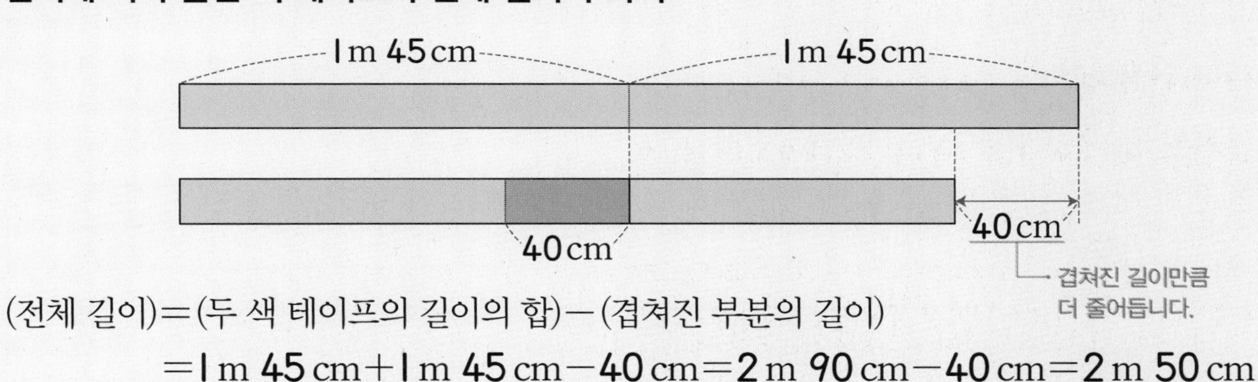

(전체 길이)=(두 색 테이프의 길이의 합)−(겹쳐진 부분의 길이)

=1 m 45 cm+1 m 45 cm−40 cm=2 m 90 cm−40 cm=2 m 50 cm

4 길이가 1 m 27 cm인 색 테이프 3장을 그림과 같이 8 cm씩 겹치게 이어 붙였습니다. 이어 붙인 색 테이프의 전체 길이는 몇 m 몇 cm일까요?

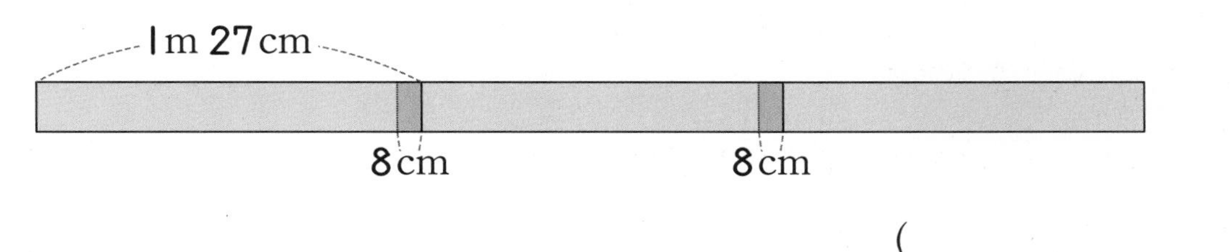

(　　　　　　　　)

3 길이 어림하기

- 단위의 길이가 길수록 잰 횟수가 적습니다.
- 1 m의 양감을 익혀 길이를 어림합니다.

3-1 BASIC CONCEPT

내 몸의 부분을 이용하여 길이 재기

- 내 몸의 부분으로 1 m 재어 보기

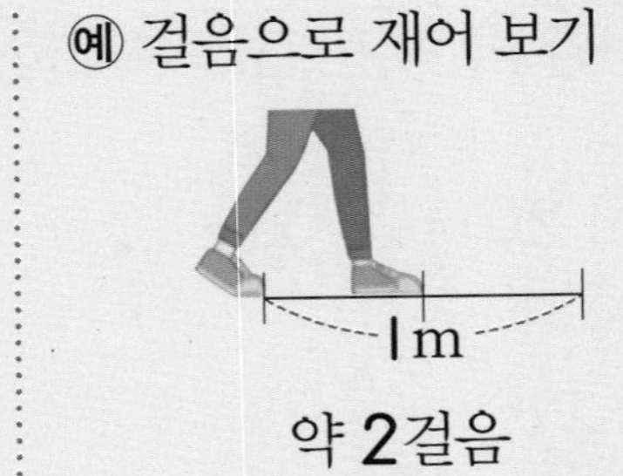

➡ 1 m를 자신의 몸의 부분으로 재어 몇 번인지 알면 길이를 어림할 수 있습니다.
└ 사람에 따라 잰 횟수가 다릅니다.

- 내 몸에서 1 m가 되는 부분 찾아보기

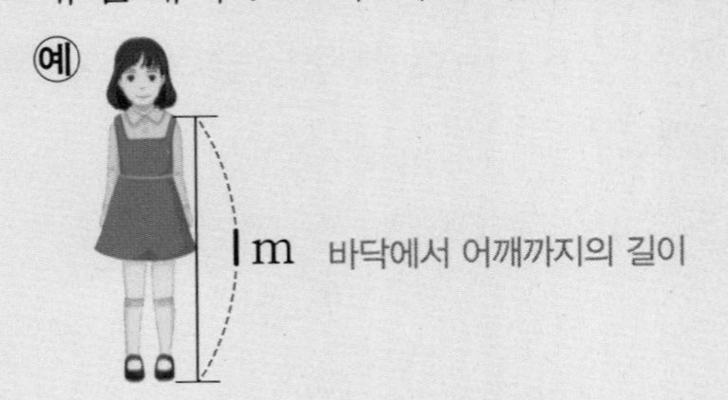

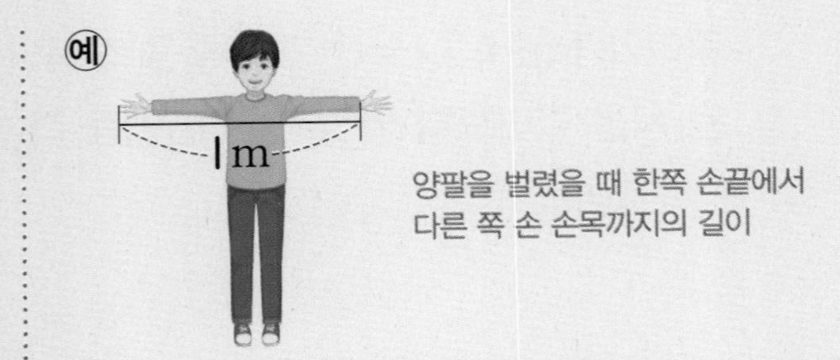

➡ 키나 양팔 사이의 길이에서 1 m만큼을 알면 길이를 어림할 수 있습니다.
└ 사람의 키나 팔 길이에 따라 다릅니다.

길이 어림하기

단위의 길이를 잰 횟수만큼 더하면 전체 길이가 됩니다.

예 양팔 사이의 길이가 1 m일 때 양팔을 벌려 4번 잰 길이 어림하기

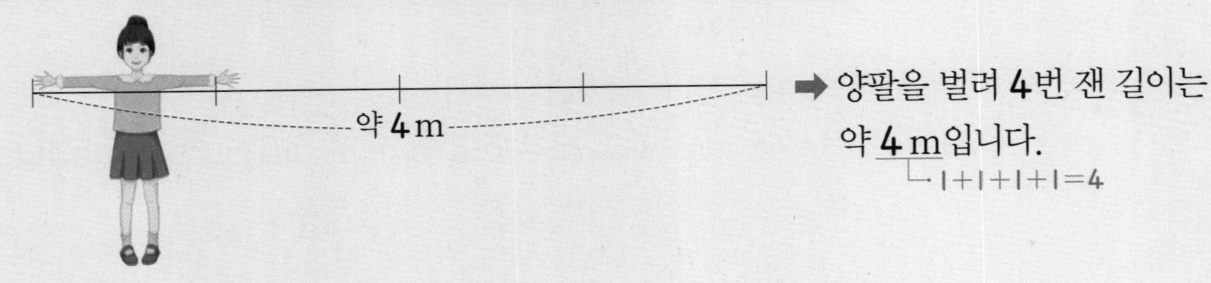

1 은정이의 발 길이는 21 cm이고, 수아의 발 길이는 23 cm입니다. 두 사람이 가지고 있는 끈의 길이를 각각 자신의 발로 재었더니 은정이는 3번, 수아는 2번 잰 것과 같았습니다. 누구의 끈이 몇 cm 더 길까요?

( ), ( )

BASIC CONCEPT 3-2

단위의 길이와 잰 횟수의 관계 알아보기

내 몸의 부분을 단위의 길이로 하여 나무 막대의 길이를 잴 때 잰 횟수가 적을수록 단위의 길이가 더 깁니다.

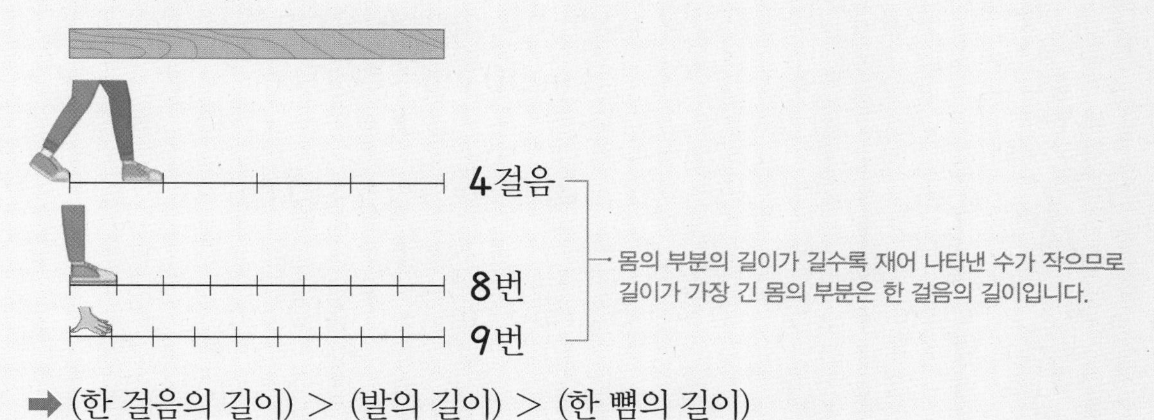

➡ (한 걸음의 길이) > (발의 길이) > (한 뼘의 길이)

2 교실 칠판의 가로를 내 몸의 부분을 이용하여 재려고 합니다. 재어야 하는 횟수가 많은 것부터 차례로 기호를 써 보세요.

㉠ 뼘　　㉡ 양팔 사이　　㉢ 엄지손가락 너비

(　　　　　　)

BASIC CONCEPT 3-3

곱셈을 이용하여 길이 어림하기

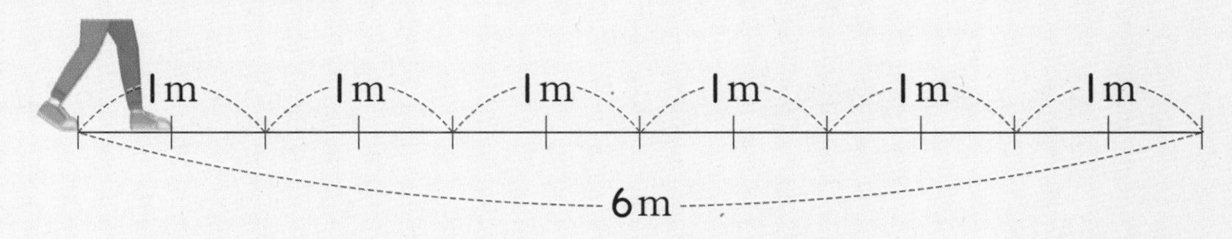

➡ 두 걸음이 1 m이므로 6 m를 어림하려면 같은 걸음으로 $2\times6=12$(걸음) 재어야 합니다.
└ 두 걸음씩 6번

3 서진이의 발로 4번 잰 길이는 1 m입니다. 서진이의 발로 5 m를 어림하려면 몇 번 재어야 할까요?

(　　　　　　)

최상위 S

단위를 통일한 후 길이를 비교한다.

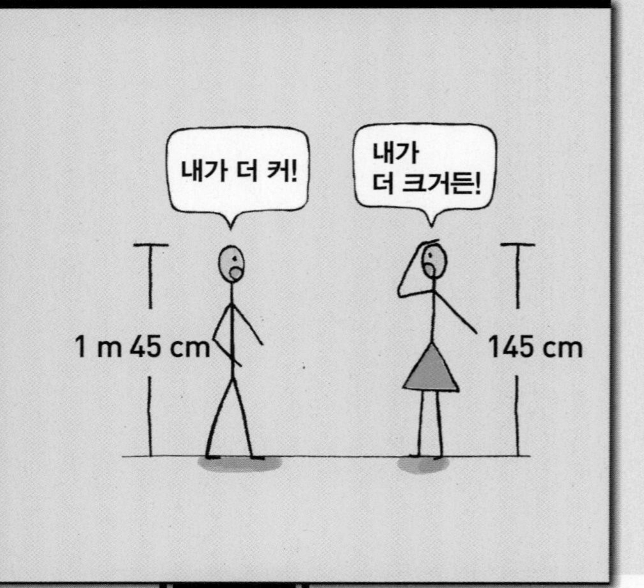

• 3 m 50 cm와 410 cm 비교

3 m 50 cm = 350 cm

⬇

350 cm ⓒ< 410 cm

⬇

3 m 50 cm ⓒ< 410 cm

대표문제 1

우체국의 높이는 7 m 34 cm, 학교의 높이는 940 cm, 소방서의 높이는 816 cm입니다. 높이가 낮은 건물부터 차례로 써 보세요.

(우체국의 높이) = 7 m 34 cm = □ cm + 34 cm = □ cm

(학교의 높이) = 940 cm

(소방서의 높이) = 816 cm

□ cm < □ cm < □ cm이므로

높이가 낮은 건물부터 차례로 쓰면 □, □, □입니다.

1-1 효경이의 키는 124 cm, 설아의 키는 132 cm, 지민이의 키는 1 m 29 cm입니다. 키가 큰 사람부터 차례로 이름을 써 보세요.

( )

1-2 경찰서의 높이는 6 m 89 cm, 병원의 높이는 9 m 67 cm, 도서관의 높이는 959 cm입니다. 가장 높은 건물은 어느 것일까요?

( )

1-3 가지고 있는 철사의 길이가 현호는 3 m 74 cm, 은미는 2 m 52 cm, 민수는 319 cm입니다. 가장 짧은 철사를 가진 사람은 누구일까요?

( )

1-4 다음은 민수의 공 던지기 기록을 나타낸 표입니다. 공을 둘째로 멀리 던진 기록은 몇 회의 기록일까요?

회	1회	2회	3회	4회
기록	13 m 54 cm	1816 cm	1682 cm	18 m 31 cm

( )

단위의 길이가 다르면 잰 횟수도 다르다.

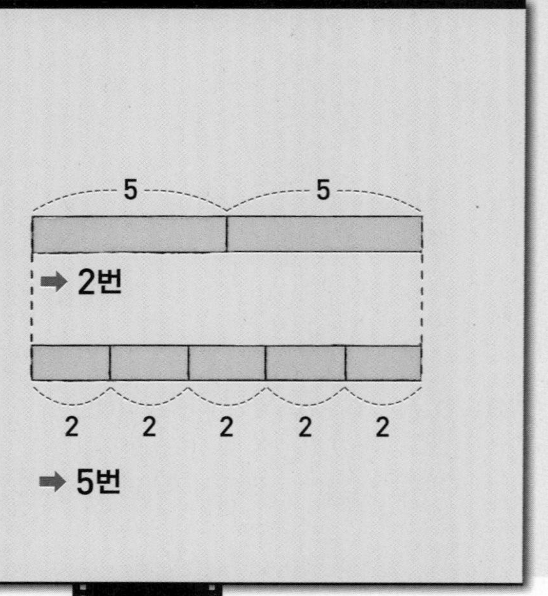

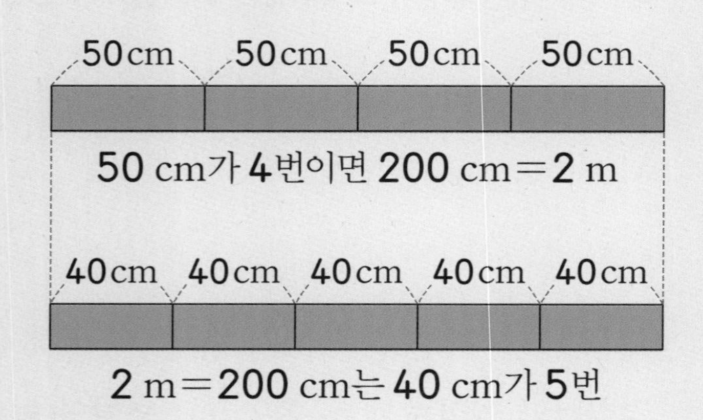

대표문제 2

나무 막대의 길이는 150 cm이고, 철사의 길이는 2 m입니다. 나무 막대로 4번 잰 길이를 철사로 재면 몇 번인지 구해 보세요.

나무 막대의 길이는 150 cm=1 m ☐ cm이므로 나무 막대로 4번 잰 길이는

1 m 50 cm+1 m 50 cm+1 m 50 cm+1 m 50 cm=4 m ☐ cm (4번)

=☐ m

철사의 길이는 2 m이고 ☐ m=2 m+2 m+☐ m입니다. (3번)

따라서 나무 막대로 4번 잰 길이를 철사로 재면 ☐ 번입니다.

2-1 연필의 길이는 14 cm이고, 붓의 길이는 20 cm입니다. 연필로 10번 잰 길이를 붓으로 재면 몇 번일까요?

( )

2-2 파란색 리본의 길이는 225 cm이고, 빨간색 리본의 길이는 3 m입니다. 파란색 리본으로 4번 잰 길이를 빨간색 리본으로 재면 몇 번일까요?

( )

2-3 민재의 7걸음은 3 m입니다. 민재가 걸음으로 12 m를 재어 보려면 몇 걸음을 걸어야 할까요? (단, 민재의 걸음은 일정합니다.)

( )

2-4 유미의 팔 길이는 45 cm입니다. 유미의 팔 길이로 3 m를 어림하려고 합니다. 적어도 몇 번을 재어야 3 m를 넘을까요?

( )

겹치는 부분만큼 더 줄어든다.

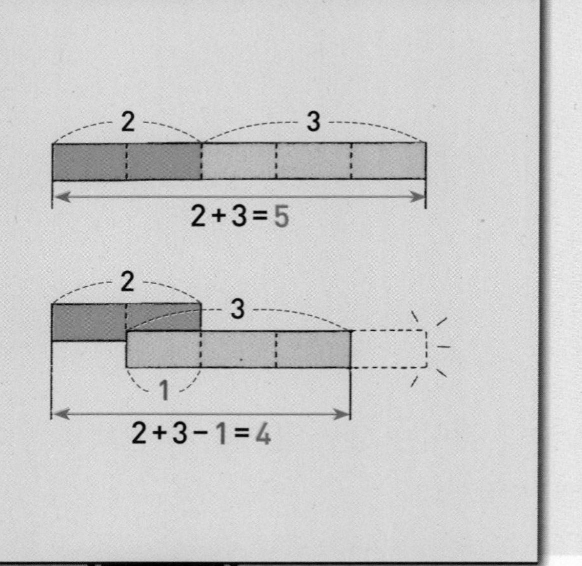

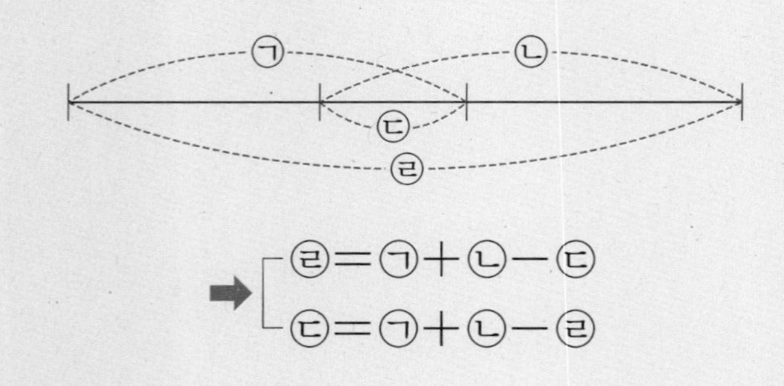

➡ ㉣=㉠+㉡-㉢
㉢=㉠+㉡-㉣

대표문제 3

㉠에서 ㉣까지의 길이는 몇 m 몇 cm인지 구해 보세요.

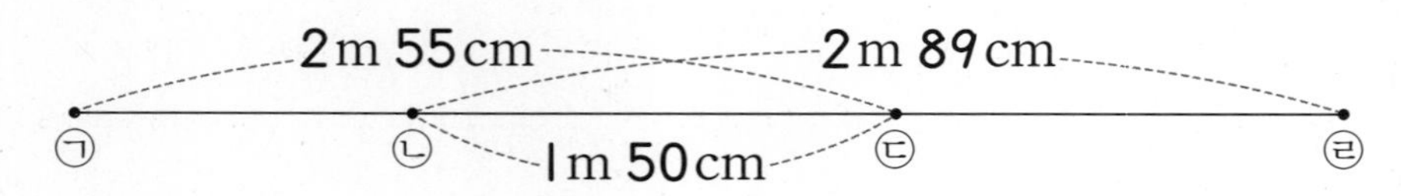

(㉠~㉣의 길이)=(㉠~㉢의 길이)+(㉡~☐의 길이)-(㉡~☐의 길이)

=2 m 55 cm+2 m ☐ cm-1 m 50 cm

=4 m ☐ cm-1 m 50 cm

=☐ m ☐ cm

따라서 ㉠에서 ㉣까지의 길이는 ☐ m ☐ cm입니다.

3-1 ㉠에서 ㉣까지의 길이는 몇 m 몇 cm일까요?

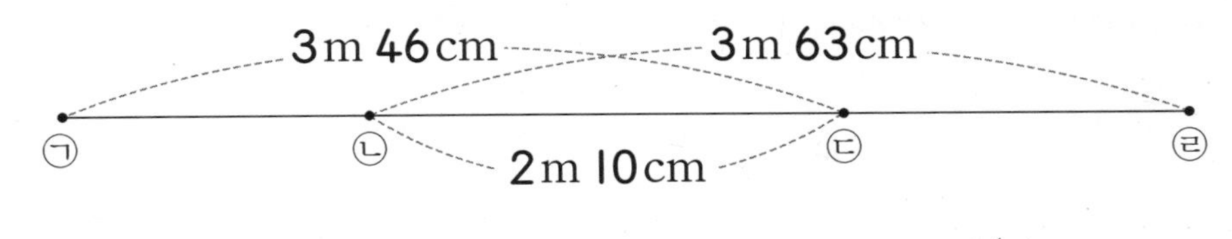

(   )

3-2 ㉡에서 ㉢까지의 길이는 몇 m 몇 cm일까요?

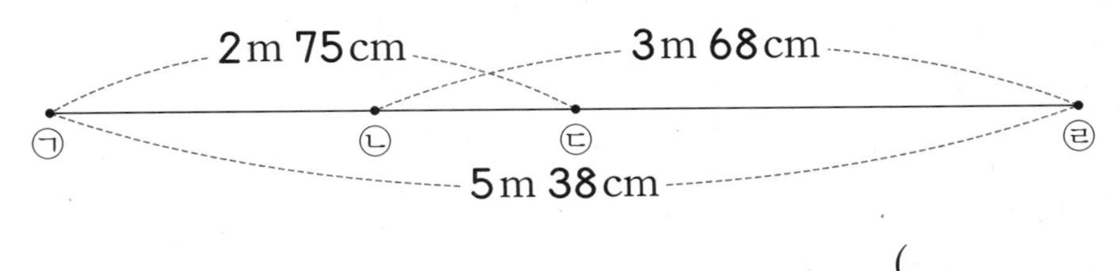

(   )

3-3 ㉠에서 ㉡까지의 길이는 몇 m 몇 cm일까요?

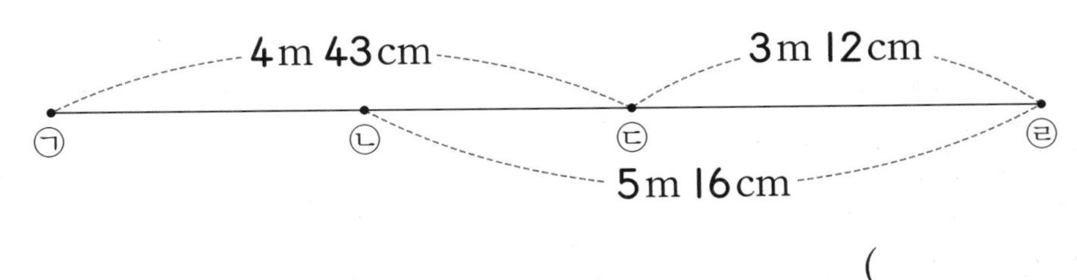

(   )

최상위 S

커진 만큼 작아지면 처음 수가 된다.

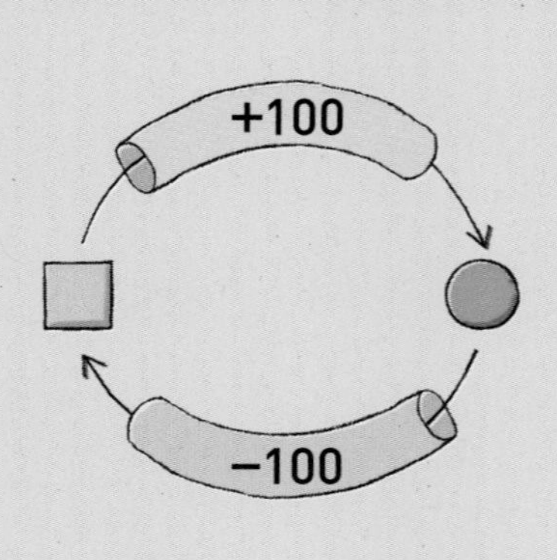

○ = □ +100

□ = ○ −100

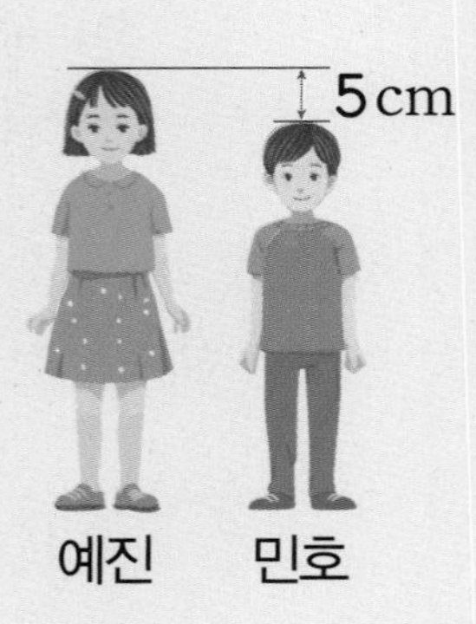

(예진이의 키)=(민호의 키)+5 cm

➡ (민호의 키)=(예진이의 키)−5 cm

아버지는 수민이보다 45 cm 더 크고, 형은 수민이보다 25 cm 더 큽니다. 아버지의 키가 178 cm일 때 형의 키는 몇 m 몇 cm인지 구해 보세요.

---

100 cm= □ m이므로

(아버지의 키)=178 cm= □ m □ cm입니다.

(아버지의 키)=(수민이의 키)+45 cm

➡ (수민이의 키)=(아버지의 키)−45 cm

=1 m □ cm−45 cm (아버지의 키)

=1 m □ cm

따라서 (형의 키)=1 m □ cm+25 cm= □ m □ cm입니다. (1 m □ cm: 수민이의 키)

4-1 빨간색 테이프는 파란색 테이프보다 1 m 36 cm 더 길고, 노란색 테이프는 빨간색 테이프보다 217 cm 더 짧습니다. 파란색 테이프의 길이가 2 m 54 cm일 때 노란색 테이프의 길이는 몇 m 몇 cm일까요?

( )

4-2 누나는 상민이보다 38 cm 더 크고, 형은 상민이보다 22 cm 더 큽니다. 누나의 키가 165 cm일 때 형의 키는 몇 m 몇 cm일까요?

( )

서술형

4-3 은행나무의 높이는 소나무의 높이보다 48 cm 더 낮고, 느티나무의 높이는 소나무의 높이보다 169 cm 더 낮습니다. 은행나무의 높이가 8 m 33 cm일 때 느티나무의 높이는 몇 m 몇 cm인지 풀이 과정을 쓰고 답을 구해 보세요.

풀이

답

4-4 체육시간에 멀리뛰기를 하였습니다. 희수는 주호보다 54 cm 더 멀리 뛰었고, 재화는 주호보다 41 cm 더 멀리 뛰었습니다. 희수가 179 cm를 뛰었을 때 세 사람이 뛴 거리의 합은 몇 m 몇 cm일까요?

( )

사각형 모양의 종이를

가로로 □칸, 세로로 △칸으로 나누면 □×△장이 된다.

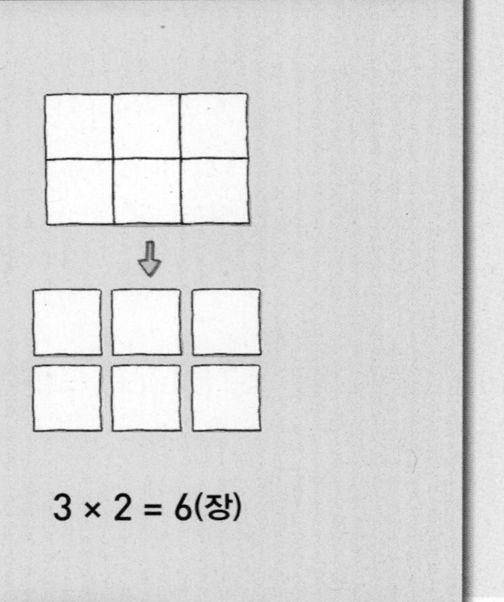

가로가 30 cm, 세로가 20 cm인 사각형 모양의 종이를 한 변이 5 cm인 똑같은 사각형 모양으로 자르면

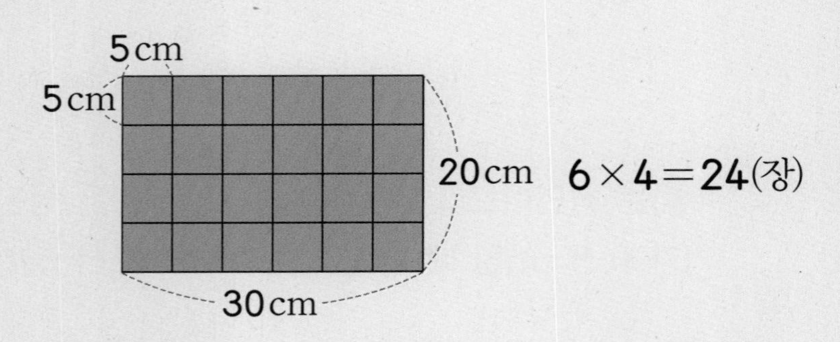

오른쪽과 같이 네 변의 길이가 모두 같고 네 변의 길이의 합이 1 m 20 cm인 사각형 모양의 종이가 있습니다. 이 종이를 잘라 네 변의 길이가 모두 같고 한 변의 길이가 6 cm인 똑같은 사각형 모양의 카드를 몇 장까지 만들 수 있는지 구해 보세요.

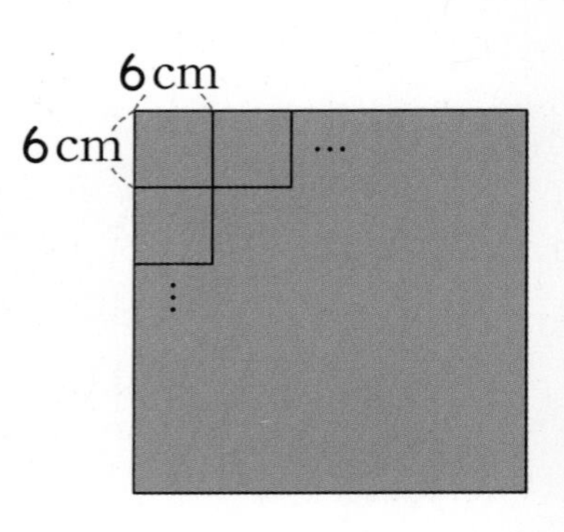

1 m 20 cm = □ cm이고

30 cm + 30 cm + 30 cm + 30 cm = □ cm이므로

큰 사각형 모양 종이의 한 변의 길이는 □ cm입니다.

6 × □ = □ 이므로 이 종이를

6 cm씩 가로로 □ 칸, 세로로 □ 칸으로 나눌 수 있습니다.

따라서 네 변의 길이가 모두 같고 한 변의 길이가 6 cm인 똑같은 사각형 모양의 카드를 □ × □ = □ (장)까지 만들 수 있습니다.

5-1 오른쪽과 같이 네 변의 길이가 모두 같고 한 변의 길이가 18 cm인 사각형 모양의 종이가 있습니다. 이 종이를 잘라 네 변의 길이가 모두 같고 한 변의 길이가 2 cm인 똑같은 사각형 모양의 카드를 몇 장까지 만들 수 있을까요?

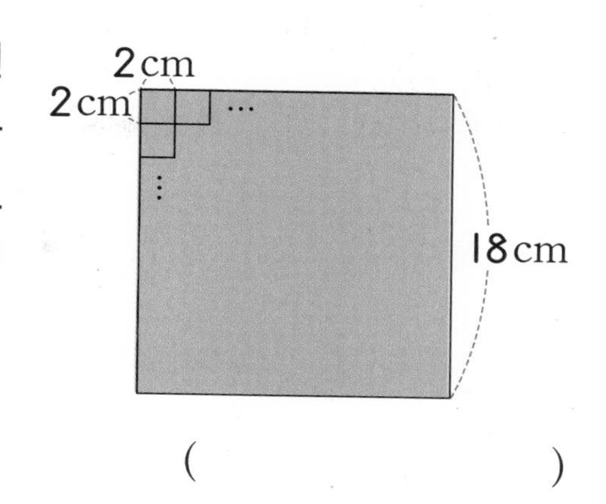

( )

5-2 오른쪽과 같이 네 변의 길이가 모두 같고 네 변의 길이의 합이 80 cm인 사각형 모양의 종이가 있습니다. 이 종이를 잘라 네 변의 길이가 모두 같고 한 변의 길이가 5 cm인 똑같은 사각형 모양의 카드를 몇 장까지 만들 수 있을까요?

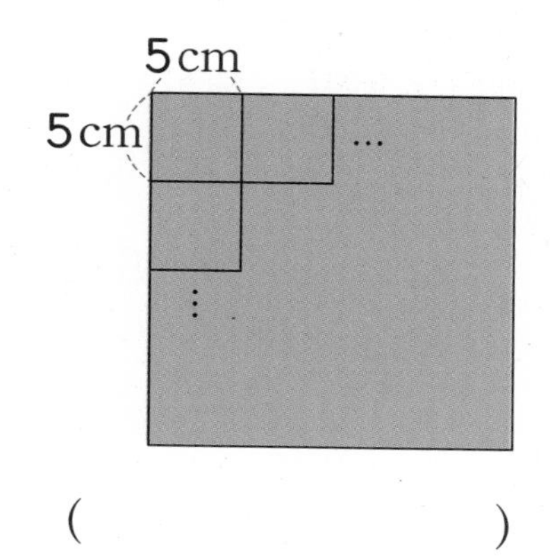

( )

5-3 오른쪽과 같이 마주 보는 두 변의 길이가 같고 가로가 21 cm, 세로가 27 cm인 사각형 모양의 종이가 있습니다. 이 종이를 잘라 네 변의 길이가 모두 같고 한 변의 길이가 3 cm인 똑같은 사각형 모양의 카드를 몇 장까지 만들 수 있을까요?

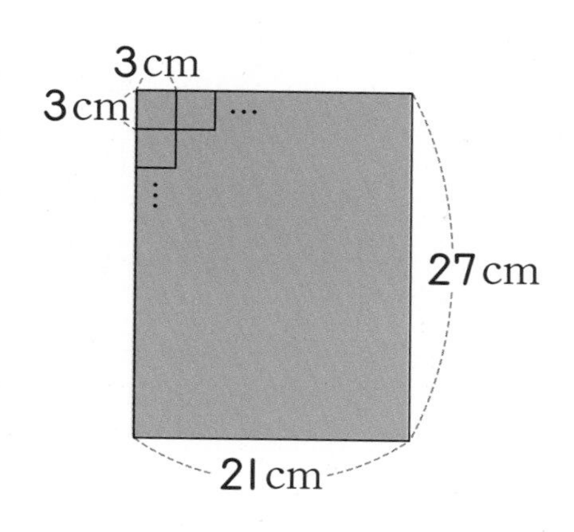

( )

최상위 S

물건을 2개 놓으면 물건 사이의 간격이 1개 생긴다.

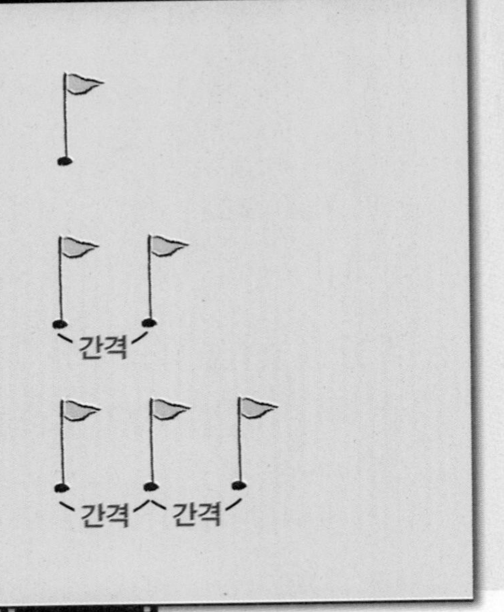

나무 막대 5개를 일정한 간격으로 늘어놓으면

나무 막대 사이의 간격은 5－1＝4(군데)

길이가 90 cm인 나무 막대 8개를 30 cm 간격으로 길게 늘어놓았습니다. 처음 나무 막대를 놓은 곳부터 마지막 나무 막대를 놓은 곳까지의 전체 거리는 몇 m 몇 cm인지 구해 보세요.

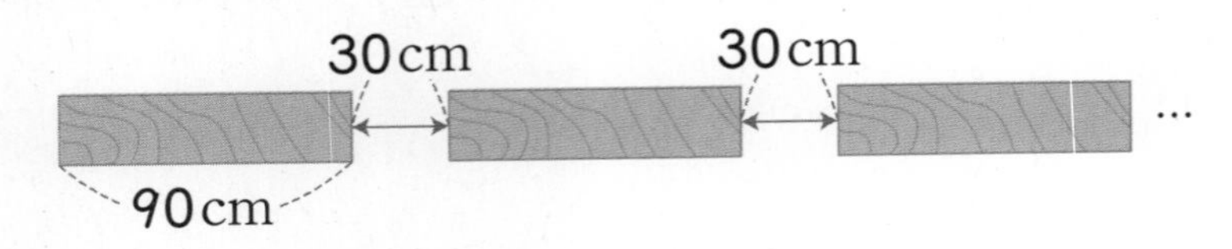

나무 막대 8개를 늘어놓았으므로 나무 막대 사이의 간격은 8－1＝☐(군데)입니다.

(나무 막대 8개의 길이의 합)

＝90 cm＋90 cm＋90 cm＋90 cm＋90 cm＋90 cm＋90 cm＋90 cm

＝☐ cm＝☐ m ☐ cm

(간격의 길이의 합)

＝30 cm＋30 cm＋30 cm＋30 cm＋30 cm＋30 cm＋30 cm

＝☐ cm＝☐ m ☐ cm

➡ (전체 거리)＝(나무 막대 8개의 길이의 합)＋(간격의 길이의 합)

＝☐ m ☐ cm＋☐ m ☐ cm＝☐ m ☐ cm

6-1 직선 도로의 한쪽에 처음부터 끝까지 7 m 간격으로 10그루의 나무가 심어져 있습니다. 이 도로의 전체 길이는 몇 m일까요?(단, 나무의 굵기는 생각하지 않습니다.)

(　　　　　　　　)

6-2 길이가 120 cm인 나무 막대 10개를 24 cm 간격으로 곧게 늘어놓았습니다. 처음 나무 막대를 놓은 곳부터 마지막 나무 막대를 놓은 곳까지의 전체 거리는 몇 m 몇 cm일까요?

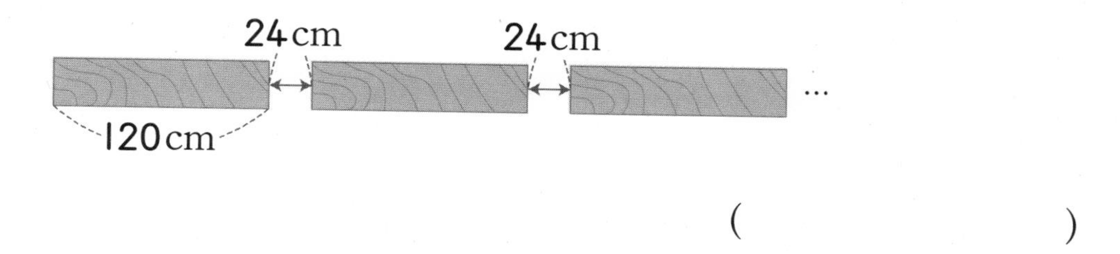

(　　　　　　　　)

6-3 현우는 길이가 1 m인 나무 막대 8개를 6 cm 간격으로 곧게 늘어놓았고, 지우는 길이가 2 m인 나무 막대 4개를 9 cm 간격으로 곧게 늘어놓았습니다. 처음 나무 막대를 놓은 곳부터 마지막 나무 막대를 놓은 곳까지의 전체 거리가 더 긴 사람은 누구일까요?

(　　　　　　　　)

6-4 길이가 1 m 50 cm인 긴의자 18개를 직선 산책로의 양쪽에 처음부터 끝까지 6 m 간격으로 설치하였습니다. 이 산책로의 전체 길이는 몇 m 몇 cm일까요?

(　　　　　　　　)

최상위 S

합과 차를 이용하여 두 물건의 길이를 각각 구한다.

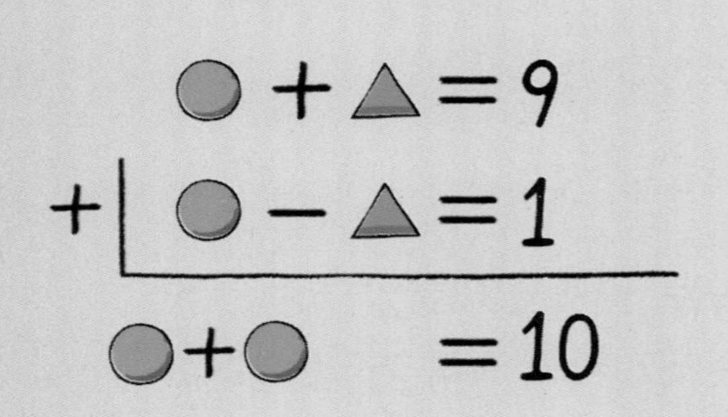

㉠과 ㉡의 길이의 합이 90 cm, 차가 10 cm라면

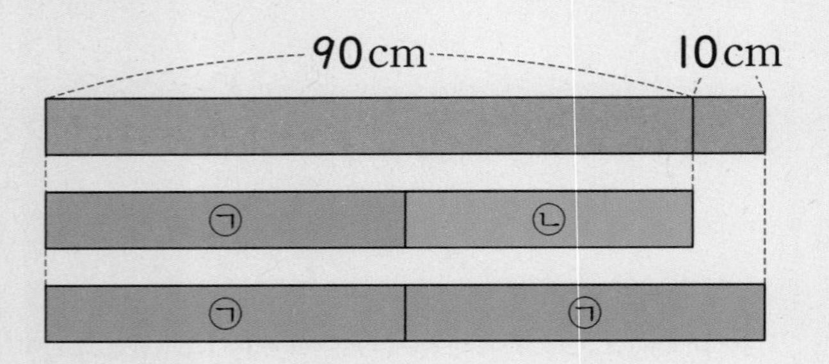

➡ ㉠+㉠=90 cm+10 cm=100 cm,
50 cm+50 cm=100 cm이므로
㉠=50 cm, ㉡=50 cm−10 cm=40 cm

길이가 1 m 80 cm인 나무 막대를 두 도막으로 잘랐습니다. 자른 두 도막의 길이의 차가 40 cm일 때 두 도막의 길이를 각각 구해 보세요.

두 도막의 길이의 합과 차를 더하면

1 m 80 cm+□cm=1 m □cm=2 m □cm이고,

이 길이는 긴 도막의 길이를 2번 더한 길이와 같습니다.

두 도막의 길이의 합 1 m 80 cm

두 도막의 길이의 차 40 cm

길이가 같습니다.

2 m 20 cm=1 m 10 cm+□m □cm이므로

긴 도막의 길이는 □m □cm이고,

짧은 도막의 길이는

□m □cm−40 cm=□cm−40 cm=□cm입니다.

7-1 길이가 80 cm인 나무 막대를 두 도막으로 잘랐습니다. 자른 두 도막의 길이의 차가 10 cm일 때 두 도막의 길이는 각각 몇 cm일까요?

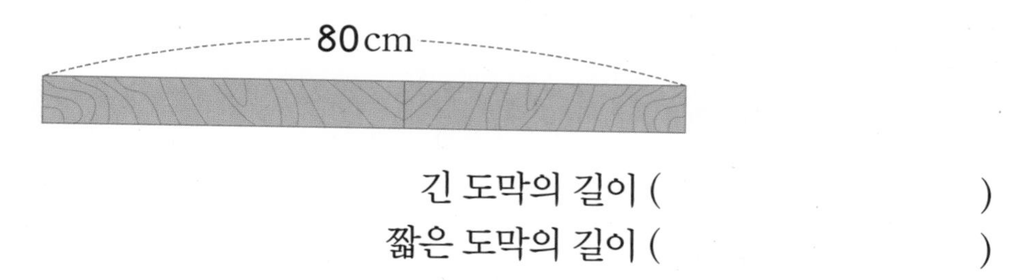

긴 도막의 길이 (　　　　　　　　)
짧은 도막의 길이 (　　　　　　　　)

7-2 길이가 3 m 60 cm인 나무 막대를 두 도막으로 잘랐습니다. 자른 두 도막의 길이의 차가 60 cm일 때 두 도막의 길이는 각각 몇 m 몇 cm일까요?

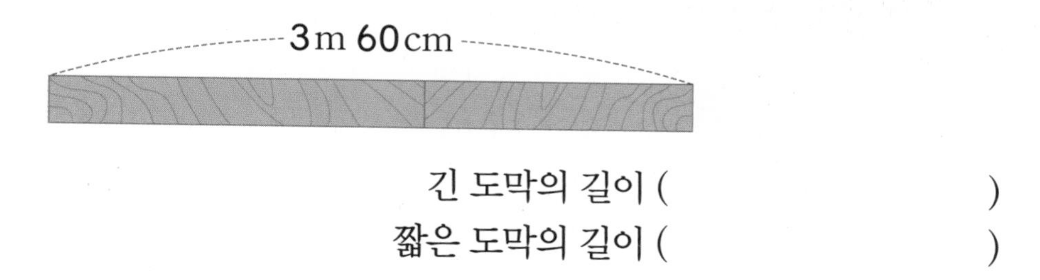

긴 도막의 길이 (　　　　　　　　)
짧은 도막의 길이 (　　　　　　　　)

7-3 길이가 7 m 85 cm인 나무 막대를 세 도막으로 잘랐습니다. 가장 짧은 도막의 길이는 190 cm이고, 나머지 두 도막의 길이의 차가 25 cm일 때 둘째로 긴 도막의 길이는 몇 m 몇 cm일까요?

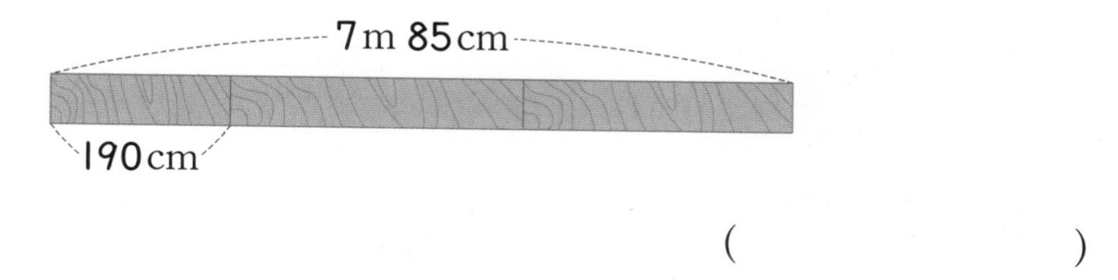

(　　　　　　　　)

두 가지 단위의 길이로 물건의 길이를 잴 수 있다.

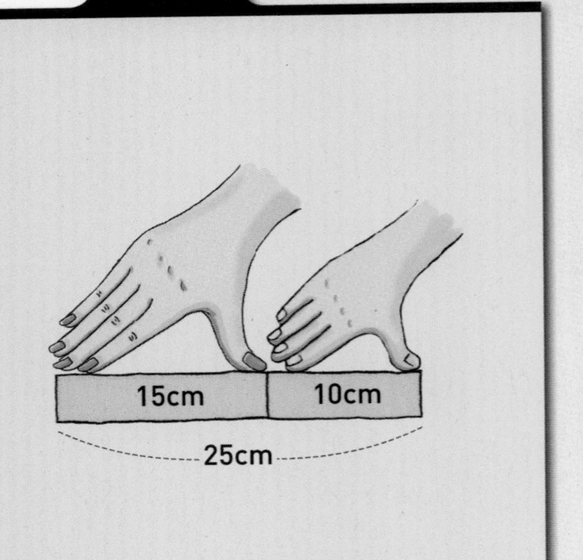

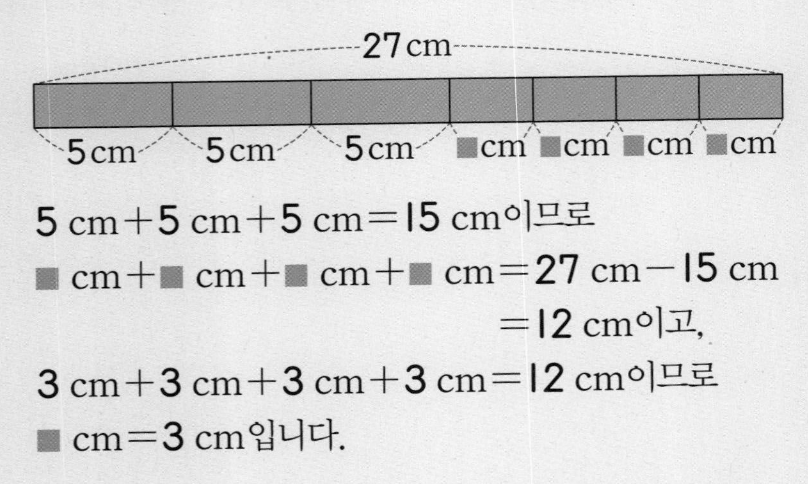

5 cm+5 cm+5 cm=15 cm이므로
■ cm+■ cm+■ cm+■ cm=27 cm−15 cm
=12 cm이고,
3 cm+3 cm+3 cm+3 cm=12 cm이므로
■ cm=3 cm입니다.

대표문제 8

민희와 준수는 우산의 길이를 뼘으로 재었습니다. 민희는 왼쪽 끝부터 5뼘을 재고 준수는 오른쪽 끝부터 3뼘을 재었더니 민희와 준수의 손가락 끝이 겹치는 부분없이 만났습니다. 우산의 길이는 1 m 5 cm이고 민희의 한 뼘의 길이는 12 cm일 때 준수의 한 뼘의 길이는 몇 cm인지 구해 보세요.

---

1 m=100 cm이므로 우산의 길이는 1 m 5 cm=☐ cm입니다.

민희가 뼘으로 잰 길이는 12 cm씩 ☐ 번이므로

12 cm+12 cm+12 cm+12 cm+12 cm=☐ cm입니다.

준수가 뼘으로 잰 길이는

1 m 5 cm−☐ cm=☐ cm−☐ cm=☐ cm입니다.

☐ cm=☐ cm+☐ cm+☐ cm이므로

같은 수를 3번 더해 준수가 뼘으로 잰 길이가 되는 수를 알아봅니다.

준수의 한 뼘의 길이는 ☐ cm입니다.

8-1 주하와 동우는 나무 막대의 길이를 뼘으로 재었습니다. 주하는 왼쪽 끝부터 4뼘을 재고 동우는 오른쪽 끝부터 3뼘을 재었더니 주하와 동우의 손가락 끝이 겹치는 부분없이 만났습니다. 나무 막대의 길이는 78 cm이고 주하의 한 뼘의 길이는 12 cm일 때 동우의 한 뼘의 길이는 몇 cm일까요?

( )

8-2 예지와 효미는 식탁의 긴 쪽의 길이를 뼘으로 재었습니다. 예지는 왼쪽 끝부터 7뼘을 재고 효미는 오른쪽 끝부터 4뼘을 재었더니 예지와 효미의 손가락 끝이 겹치는 부분없이 만났습니다. 식탁의 긴 쪽의 길이는 1 m 66 cm이고 예지의 한 뼘의 길이는 14 cm일 때 효미의 한 뼘의 길이는 몇 cm일까요?

( )

8-3 미라와 은수는 나무 막대의 길이를 발 길이로 재었습니다. 미라는 왼쪽 끝부터 발 길이로 9번을 재고 은수는 오른쪽 끝부터 발 길이로 6번을 재었더니 미라와 은수의 발 끝이 겹치는 부분없이 만났습니다. 나무 막대의 길이는 3 m 18 cm이고 미라와 은수의 발 길이의 합은 42 cm일 때 미라의 발 길이는 몇 cm일까요?

( )

8-4 소미와 태주는 복도의 길이를 걸음으로 재었습니다. 소미는 왼쪽 끝부터 8걸음을 재고 태주는 오른쪽 끝부터 8걸음을 재었더니 소미와 태주의 발 끝이 겹치는 부분없이 만났습니다. 복도의 길이는 8 m이고 소미의 한 걸음이 태주의 한 걸음보다 12 cm 더 길 때 소미의 한 걸음은 몇 cm일까요?

( )

최상위 S

상자에서 길이가 같은 부분은 각각 4개씩이다.

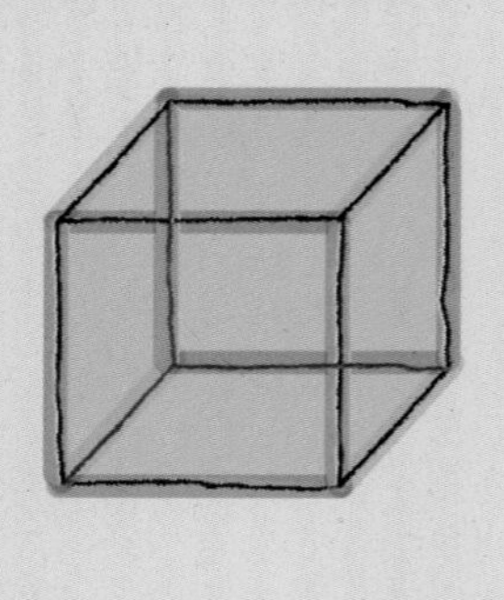

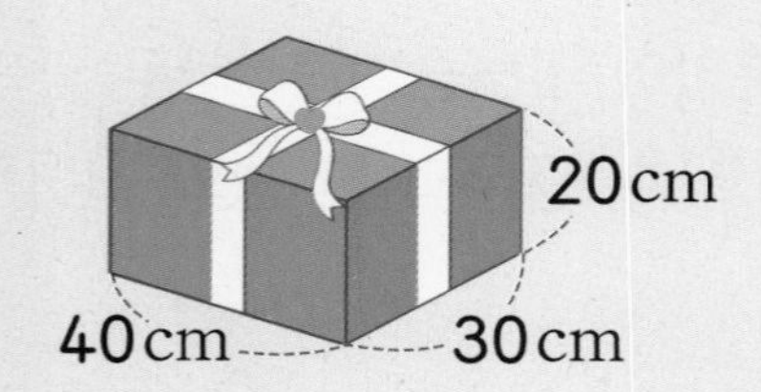

(상자를 묶는 데 사용한 리본의 길이)
=(40 cm+40 cm)+(30 cm+30 cm)
+(20 cm+20 cm+20 cm+20 cm)
+(매듭으로 사용한 길이)

대표문제 9

오른쪽과 같이 리본으로 선물 상자를 묶으려고 합니다. 매듭으로 사용할 리본의 길이가 45 cm일 때 필요한 리본의 길이는 모두 몇 m 몇 cm인지 구해 보세요. (단, 리본은 각 방향으로 한 바퀴씩만 감아 묶습니다.)

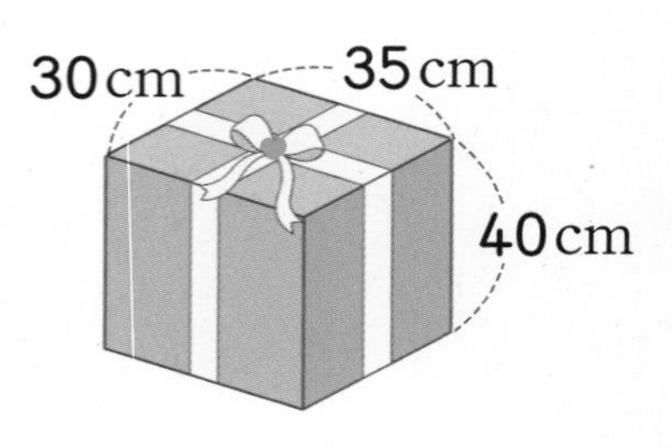

(30 cm인 부분 2곳)=30 cm+30 cm=□ cm ……㉠

(35 cm인 부분 □곳)=35 cm+35 cm=□ cm ……㉡

(40 cm인 부분 □곳)=40 cm+40 cm+40 cm+40 cm

=□ cm ……㉢

매듭으로 사용할 리본의 길이가 □ cm이므로

➡ (필요한 리본의 길이)=□ cm+□ cm+□ cm+□ cm
(㉠, ㉡, ㉢, 매듭으로 사용할 길이)

=□ cm=□ m □ cm

9-1 오른쪽과 같이 상자를 끈으로 4바퀴 감아 묶으려고 합니다. 매듭으로 사용할 끈의 길이가 22 cm일 때 필요한 끈의 길이는 모두 몇 m 몇 cm일까요?

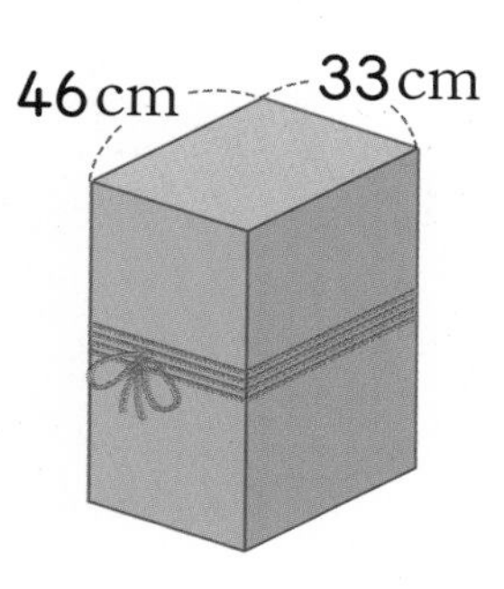

(　　　　　　　　)

9-2 오른쪽과 같이 리본으로 선물 상자를 묶으려고 합니다. 매듭으로 사용할 리본의 길이가 40 cm일 때 필요한 리본의 길이는 모두 몇 m 몇 cm일까요?
(단, 리본은 각 방향으로 한 바퀴씩만 감아 묶습니다.)

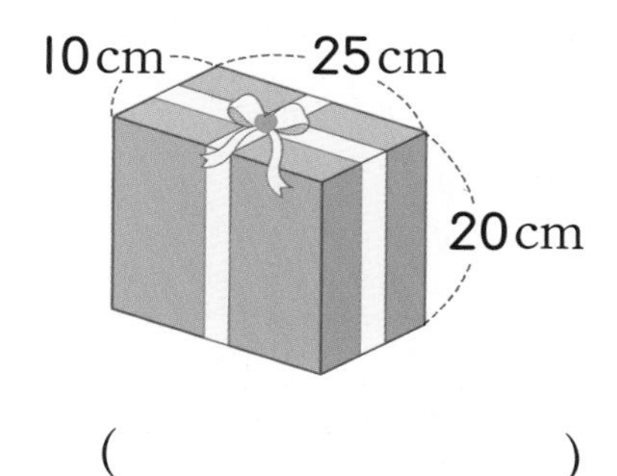

(　　　　　　　　)

9-3 길이가 1 m 78 cm, 1 m 16 cm인 두 개의 리본을 10 cm 겹치게 길게 이어 붙인 후 오른쪽과 같이 상자를 묶으려고 합니다. 매듭으로 사용할 리본의 길이가 35 cm일 때 상자를 묶고 남는 리본의 길이는 몇 cm일까요? (단, 리본은 각 방향으로 한 바퀴씩만 감아 묶습니다.)

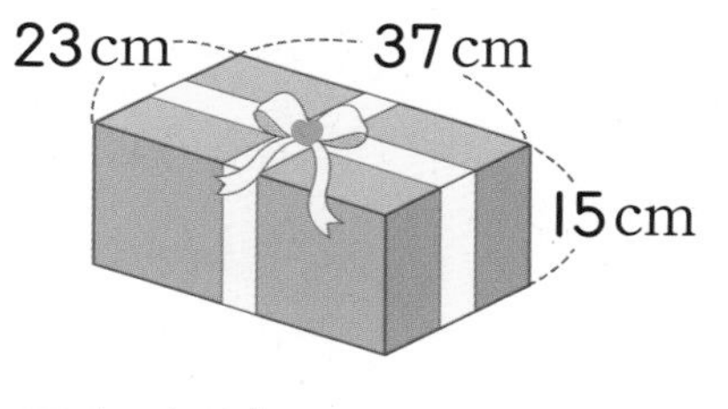

(　　　　　　　　)

9-4 길이가 2 m 56 cm, 1 m 69 cm인 두 개의 리본을 5 cm 겹치게 길게 이어 붙인 후 리본을 모두 사용하여 오른쪽과 같이 상자를 묶었습니다. 매듭으로 사용한 리본의 길이는 몇 cm일까요? (단, 리본은 각 방향으로 한 바퀴씩만 감아 묶었습니다.)

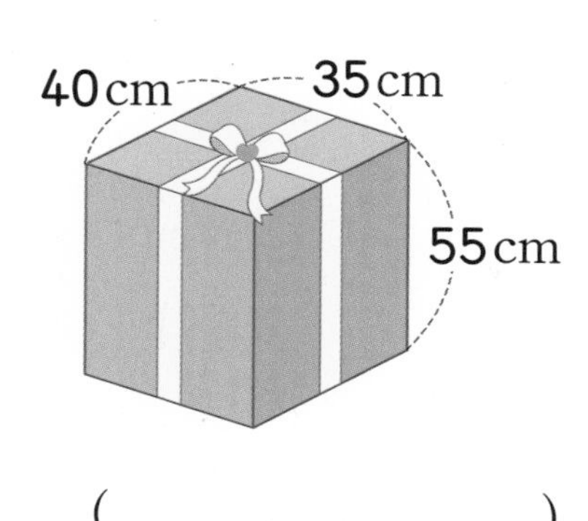

(　　　　　　　　)

1 다음은 세 명의 학생이 같은 끈의 길이를 각자의 뼘으로 잰 횟수를 기록한 것입니다. 한 뼘의 길이가 가장 긴 학생은 누구일까요?

이름	소영	민규	지아
잰 횟수	48뼘	42뼘	51뼘

( )

2 0부터 9까지의 수 중에서 □ 안에 들어갈 수 있는 수는 모두 몇 개일까요?

먼저 생각해 봐요!

0부터 9까지의 수 중에서 □ 안에 들어갈 수 있는 수를 모두 구해 보세요.

5 m 64 cm<5 m □3 cm

8 m 57 cm > 8□0 cm

( )

서술형 3 길이가 6 m인 리본을 1 m 24 cm씩 4번 잘라 사용했습니다. 사용하고 남은 리본의 길이는 몇 m 몇 cm인지 풀이 과정을 쓰고 답을 구해 보세요.

풀이

답

4 도서관의 높이를 정우는 6 m, 현지는 6 m 32 cm, 동우는 6 m 5 cm로 어림하였습니다. 도서관의 실제 높이가 6 m 20 cm일 때 실제 높이에 가깝게 어림한 사람부터 차례로 이름을 써 보세요.

( )

5 학교에서 도서관을 거쳐 병원까지 가는 거리는 학교에서 병원으로 바로 가는 거리보다 몇 m 몇 cm 더 멀까요?

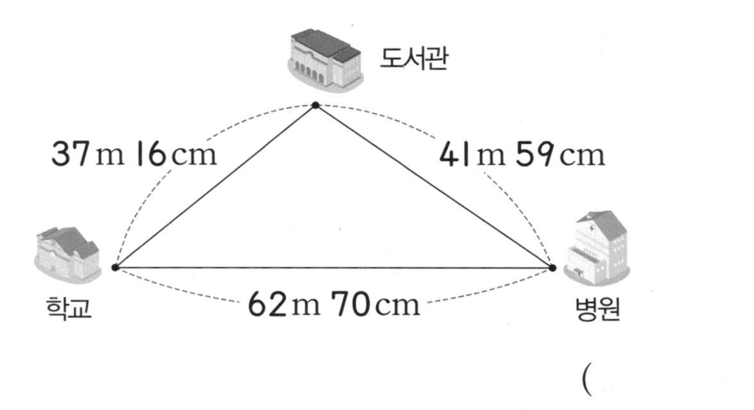

( )

6 그림과 같이 길이가 서로 다른 6개의 색 테이프를 2개씩 겹치지 않게 이어 붙여 길이가 같게 만들었습니다. ㉠과 ㉡의 길이의 합은 몇 m 몇 cm일까요?

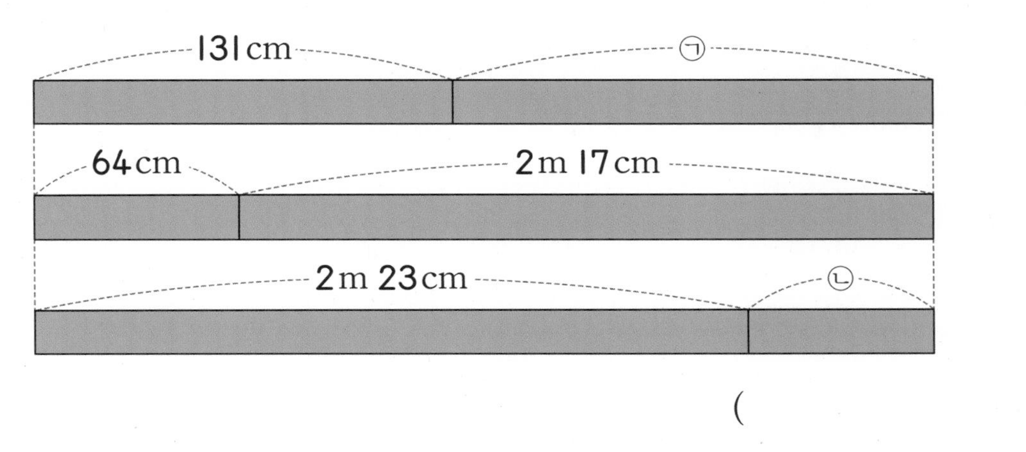

( )

7 다음을 읽고 ㉠~㉣ 중에서 가장 긴 것과 가장 짧은 것의 길이의 차를 구해 보세요.

- ㉠은 ㉡보다 13 cm 더 깁니다.
- ㉡은 288 cm보다 1 m 54 cm 더 짧습니다.
- ㉢은 ㉣보다 46 cm 더 짧고 ㉠보다 8 cm 더 깁니다.

( )

8 철사를 겹치지 않게 구부려 왼쪽과 같은 삼각형을 만들었다가 다시 펴서 오른쪽과 같이 마주 보는 두 변의 길이가 같은 사각형을 만들었습니다. 만든 사각형의 세로는 몇 cm일까요?

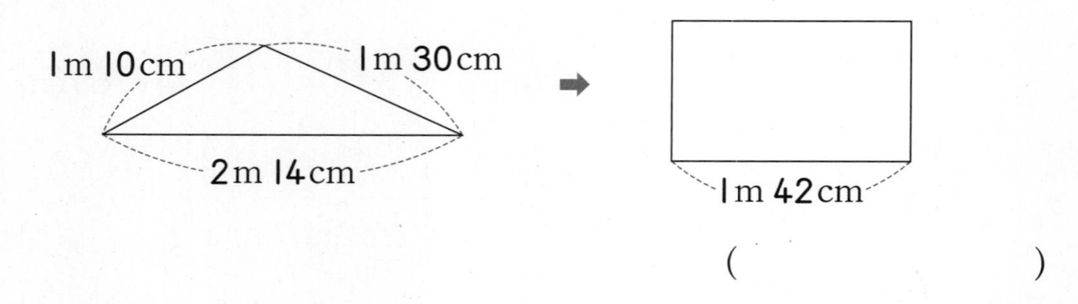

(　　　　　　　)

9 길이가 1 m 10 cm인 색 테이프 8장을 그림과 같이 20 cm씩 겹치게 이어 붙였습니다. 이어 붙인 색 테이프의 전체 길이는 몇 m 몇 cm일까요?

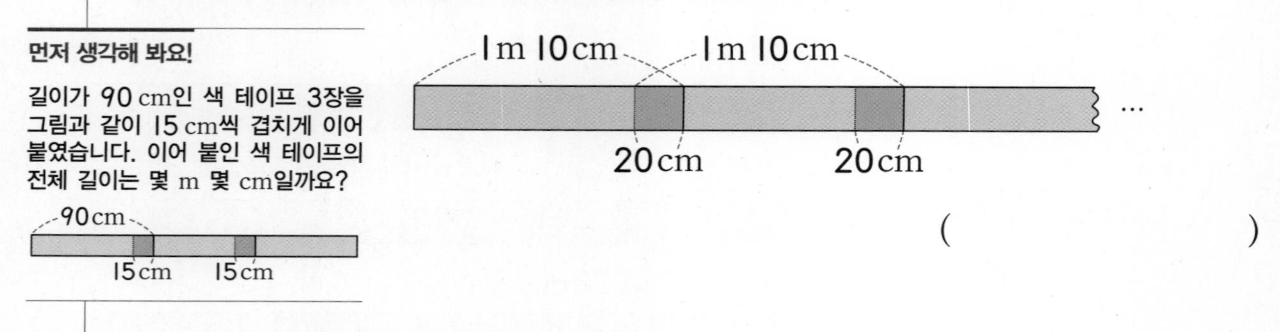

(　　　　　　　)

10 길이가 3 m 70 cm인 나무 막대를 다음과 같이 네 도막으로 잘랐습니다. 가장 짧은 도막의 길이는 몇 cm일까요?

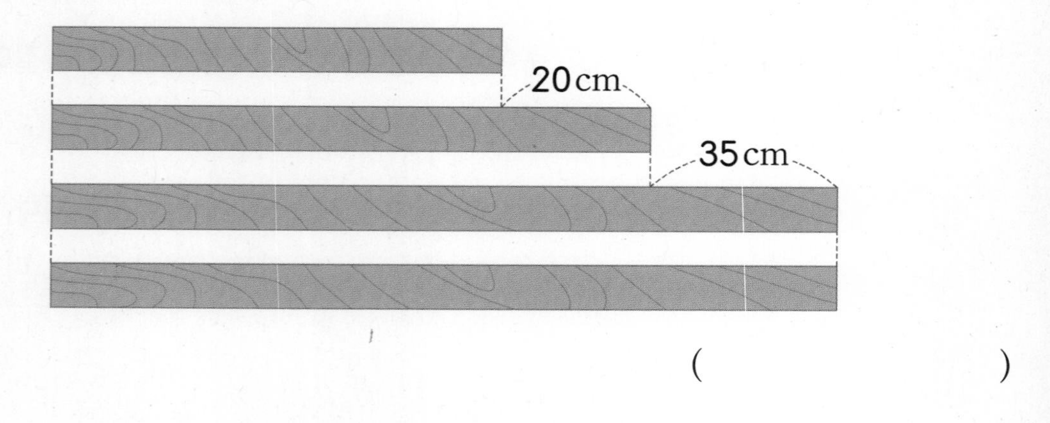

(　　　　　　　)

4

시각과 시간

1 시각 읽기, 1시간 알기

- 단위를 사용하면 시간의 길이를 수로 나타낼 수 있습니다.
- 시간은 60을 기준으로 하여 분, 시의 단위를 사용합니다.

1-1 BASIC CONCEPT

5분 단위의 시각 읽기

- 시계의 긴바늘이 가리키는 숫자가 1이면 5분, 2이면 10분, 3이면 15분, ...을 나타냅니다.
- 오른쪽 그림의 시계가 나타내는 시각은 7시 10분입니다.

1분 단위의 시각 읽기

- 시계에서 긴바늘이 가리키는 작은 눈금 한 칸은 1분을 나타냅니다.
- 오른쪽 그림의 시계가 나타내는 시각은 8시 13분입니다.

1 **시각에 맞게 긴바늘을 그려 넣으세요.**

(1) 4시 35분

(2) 10시 17분

2 **다음 시계가 나타내는 시각은 몇 시 몇 분일까요?**

- 짧은바늘이 숫자 9와 10 사이에 있습니다.
- 긴바늘이 숫자 4에서 작은 눈금 1칸 더 간 곳을 가리키고 있습니다.

( )

1-2 BASIC CONCEPT

여러 가지 방법으로 시각 읽기

3시 50분=4시 10분 전

└ 4시가 되려면 10분이 더 지나야 합니다.

3 시계를 보고 □ 안에 알맞은 수를 써넣으세요.

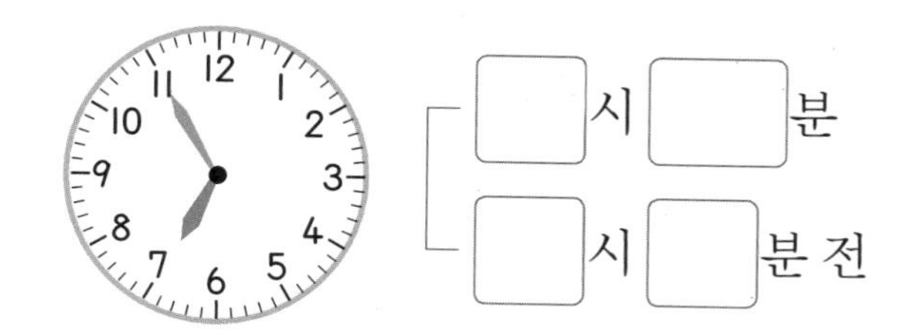

4 정우와 민서가 아침에 일어난 시각입니다. 두 사람 중 더 일찍 일어난 사람은 누구일까요?

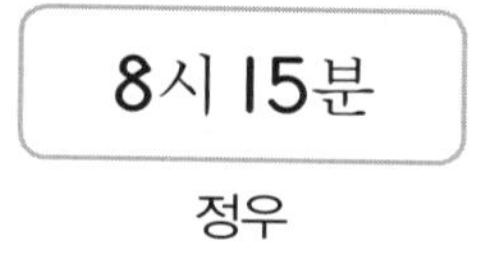

정우

8시 10분 전

민서

(   )

1-3 BASIC CONCEPT

1시간 알아보기

• 시계의 긴바늘이 한 바퀴 도는 데 걸린 시간은 60분입니다.

60분=1시간

2시간 30분
=60분+60분+30분
=150분

195분
=60분+60분+60분+15분
=3시간 15분

5 □ 안에 알맞은 수를 써넣으세요.

(1) 3시간=□분

(2) 85분=□시간 □분

(3) 1시간 48분=□분

(4) 130분=□시간 □분

6

놀이터에서 민수와 지원이가 놀고 있습니다. 놀이터에 온 지 민수는 1시간 12분, 지원이는 97분이 지났다고 할 때 두 사람 중 놀이터에 더 먼저 온 사람은 누구일까요?

(　　　　　　　　)

BASIC CONCEPT 1-4

걸린 시간 구하기

시작한 시각 　　　　　　　　　　 끝난 시각

3시 20분 　　　　　　　　　　 4시 30분

3시	10분	20분	30분	40분	50분	4시	10분	20분	30분	40분	50분	5시

(걸린 시간)=70분=1시간 10분

➡ 걸린 시간은 1시간 10분입니다.

7

두 시계를 보고 시간이 얼마나 지났는지 구해 보세요.

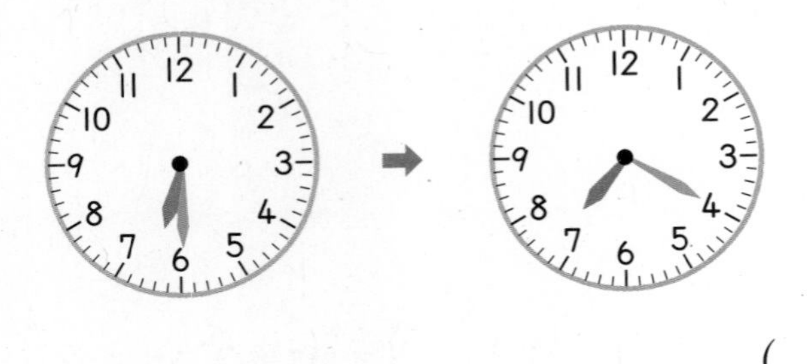

(　　　　　　　　)

8

은수가 학교에 도착한 시각과 학교에서 나온 시각을 나타낸 것입니다. 은수가 학교에 있던 시간은 몇 시간 몇 분일까요?

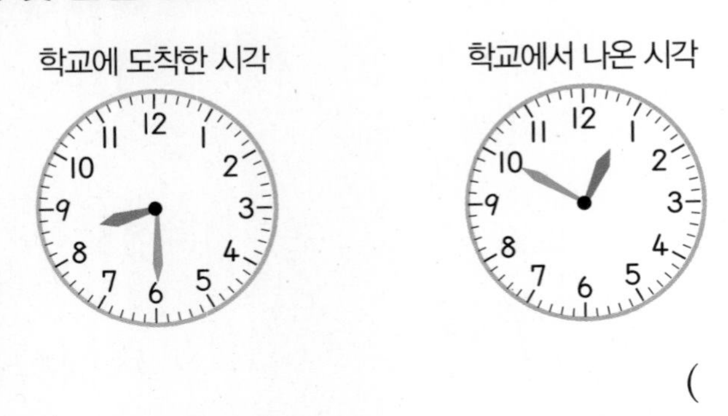

(　　　　　　　　)

2 하루의 시간, 달력 알기

- 짧은바늘이 시계를 한 바퀴 도는 데 걸린 시간은 12시간입니다.
- 하루에 짧은바늘은 시계를 2바퀴 돌고, 긴바늘은 시계를 24바퀴 돕니다.

2-1 BASIC CONCEPT

오전과 오후 알아보기

오전: 전날 밤 12시부터 낮 12시까지 ➡ 12시간

오후: 낮 12시부터 밤 12시까지 ➡ 12시간

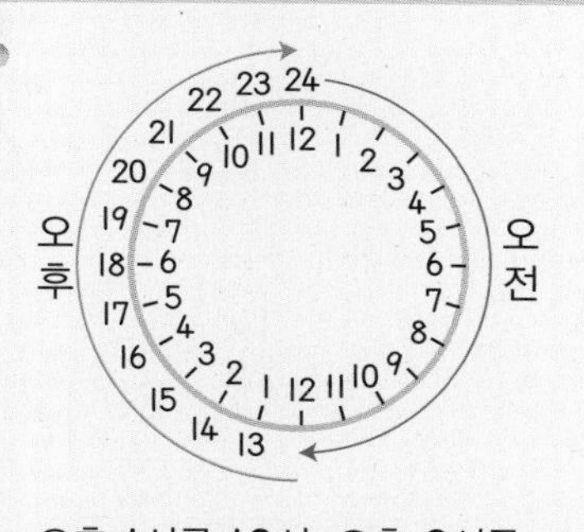

오후 1시를 13시, 오후 2시를 14시, ...라고도 합니다.

하루의 시간 알아보기

하루는 24시간입니다.

1일=24시간

1 □ 안에 알맞은 수를 써넣으세요.

(1) 2일 8시간=□시간

(2) 43시간=□일 □시간

2 하루는 낮과 밤으로 이루어져 있습니다. 어느 날 낮의 길이가 14시간이라면 이날 밤의 길이는 몇 시간일까요?

(　　　　　　)

3 알맞은 말에 ○표 하세요.

- 성우는 (오전 , 오후) 8시에 일어납니다.
- 진희는 (오전 , 오후) 3시에 수영장에 갑니다.
- 민주는 (오전 , 오후) 7시에 저녁 식사를 합니다.

2-2 BASIC CONCEPT

달력 알아보기

9월

일	월	화	수	목	금	토
					1	2
3	4	5	6	7	8	9
10	11	12	13	14	15	16
17	18	19	20	21	22	23
24	25	26	27	28	29	30

- 1주일은 7일입니다.

1주일=7일

- 같은 요일은 7일마다 반복됩니다.

4 □ 안에 알맞은 수를 써넣으세요.

(1) 1주일 4일=□일

(2) 27일=□주일 □일

[5~6] 어느 해 5월의 달력입니다. 물음에 답하세요.

5월

일	월	화	수	목	금	토
		1	2	3	4	5
6	7	8	9	10	11	12
13	14	15	16	17	18	19
20	21	22	23	24	25	26
27	28	29	30	31		

5 5월 5일은 어린이날입니다. 어린이날부터 1주일 후는 무슨 요일일까요?

( )

6 5월의 수요일인 날짜를 모두 써 보세요.

( )

정답과 풀이 47쪽

7 어느 해 8월 달력의 일부분입니다. 이 해의 8월 15일 광복절은 무슨 요일일까요?

8월

일	월	화	수	목	금	토
		1	2	3	4	5
6	7	8	9	10	11	12

( )

BASIC CONCEPT 2-3

1년 알아보기

1년은 12개월입니다.

1년=12개월

각 월의 날수 알아보기

월	1	2	3	4	5	6	7	8	9	10	11	12
날수(일)	31	28 (29)	31	30	31	30	31	31	30	31	30	31

8 □ 안에 알맞은 수를 써넣으세요.

(1) 2년 5개월=□개월

(2) 43개월=□년 □개월

9 지수는 3월, 4월, 5월 동안 매일 줄넘기를 하였습니다. 지수가 줄넘기를 한 날은 모두 며칠일까요?

( )

최상위 S

시를 먼저 비교한 다음 분을 비교한다.

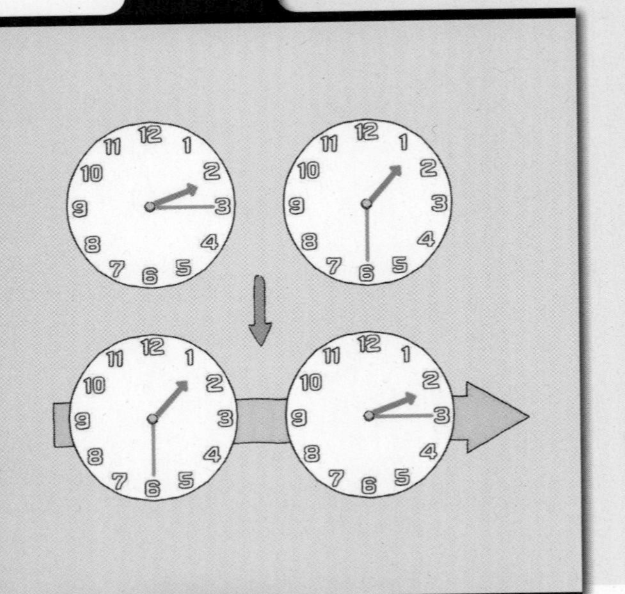

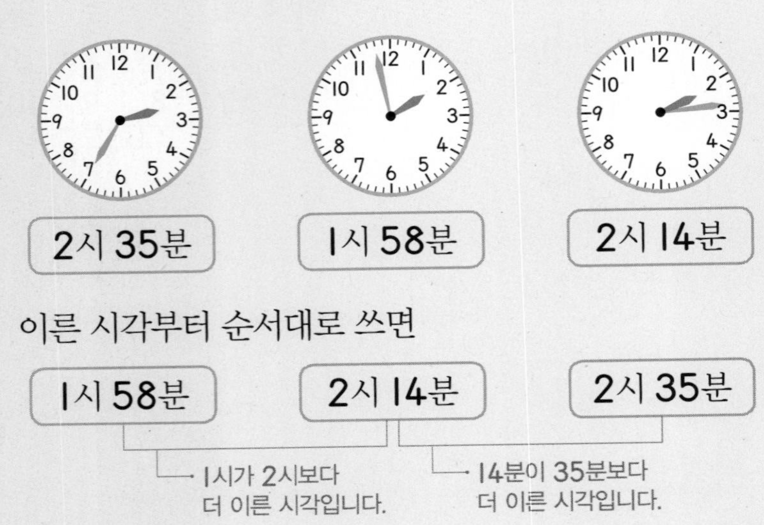

대표문제 1

오늘 오전에 지아, 서진, 민서가 각각 학교에 도착한 시각입니다. 학교에 가장 먼저 도착한 학생은 누구일까요?

지아

서진

민서

학교에 도착한 시각은 지아가 ☐시 ☐분, 서진이가 ☐시 ☐분, 민서가 ☐시 ☐분입니다.

9시가 8시보다 더 늦은 시각이므로 가장 늦은 시각은 ☐시 ☐분입니다.

남은 두 시각을 비교하면 28분이 43분보다 더 이른 시각이므로 가장 이른 시각은 ☐시 ☐분입니다.

따라서 학교에 가장 먼저 도착한 학생은 ☐입니다.

1-1 오늘 오후에 진우, 은수, 세호가 각각 놀이터에 도착한 시각입니다. 놀이터에 가장 늦게 도착한 학생은 누구일까요?

( )

1-2 도현이네 가족이 일요일 아침에 일어난 시각입니다. 가장 일찍 일어난 사람은 누구일까요?

( )

1-3 오늘 오후에 서준, 은성, 효연이가 수영장에 도착한 시각입니다. 수영장에 일찍 도착한 사람부터 순서대로 이름을 써 보세요.

서준: 나는 3시 15분 전에 도착했어.
은성: 나는 3시 12분에 도착했어.
효연: 나는 2시 48분에 도착했어.

( )

최상위 S

먼저 몇 시 정각을 만든다.

3시 45분에서 20분 후의 시각

대표문제 2

윤지는 오후 1시 50분에 책을 읽기 시작하여 35분 동안 동화책을 읽고, 47분 동안 과학책을 읽었습니다. 윤지가 책 읽기를 끝낸 시각은 오후 몇 시 몇 분일까요?

동화책 읽기를 끝낸 시각은 오후 1시 50분에서 35분 후의 시각이므로

오후 1시 50분 $\xrightarrow{10분 후}$ 오후 2시 $\xrightarrow{25분 후}$ 오후 □시 □분입니다.

과학책 읽기를 끝낸 시각은 오후 2시 □분에서 47분 후의 시각이므로

오후 2시 □분 $\xrightarrow{35분 후}$ 오후 □시 $\xrightarrow{12분 후}$ 오후 □시 □분입니다.

따라서 책 읽기를 끝낸 시각은 오후 3시 □분입니다.

2-1 민성이는 오전 9시 30분에 집에서 나와 15분 동안 걸어서 지하철역에 도착했습니다. 지하철역에 도착한 지 40분 만에 지하철을 타고 놀이공원역에 내렸다면, 놀이공원역에 내린 시각은 오전 몇 시 몇 분일까요?

( )

2-2 지연이는 오후 1시 50분에 학교에서 나와 16분 동안 걸어서 피아노 학원에 도착하였습니다. 피아노 학원에 도착한 지 54분 만에 피아노를 친 후 나왔다면, 피아노 학원에서 나온 시각은 오후 몇 시일까요?

( )

2-3 현우는 오후 3시 15분에 영화관에서 친구와 만나려고 합니다. 집에서 영화관까지 가는 데는 35분이 걸립니다. 집에서 나가기 50분 전부터 준비를 하려면 오후 몇 시 몇 분부터 준비를 해야 할까요?

( )

2-4 요섭이네 가족은 오후 5시에 출발하는 비행기를 타려고 합니다. 집에서 공항까지 가는 데는 1시간 30분이 걸립니다. 비행기가 출발하기 40분 전에 공항에 도착하려면 늦어도 오후 몇 시 몇 분에 집에서 나와야 할까요?

( )

최상위 S

짧은바늘이 숫자 8과 9 사이에 있으면 8시 ■분이다.

① 긴바늘은 숫자 9에서 작은 눈금으로 3칸 더 간 곳을 가리킵니다. ➡ 48분

② 48분일 때 짧은바늘이 숫자 3에 가장 가깝습니다.

➡ 짧은바늘은 숫자 2와 3 사이에 있어야 합니다.

➡ 2시 48분

③ 시계가 나타내는 시각은 2시 48분입니다.

2시 ■분에서 ■<30이면 짧은바늘은 숫자 2에, ■>30이면 짧은바늘은 숫자 3에 더 가깝습니다.

대표문제 3

시계의 긴바늘은 숫자 1에서 작은 눈금 2칸 더 간 곳을 가리키고, 짧은바늘은 숫자 8에 가장 가까이 있습니다. 시계가 나타내는 시각은 몇 시 몇 분일까요?

긴바늘이 숫자 1에서 작은 눈금 ☐칸 더 간 곳을 가리키므로 ☐분을 나타냅니다.

☐분일 때 짧은바늘이 숫자 8에 가장 가까우려면 짧은바늘은

└ 짧은바늘이 8에 가까운 시각은 7시 ▲분, 8시 ●분입니다.(▲>30, ●<30)

숫자 ☐과 ☐ 사이에 있어야 하므로 ☐시를 나타냅니다.

따라서 시계가 나타내는 시각은 ☐시 ☐분입니다.

3-1 시계의 긴바늘은 숫자 8에서 작은 눈금 1칸 더 간 곳을 가리키고, 짧은바늘은 숫자 5에 가장 가까이 있습니다. 시계가 나타내는 시각은 몇 시 몇 분일까요?

(　　　　　　　　)

3-2 시계의 긴바늘은 숫자 10에서 작은 눈금 3칸 더 간 곳을 가리키고, 짧은바늘은 숫자 2에 가장 가까이 있습니다. 시계가 나타내는 시각은 몇 시 몇 분일까요?

(　　　　　　　　)

3-3 시계의 긴바늘은 숫자 3에서 작은 눈금 2칸 덜 간 곳을 가리키고, 짧은바늘은 숫자 7에 가장 가까이 있습니다. 시계가 나타내는 시각은 몇 시 몇 분일까요?

(　　　　　　　　)

3-4 시계의 긴바늘은 숫자 5에서 작은 눈금 4칸 덜 간 곳을 가리키고, 짧은바늘은 숫자 9에 가장 가까이 있습니다. 시계가 나타내는 시각은 몇 시 몇 분일까요?

(　　　　　　　　)

최상위 S

시각과 시각의 사이가 시간이다.

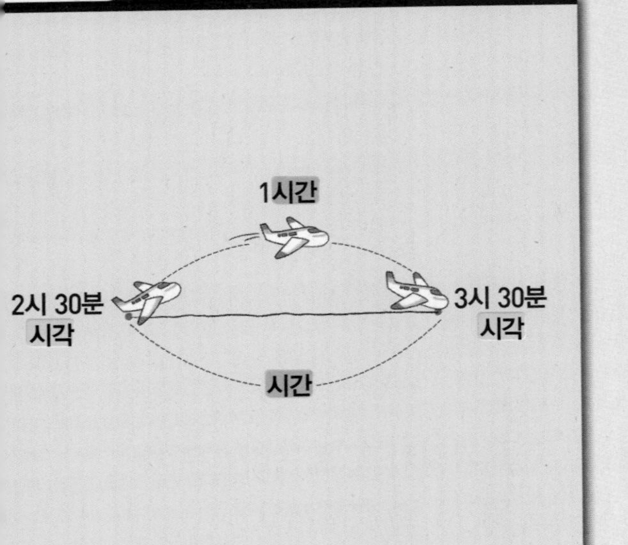

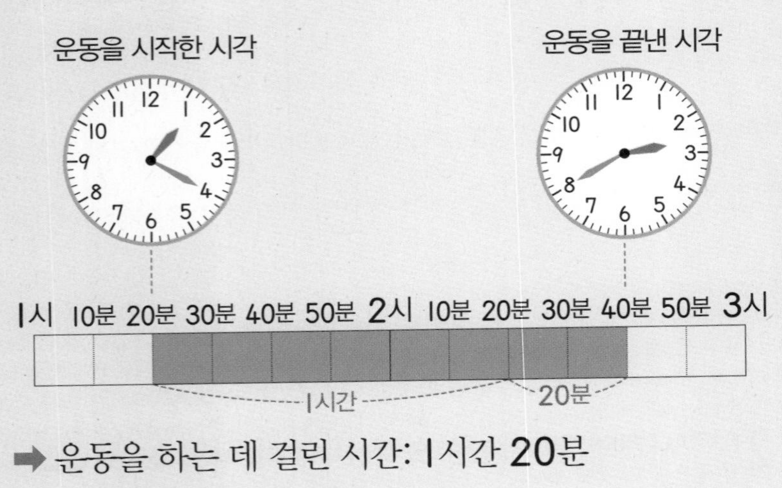

➡ 운동을 하는 데 걸린 시간: 1시간 20분

대표문제 4

KTX열차가 오늘 오후에 서울역을 출발한 시각과 부산역에 도착한 시각을 나타낸 것입니다. 서울역에서 부산역까지 가는 데 걸린 시간은 몇 시간 몇 분일까요?

출발한 시각

도착한 시각

서울역을 출발한 시각: ☐시 ☐분

부산역에 도착한 시각: ☐시 ☐분

서울역에서 부산역까지 가는 데 걸린 시간:

4시 12분 —(☐시간 후)→ 7시 12분 —(☐분 후)→ 7시 35분

따라서 서울역에서 부산역까지 가는 데 걸린 시간은

☐시간 ☐분입니다.

4-1 주희가 오늘 오후에 도서관에 들어간 시각과 나온 시각입니다. 주희가 도서관에 있던 시간은 몇 시간 몇 분일까요?

(　　　　　　　　)

4-2 유빈이가 오늘 관람한 영화의 입장권입니다. 이 영화의 상영 시간은 몇 시간 몇 분일까요?

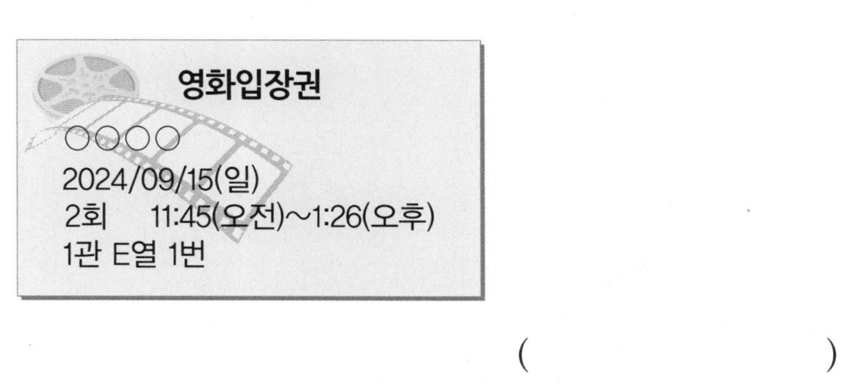

(　　　　　　　　)

4-3 연석이네 학교 2학년 친구들은 수목원으로 체험학습을 갔습니다. 수목원에 오전 9시 18분에 도착하여 오후 3시 17분에 수목원에서 나왔습니다. 수목원에 있던 시간은 몇 시간 몇 분일까요?

(　　　　　　　　)

최상위 S

각 월마다 날수는 다르다.

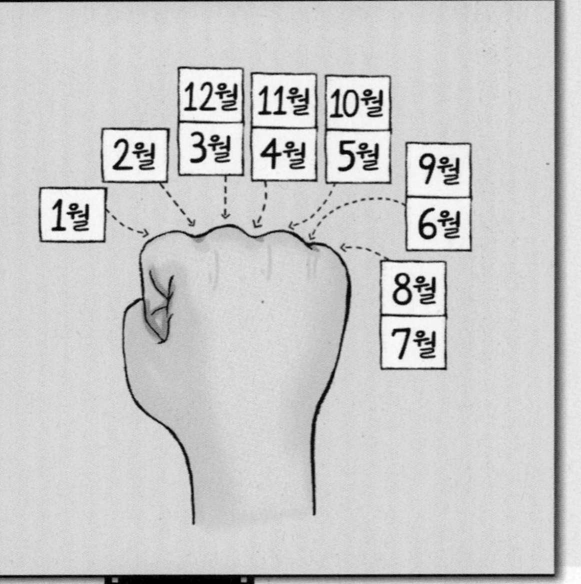

4월은 30일까지, 5월은 31일까지 있습니다.

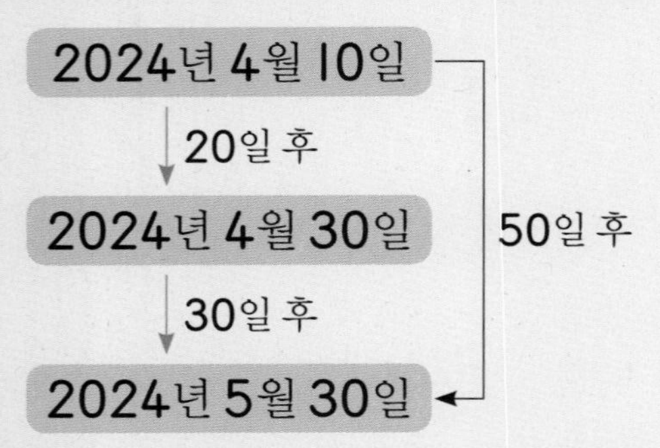

2024년 4월 10일에서 50일 후의 날짜는
2024년 5월 30일입니다.

형식이의 사촌 동생은 태어난 날에서 99일 후에 백일잔치를 한다고 합니다. 형식이의 사촌 동생이 2024년 5월 1일에 태어났다면, 백일잔치는 몇 월 며칠에 하게 될까요?

5월은 31일, 6월은 30일, 7월은 31일까지 있습니다.

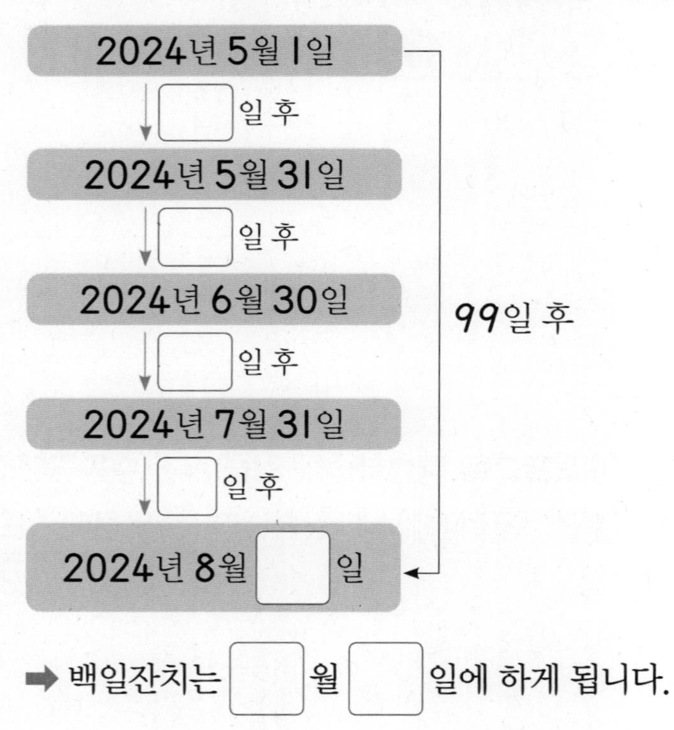

➡ 백일잔치는 ☐ 월 ☐ 일에 하게 됩니다.

5-1 올해 지훈이네 초등학교에서는 여름방학식을 7월 20일에 합니다. 방학식하는 날부터 40일 후에 개학식을 할 때 개학식하는 날은 몇 월 며칠일까요?

( )

5-2 오늘은 3월 14일입니다. 은서는 80일 후에 피아노 발표회를 합니다. 은서가 피아노 발표회를 하는 날은 몇 월 며칠일까요?

( )

5-3 송현이는 올해 9월 22일에 소비 기한이 60일 후까지인 초콜릿을 한 상자 샀습니다. 송현이가 소비 기한 안에 초콜릿을 다 먹으려고 할 때 초콜릿을 몇 월 며칠까지 먹으면 될까요?

( )

5-4 서연이네 가족은 유럽 여행을 가려고 합니다. 2024년 12월 16일에 인천공항에서 출발하여 50일 후에 인천공항에 들어오려고 합니다. 서연이네 가족이 인천공항에 들어오는 날은 몇 년 몇 월 며칠일까요?

( )

똑같은 요일은 7일마다 반복된다.

일	월	화	수	목	금	토
	1	2	3	4	5	6
7	8	9	10	11	12	13
14	15	16	17	18	19	20
21	22	23	24	25	26	27
28	29	30				

+7 +7 +7

일	월	화	수	목	금	토
		1	2	3	4	5
	7	8	9	10	11	

5일과 같은 요일인 날짜

5일 → (+7) 12일 → (+7) 19일 → (+7) 26일

➡ 5일이 토요일이므로 26일도 토요일입니다.

어느 해 9월 달력의 일부분입니다. 이달의 마지막 날은 무슨 요일일까요?

9월

일	월	화	수	목	금	토
				1	2	3
4	5	6	7	8	9	

일주일은 7일이므로 ☐ 일마다 같은 요일이 반복되고,

9월의 마지막 날은 ☐ 일입니다.

☐ 일과 같은 요일인 날짜: ☐ $-7=$ ☐ (일)

☐ $-7=$ ☐ (일)

☐ $-7=$ ☐ (일)

➡ ☐ 일이 ☐ 요일이므로 이달의 마지막 날은 ☐ 요일입니다.

6-1 어느 해 12월 달력의 일부분입니다. 같은 해의 12월 25일은 무슨 요일일까요?

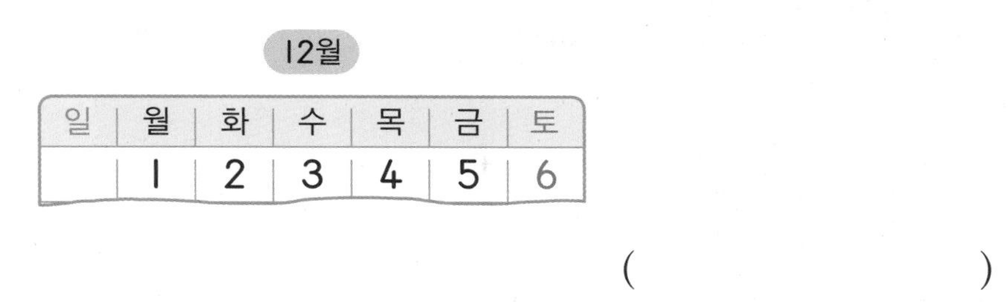

( )

서술형 **6-2** 어느 해 8월 달력의 일부분입니다. 윤아의 생일이 8월 31일일 때 같은 해의 윤아의 생일은 무슨 요일인지 풀이 과정을 쓰고 답을 구해 보세요.

풀이

답

6-3 어느 달 한 주의 월요일부터 수요일까지의 날짜를 모두 더하였더니 18이 되었습니다. 이달의 27일은 무슨 요일일까요?

( )

6-4 어느 해 5월 첫째 주의 월요일부터 금요일까지의 날짜를 모두 더하였더니 20이 되었습니다. 같은 해 5월의 마지막 날은 무슨 요일일까요?

( )

거울에 비친 시계는 왼쪽과 오른쪽이 바뀐다.

대표문제 7

정호는 오후에 낮잠을 자고 일어났습니다. 정호가 잠들 때와 일어날 때 거울에 비친 시계의 모습입니다. 정호는 몇 분 동안 낮잠을 잤을까요?

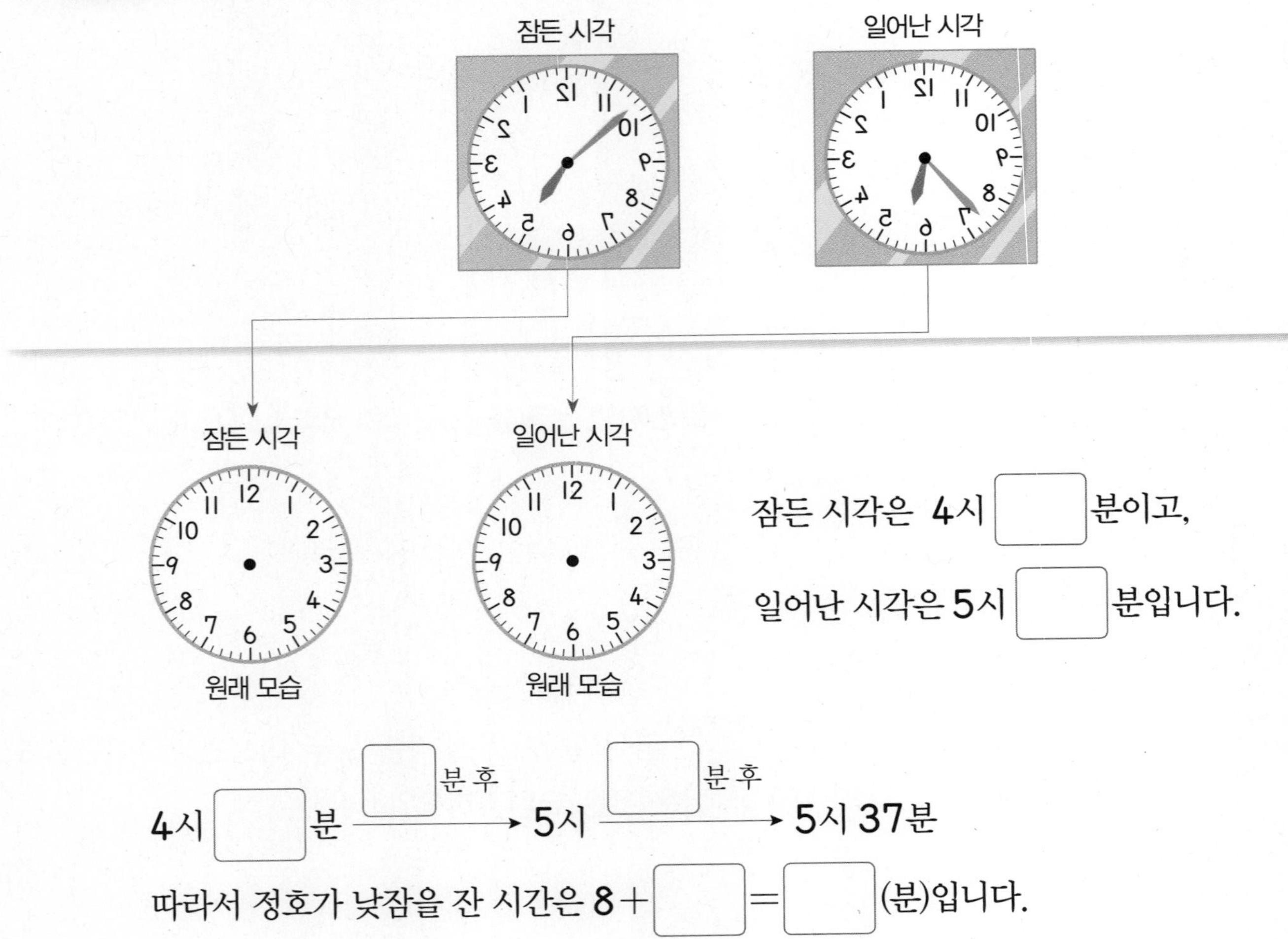

잠든 시각은 4시 ☐ 분이고,

일어난 시각은 5시 ☐ 분입니다.

4시 ☐ 분 —(☐ 분 후)→ 5시 —(☐ 분 후)→ 5시 37분

따라서 정호가 낮잠을 잔 시간은 8 + ☐ = ☐ (분)입니다.

7-1

미연이는 오후에 그림을 그렸습니다. 미연이가 그림그리기를 시작할 때와 끝낼 때 거울에 비친 시계의 모습입니다. 미연이는 몇 시간 몇 분 동안 그림을 그렸을까요?

시작한 시각 끝낸 시각

(　　　　　　　　　　)

7-2

서우는 오후에 공원에서 자전거를 탔습니다. 서우가 자전거를 타기 시작할 때와 끝낼 때 거울에 비친 시계의 모습입니다. 서우는 몇 시간 몇 분 동안 자전거를 탔을까요?

시작한 시각 끝낸 시각

(　　　　　　　　　　)

7-3

수영이네 가족은 오전에 야구 경기를 관람하였습니다. 야구 경기가 시작할 때와 끝날 때 디지털시계의 옆에 있던 거울에 비친 디지털시계의 모습입니다. 야구 경기는 몇 시간 몇 분 동안 하였을까요?

시작한 시각 끝난 시각

(　　　　　　　　　　)

최상위 S

느린 시계는 정확한 시계보다 전의 시각을 가리킨다.

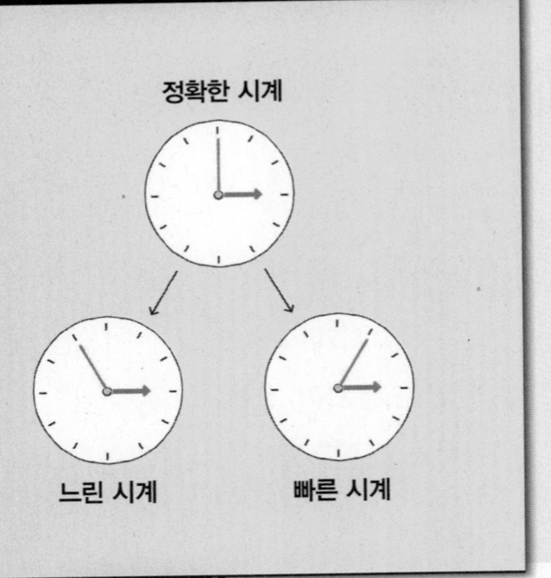

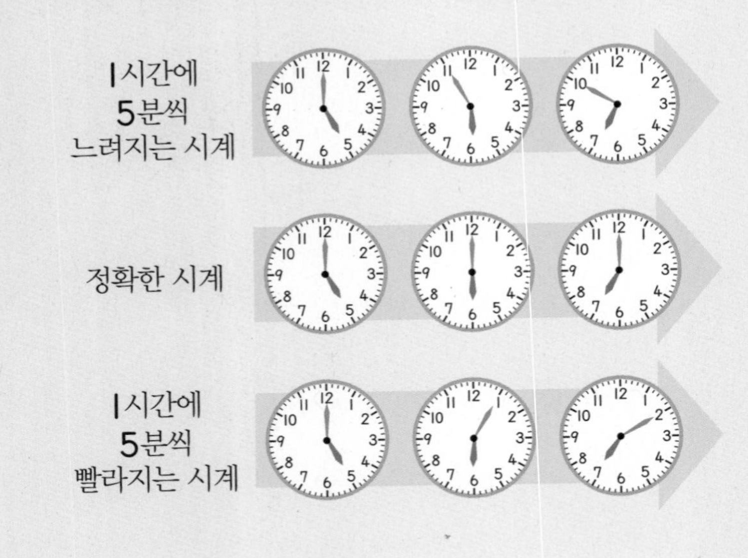

대표문제 8

현아가 실수로 시계를 떨어뜨렸더니 갑자기 시계가 빨리 움직이기 시작했습니다. 현아는 시계가 얼마나 빨리 움직이는지 알아보기 위해 2시에 시계를 정확하게 맞춰 놓고 3시간 후에 시계를 보았더니 다음과 같았습니다. 현아의 시계는 I시간에 몇 분씩 빨라질까요?

2시에서 3시간 후의 시각은 2 + □ = □ (시)여야 하는데

5시 □ 분이므로 3시간 동안 □ 분 빨라진 것입니다.

□ 를 같은 세 수의 합으로 나타내면 □ = □ + □ + □ 이므로

현아의 시계는 I시간에 □ 분씩 빨라집니다.

8-1 승준이의 시계는 한 시간에 4분씩 빨라집니다. 승준이가 3시에 이 시계를 정확하게 맞춰 놓고 4시간 후에 시계를 보았다면 시계는 몇 시 몇 분을 가리킬까요?

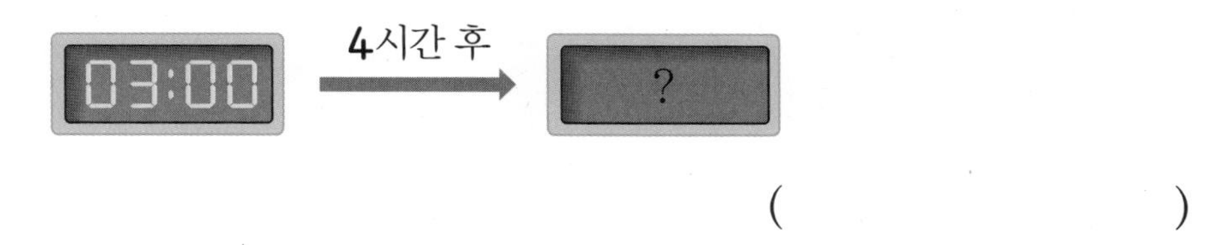

( )

8-2 운호의 시계는 얼마 전부터 느리게 움직이기 시작했습니다. 이 시계가 얼마나 느리게 움직이는지 알아보기 위해 4시에 시계를 정확하게 맞춰 놓고 5시간 후에 시계를 보았더니 다음과 같았습니다. 운호의 시계는 1시간에 몇 분씩 느려질까요?

04:00 → 5시간 후 → 08:50

( )

8-3 민채가 실수로 시계를 떨어뜨렸더니 갑자기 시계가 빨리 움직이기 시작했습니다. 민채는 시계가 얼마나 빨리 움직이는지 알아보기 위해 1시에 시계를 정확하게 맞춰 놓고 6시간 후에 시계를 보았더니 7시 18분이었습니다. 민채의 시계는 1시간에 몇 분씩 빨라질까요?

( )

8-4 시계탑의 시계는 얼마 전부터 갑자기 느리게 움직이기 시작했습니다. 시계탑의 시계가 얼마나 느리게 움직이는지 알아보기 위해 8시에 시계를 정확하게 맞춰 놓고 3시간 후에 보았더니 다음과 같았습니다. 시계탑의 시계는 1시간에 몇 분씩 느려질까요?

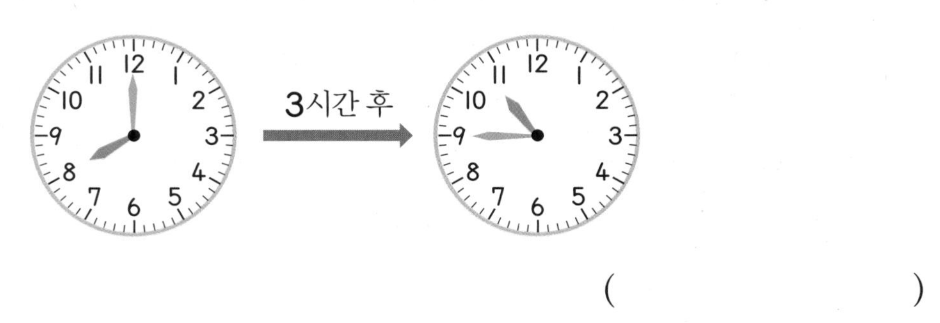

( )

1 시계를 거울에 비추어 보았더니 오른쪽과 같았습니다. 시계가 나타내는 시각에서 35분 후는 몇 시 몇 분일까요?

(   )

2 태훈이는 오후 3시 20분에 운동을 시작하여 50분 동안 줄넘기를 한 후, 10분 동안 쉬고 70분 동안 농구를 하였습니다. 농구를 끝낸 시각은 오후 몇 시 몇 분일까요?

(   )

서술형 3 배준이와 연희가 오후에 수학 공부를 시작한 시각과 끝낸 시각을 나타낸 것입니다. 수학 공부를 더 오랫동안 한 사람은 누구인지 풀이 과정을 쓰고 답을 구해 보세요.

	시작한 시각	끝낸 시각
배준	3시 20분	4시 50분
연희	2시 40분	3시 30분

풀이 ....

....

....

....

답 ....

4 어느 해 6월 달력의 일부분입니다. 이 해의 5월 8일 어버이날은 무슨 요일일까요?

먼저 생각해 봐요!
어느 해 10월 1일은 화요일입니다. 이 해의 9월 23일은 무슨 요일일까요?

6월

일	월	화	수	목	금	토
	1	2	3	4	5	6
7	8	9	10	11	12	13

( )

5 시계의 짧은바늘이 숫자 5와 6 사이에 있고 긴바늘이 숫자 9에서 작은 눈금 3칸 더 간 곳을 가리키고 있습니다. 이 시각에서 긴바늘이 2바퀴 반을 돌았을 때 시계가 나타내는 시각은 몇 시 몇 분일까요?

( )

6 하루에 6분씩 빨라지는 시계가 있습니다. 오늘 오전 9시 15분에 이 시계를 정확하게 맞추었습니다. 1주일 후 오전 9시 15분에 이 시계가 가리키는 시각은 오전 몇 시 몇 분일까요?

( )

7 지웅이네 가족은 고속버스를 타고 대전 할머니 댁에 가려고 합니다. 서울 터미널에서 대전행 고속버스는 첫차가 오전 9시 20분에 출발하고, 50분 간격으로 운행된다면, 지웅이네 가족이 서울 터미널에서 오전 중에 탈 수 있는 대전행 고속버스는 모두 몇 대일까요?

( )

8 민희의 시계는 한 시간에 2분씩 빨라지고, 지수의 시계는 한 시간에 3분씩 느려집니다. 12월 24일 오후 9시에 두 시계를 정확하게 맞추었다면 12월 25일 오전 6시에 두 시계가 가리키고 있는 시각의 차이는 몇 분일까요?

( )

먼저 생각해 봐요!

한 시간에 ㉠ 시계는 5분씩 빨라지고, ㉡ 시계는 2분씩 느려집니다. 두 시계는 한 시간에 몇 분씩 차이가 날까요?

9 어느 해 10월의 달력에서 그림과 같이 날짜가 쓰여진 칸의 일부분을 잘랐습니다. 이 날짜 중에서 가장 작은 수가 8일 때 빈칸에 알맞은 수 중에서 가장 큰 수는 얼마일까요?

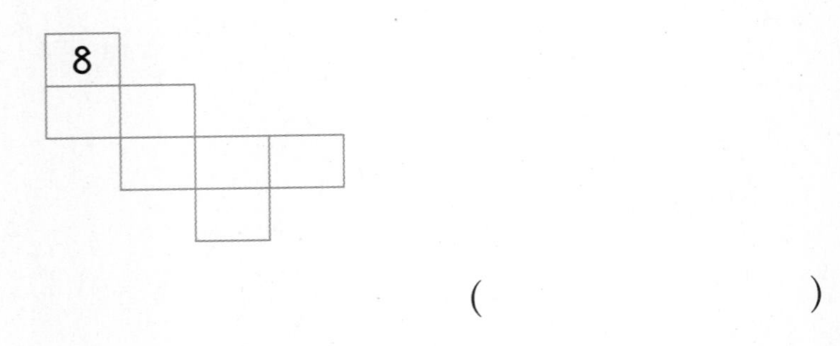

( )

서술형 **10** 어느 해 9월 첫째 주의 날짜를 모두 더하였더니 21이 되었습니다. 이 해 9월의 마지막 날은 무슨 요일인지 풀이 과정을 쓰고 답을 구해 보세요. (단, 한 주의 마지막 날은 토요일입니다.)

풀이

답

5

표와 그래프

1 표로 나타내기

• 수집한 자료를 목적에 맞게 분류하여 표로 나타낼 수 있습니다.

1-1 BASIC CONCEPT

자료를 보고 표로 나타내기

좋아하는 과일

도현	지아	승호	민서	권율	은희	재윤	서진
수연	효우	채린	운호	서은	지후	예담	민규

① 조사한 자료를 분류하기

학생들이 좋아하는 과일은 귤, 사과, 포도, 바나나, 키위입니다.

② 분류한 자료의 수를 세어 표로 나타내기

좋아하는 과일별 학생 수를 세어 표로 나타냅니다.

좋아하는 과일별 학생 수

과일	귤	사과	포도	바나나	키위	합계
학생 수(명)	3	5	3	4	1	16

[1~2] 지율이네 반 학생들이 좋아하는 운동을 조사하였습니다. 물음에 답하세요.

좋아하는 운동

지율 수영	연호 축구	요섭 태권도	주아 발레	현웅 수영	시연 태권도	유민 축구	다경 줄넘기
예원 줄넘기	민석 태권도	서우 축구	윤찬 태권도	태훈 축구	지원 수영	효린 발레	채민 태권도

1 윤찬이가 좋아하는 운동은 무엇일까요?

( )

2 자료를 보고 표로 나타내 보세요.

좋아하는 운동별 학생 수

운동	수영	축구	태권도	발레	줄넘기	합계
학생 수(명)						

정답과 풀이 56쪽

3 주사위를 20번 굴려서 나온 결과를 보고 표로 나타내 보세요.

주사위를 굴려서 나온 결과

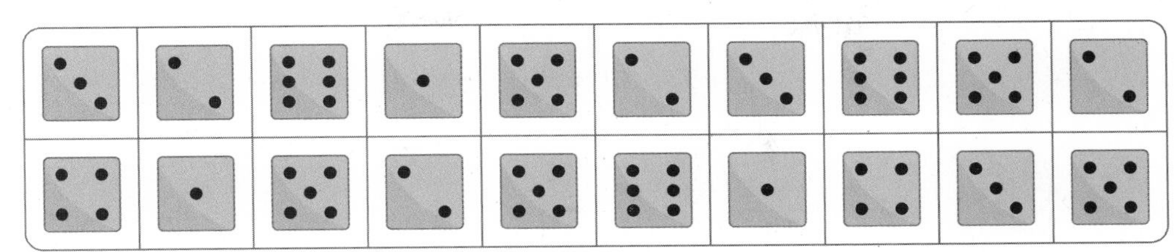

나온 눈의 횟수

눈	⚀	⚁	⚂	⚃	⚄	⚅	합계
횟수(번)							

BASIC CONCEPT 1-2

합계를 이용하여 표의 빈칸 채우기

혈액형별 학생 수

혈액형	A형	B형	O형	AB형	합계
학생 수(명)	6		4	3	18

(B형인 학생 수)=(합계)−(A형인 학생 수)−(O형인 학생 수)−(AB형인 학생 수)
=18−6−4−3
=5(명)

4 효은이네 반 학생들이 좋아하는 색깔을 조사하여 표로 나타냈습니다. 보라색을 좋아하는 학생은 몇 명일까요?

좋아하는 색깔별 학생 수

색깔	빨간색	노란색	파란색	초록색	보라색	합계
학생 수(명)	8	2	5	3		23

( )

2 그래프로 나타내기

• 수집한 자료를 알아보기 쉽게 그래프로 나타낼 수 있습니다.

2-1 BASIC CONCEPT

표를 보고 그래프로 나타내기

가 보고 싶은 나라별 학생 수

나라	중국	미국	캐나다	호주	합계
학생 수(명)	3	5	4	6	18

① 그래프의 가로와 세로에 어떤 것을 나타낼지 정합니다.

➡ 가로: 나라, 세로: 학생 수

② 가로와 세로를 각각 몇 칸으로 할지 정합니다.

가로: 중국, 미국, 캐나다, 호주로 4가지이므로 4칸으로 정합니다.

세로: 학생 수 중 6명이 가장 많으므로 6칸으로 정합니다.

③ ○, ×, ／ 등으로 학생 수를 나타냅니다.

④ 그래프의 제목을 씁니다. ← 그래프의 제목을 가장 먼저 써도 됩니다.

가 보고 싶은 나라별 학생 수

6				○
5		○		○
4		○	○	○
3	○	○	○	○
2	○	○	○	○
1	○	○	○	○
학생 수(명) / 나라	중국	미국	캐나다	호주

[1~2] 정우네 반 학생들이 좋아하는 간식을 조사한 표를 보고 그래프로 나타내려고 합니다. 물음에 답하세요.

좋아하는 간식별 학생 수

간식	김밥	떡볶이	피자	햄버거	라면	합계
학생 수(명)	3	6	4	5	2	20

1 **그래프로 나타내는 순서대로 기호를 써 보세요.**

㉠ 간식별 학생 수를 ○로 나타냅니다.
㉡ 마지막으로 그래프의 제목을 씁니다.
㉢ 가로와 세로를 각각 몇 칸으로 할지 정합니다.
㉣ 가로와 세로에 나타낼 것을 정합니다.

( )

2 표를 보고 ○를 사용하여 그래프로 나타내 보세요.

좋아하는 간식별 학생 수

6					
5					
4					
3					
2					
1					
학생 수(명) / 간식	김밥	떡볶이	피자	햄버거	라면

3 서현이네 반 학생들이 좋아하는 꽃을 조사하여 표와 그래프로 나타냈습니다. 표와 그래프를 각각 완성해 보세요.

좋아하는 꽃별 학생 수

꽃	장미	백합	튤립	해바라기	합계
학생 수(명)		3		5	

좋아하는 꽃별 학생 수

6			○	
5			○	
4	○		○	
3	○		○	
2	○		○	
1	○		○	
학생 수(명) / 꽃	장미	백합	튤립	해바라기

3 표와 그래프

• 자료를 목적에 맞게 정리하여 표나 그래프로 나타내면 많은 정보를 빠르게 알 수 있습니다.

BASIC CONCEPT 3-1

표와 그래프의 내용 알아보기

• 표의 편리한 점

각 항목별 학생 수를 알아보기 쉽습니다.

조사한 전체 학생 수를 알아보기 편리합니다.

장래 희망별 학생 수

장래 희망	선생님	의사	가수	운동선수	합계
학생 수(명)	6	2	4	5	17

장래 희망이 선생님인 학생 수: 6명

조사한 전체 학생 수: 17명

• 그래프의 편리한 점

항목별 학생 수를 한눈에 비교할 수 있습니다.

장래 희망별 학생 수

6	○			
5	○			○
4	○		○	○
3	○		○	○
2	○	○	○	○
1	○	○	○	○
학생 수(명) / 장래 희망	선생님	의사	가수	운동선수

가장 적은 학생들의 장래 희망: 의사

가장 많은 학생들의 장래 희망: 선생님

1 **표와 그래프 중에서 다음 설명에 알맞은 것을 써 보세요.**

(1) 항목별 학생 수의 많고 적음을 한눈에 비교할 수 있습니다.

( )

(2) 조사한 자료의 전체 수를 알아보기 편리합니다.

( )

정답과 풀이 57쪽

[2~5] 민준이는 3월부터 6월까지 비 온 날수를 조사하여 그래프로 나타냈습니다. 물음에 답하세요.

월별 비 온 날수

9				
8				
7			○	
6			○	
5			○	
4	○		○	
3	○		○	
2	○	○	○	
1	○	○	○	
날수(일) / 월	3	4	5	6

2 3월부터 6월까지 비 온 날수의 합은 22일입니다. 위의 그래프를 완성해 보세요.

3 비가 가장 적게 온 때는 몇 월일까요?

( )

4 비가 가장 많이 온 때는 몇 월일까요?

( )

5 3월에 비 온 날수와 5월에 비 온 날수의 차는 며칠일까요?

( )

○의 많고 적음으로 수의 크기를 비교한다.

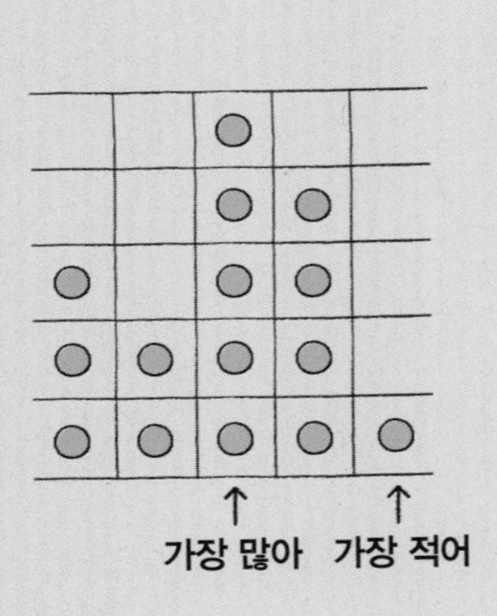

읽은 책 수

4		○		
3	○	○		
2	○	○	○	
1	○	○	○	○
책 수(권) / 책	동화책	만화책	위인전	과학책

만화책 → ○가 가장 많음 → 가장 많이 읽음

과학책 → ○가 가장 적음 → 가장 적게 읽음

가장 많은 학생들이 좋아하는 동물과 가장 적은 학생들이 좋아하는 동물의 학생 수의 차는 몇 명인지 구해 보세요.

좋아하는 동물별 학생 수

5	○				
4	○	○			
3	○	○		○	
2	○	○		○	○
1	○	○	○	○	○
학생 수(명) / 동물	강아지	고양이	햄스터	앵무새	원숭이

그래프에서 ○가 가장 많은 동물은 [ ], 가장 적은 동물은 [ ]입니다.

가장 많은 학생들이 좋아하는 동물과 학생 수: [ ] → [ ]명

가장 적은 학생들이 좋아하는 동물과 학생 수: [ ] → [ ]명

➡ (학생 수의 차)=[ ]−[ ]=[ ](명)

1-1 소라네 반 학생들의 혈액형을 조사하여 그래프로 나타냈습니다. 가장 많은 학생들의 혈액형과 가장 적은 학생들의 혈액형의 학생 수의 합은 몇 명일까요?

혈액형별 학생 수

6			○	
5	○		○	
4	○		○	
3	○	○	○	
2	○	○	○	○
1	○	○	○	○
학생 수(명) / 혈액형	A형	B형	O형	AB형

(　　　　　　　　)

1-2 호준이네 반 학생들이 존경하는 위인을 조사하여 그래프로 나타냈습니다. 호준이네 반 전체 학생 수와 가장 많은 학생들이 존경하는 위인의 학생 수의 차는 몇 명일까요?

존경하는 위인별 학생 수

6		○			
5		○		○	
4		○	○	○	
3	○	○	○	○	
2	○	○	○	○	○
1	○	○	○	○	○
학생 수(명) / 위인	이순신	세종대왕	김구	장영실	유관순

(　　　　　　　　)

한 항목에 2개의 자료를 나타내면 두 자료를 비교할 수 있다.

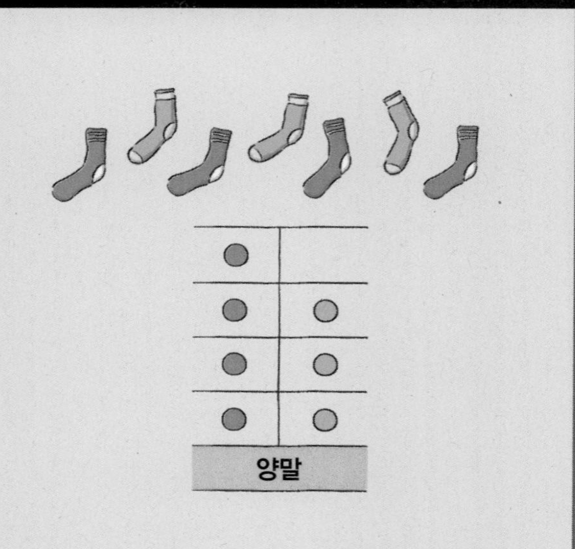

○	
○	
○	
○	●
○	●
미연	

○ 사탕
● 초콜릿

○와 ●의 수의 차: 3개
➡ 미연이가 가진 사탕 수와 초콜릿 수의 차는 3개입니다.

현우네 반의 모둠별 학생 수를 조사하여 그래프로 나타냈습니다. 여학생 수와 남학생 수의 차가 가장 큰 모둠의 학생은 모두 몇 명인지 구해 보세요.

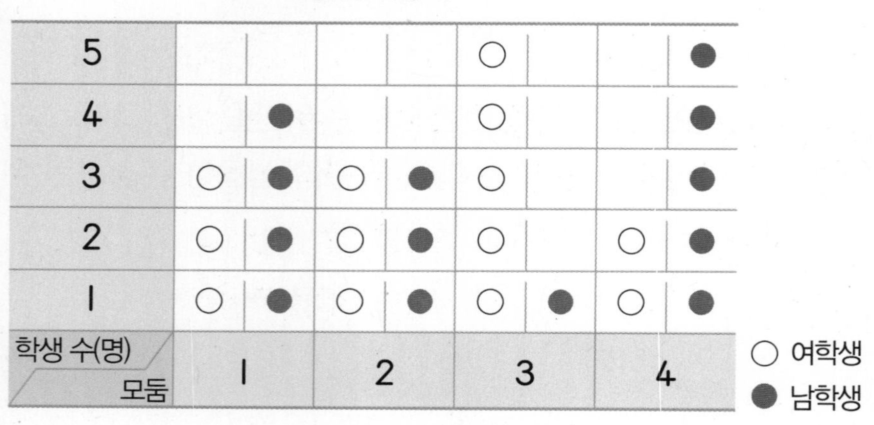

모둠별 학생 수

5					○			●
4		●			○			●
3	○	●	○	●	○			●
2	○	●	○	●	○		○	●
1	○	●	○	●	○	●	○	●
학생 수(명) / 모둠	1		2		3		4	

○ 여학생
● 남학생

○와 ●의 수의 차: 1모둠 □개, 2모둠 □개, 3모둠 □개, 4모둠 □개

여학생 수와 남학생 수의 차가 가장 큰 모둠은 □모둠이고,

이 모둠의 ○와 ●의 수를 세어 보면 여학생은 □명, 남학생은 □명입니다.

➡ (여학생 수)+(남학생 수)=□+□=□(명)

2-1

다은이네 모둠 학생들이 일주일 동안 먹은 빵과 우유의 수를 조사하여 그래프로 나타냈습니다. 먹은 빵과 우유 수의 차가 큰 사람부터 차례로 이름을 써 보세요.

일주일 동안 먹은 빵과 우유 수

수(개) / 이름	다은		재호		영주		규빈	
5				△			○	
4		△		△		△	○	
3	○	△		△		△	○	
2	○	△		△	○	△	○	△
1	○	△	○	△	○	△	○	△

○ 빵
△ 우유

(　　　　　　　　　　)

2-2

각 상자에 들어 있는 삼각형과 사각형의 조각 수를 조사하여 그래프로 나타냈습니다. 삼각형과 사각형의 조각 수의 차가 3개인 상자에 들어 있는 삼각형과 사각형의 조각은 모두 몇 개일까요?

삼각형과 사각형의 조각 수

조각 수(개) / 상자	가		나		다		라	
6					△			
5	△			□	△			
4	△			□	△			□
3	△	□		□	△		△	□
2	△	□	△	□	△		△	□
1	△	□	△	□	△	□	△	□

△ 삼각형
□ 사각형

(　　　　　　　　　　)

표에서 자료의 수를 모두 더하면 합계와 같다.

			합계
3	5	2	10

가지고 있는 구슬 수

이름	다희	성우	민채	합계
구슬 수(개)	6	7		18

합계는 다희, 성우, 민채의 구슬 수의 합입니다.
(민채의 구슬 수)
=(합계)−(다희의 구슬 수)−(성우의 구슬 수)
=18−6−7=5(개)

승우와 친구들이 주말 농장에서 딴 딸기 수를 조사하여 표로 나타냈습니다. 정민이가 은서보다 딸기를 4개 더 많이 땄다면 현아가 딴 딸기는 몇 개인지 구해 보세요.

주말 농장에서 딴 딸기 수

이름	승우	정민	은서	현아	합계
딸기 수(개)	9		7		35

(정민이가 딴 딸기 수)=(은서가 딴 딸기 수)+□
=□+□=□(개)
(현아가 딴 딸기 수)=(합계)−(승우가 딴 딸기 수)−(정민이가 딴 딸기 수)
−(은서가 딴 딸기 수)
=35−9−□−□
=□(개)

3-1 다연이네 반 학생들이 가고 싶은 나라를 조사하여 표로 나타냈습니다. 미국에 가고 싶은 학생 수가 일본에 가고 싶은 학생 수보다 3명 더 많을 때 중국에 가고 싶은 학생은 몇 명일까요?

가고 싶은 나라별 학생 수

나라	프랑스	미국	일본	중국	합계
학생 수(명)	8		3		22

( )

서술형 **3-2** 규민이네 반 학생들이 좋아하는 TV 프로그램을 조사하여 표로 나타냈습니다. 영화를 좋아하는 학생 수가 만화를 좋아하는 학생 수보다 5명 더 적을 때 가장 많은 학생들이 좋아하는 TV 프로그램은 무엇인지 풀이 과정을 쓰고 답을 구해 보세요.

좋아하는 TV 프로그램별 학생 수

프로그램	만화	예능	영화	뉴스	합계
학생 수(명)	11			4	30

풀이

답

3-3 채은이네 반 학생들이 배우고 싶은 악기를 조사하여 표로 나타냈습니다. 피아노를 배우고 싶은 학생 수는 바이올린을 배우고 싶은 학생 수보다 4명 더 많고, 우쿨렐레를 배우고 싶은 학생 수는 플루트를 배우고 싶은 학생 수보다 2명 더 많습니다. 채은이네 반 학생은 모두 몇 명일까요?

배우고 싶은 악기별 학생 수

악기	피아노	바이올린	우쿨렐레	플루트	합계
학생 수(명)		4		3	

( )

표는 수로, 그래프는 ○로 정보를 알려준다.

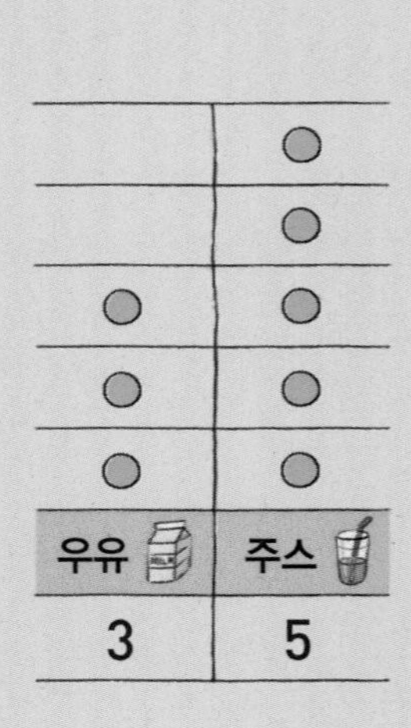

이름	수연	민호
책 수(권)	4	2

4	○	
3	○	
2	○	○
1	○	○
책 수(권) / 이름	수연	민호

표에 없는 자료는 그래프에서,
그래프에 없는 자료는 표에서 찾아 완성합니다.

현준이네 반 학생들이 좋아하는 과일을 조사하여 표와 그래프로 나타냈습니다. 표와 그래프를 각각 완성해 보세요.

좋아하는 과일별 학생 수

과일	사과	귤	바나나	포도	합계
학생 수(명)	5		3		18

좋아하는 과일별 학생 수

6				
5				
4				○
3				○
2				○
1				○
학생 수(명) / 과일	사과	귤	바나나	포도

그래프에서 포도의 ○는 □개이므로 포도를 좋아하는 학생은 □명입니다.

(귤을 좋아하는 학생 수)＝18－5－3－□＝□(명)

표와 그래프를 완성합니다.

4-1

예원이네 반 학생들의 장래 희망을 조사하여 표와 그래프로 나타냈습니다. 표와 그래프를 각각 완성해 보세요.

장래 희망별 학생 수

장래 희망	선생님	의사	운동선수	가수	합계
학생 수(명)		4		7	22

장래 희망별 학생 수

7				
6				
5			○	
4			○	
3			○	
2			○	
1			○	
학생 수(명) / 장래 희망	선생님	의사	운동선수	가수

4-2

민성이네 반 학생들이 받고 싶은 생일 선물을 조사하여 표와 그래프로 나타냈습니다. 자전거를 받고 싶은 학생 수는 장난감을 받고 싶은 학생 수보다 2명 더 적을 때 표와 그래프를 각각 완성해 보세요.

받고 싶은 생일 선물별 학생 수

선물	인형	장난감	자전거	휴대폰	합계
학생 수(명)	4				19

받고 싶은 생일 선물별 학생 수

6		○		
5		○		
4		○		
3		○		
2		○		
1		○		
학생 수(명) / 선물	인형	장난감	자전거	휴대폰

주어진 조건으로 알 수 있는 것부터 차례로 구한다.

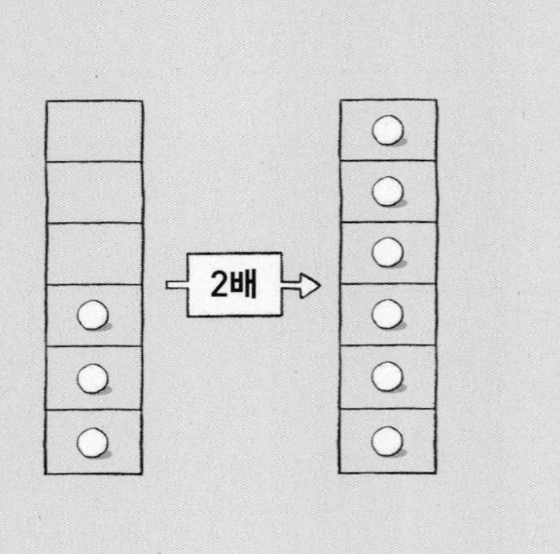

가지고 있는 학용품 수

4		
3		
2	○	
1	○	
수(개) / 학용품	가위	풀

○가 2개이므로 가위는 2개입니다.

풀의 수가 가위의 수의 2배이면 풀은 $2 \times 2 = 4$(개)입니다.

겨울에 태어난 학생 수가 여름에 태어난 학생 수의 2배일 때 조사한 학생은 모두 몇 명인지 구해 보세요.

태어난 계절별 학생 수

6	○			
5	○		○	
4	○		○	
3	○		○	
2	○	○	○	
1	○	○	○	
학생 수(명) / 계절	봄	여름	가을	겨울

여름에 태어난 학생은 □명입니다.

(겨울에 태어난 학생 수)$=$□$\times 2=$□(명)

(조사한 학생 수)$=$□$+$□$+$□$+$□$=$□(명)

봄 여름 가을 겨울

5-1 지우가 가지고 있는 색깔별 색종이 수를 조사하여 그래프로 나타냈습니다. 빨간 색종이 수와 초록 색종이 수가 같을 때 지우가 가지고 있는 색종이는 모두 몇 장일까요?

색깔별 색종이 수

6		○		
5		○		
4	○	○		
3	○	○	○	
2	○	○	○	
1	○	○	○	
색종이 수(장) / 색깔	빨간색	노란색	파란색	초록색

(　　　　　　　　)

5-2 동혁이네 반 학생 23명이 가고 싶은 체험학습 장소를 조사하여 그래프로 나타냈습니다. 미술관에 가고 싶은 학생 수가 과학관에 가고 싶은 학생 수의 3배일 때 놀이공원에 가고 싶은 학생은 몇 명일까요?

가고 싶은 체험학습 장소별 학생 수

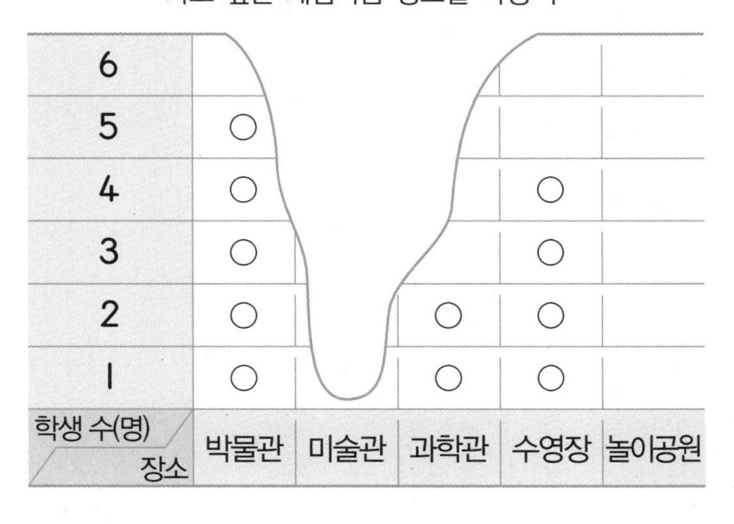

(　　　　　　　　)

최상위 S

그래프를 보고 전체 자료의 수를 알 수 있다.

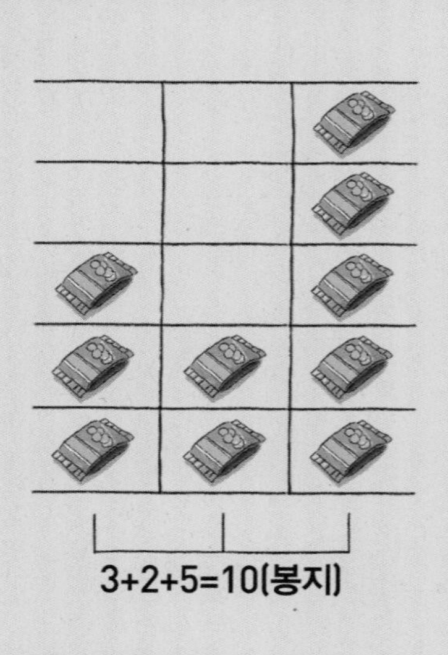

색깔별 풍선 수

4		○		
3	○	○		○
2	○	○	○	○
1	○	○	○	○
수(개) / 색깔	빨간색	노란색	파란색	초록색

(전체 풍선 수)$=3+4+2+3=12$(개)

대표문제 6

형우네 모둠과 지수네 모둠 학생들이 모둠별 퀴즈 대항전에서 맞힌 문제의 수를 조사하여 각각 그래프로 나타냈습니다. 형우네 모둠이 지수네 모둠보다 문제를 2개 더 많이 맞혔다면 준기는 몇 문제를 맞혔는지 구해 보세요.

형우네 모둠의 학생별 맞힌 문제 수

5			○	
4		○	○	
3		○	○	○
2	○	○	○	○
1	○	○	○	○
문제 수(개) / 이름	형우	연재	우진	진서

지수네 모둠의 학생별 맞힌 문제 수

5				
4	○			
3	○			○
2	○	○		○
1	○	○		○
문제 수(개) / 이름	지수	인성	준기	연미

(형우네 모둠이 맞힌 문제 수의 합)$=$ □(형우) $+$ □(연재) $+$ □(우진) $+$ □(진서) $=$ □(개)

(지수네 모둠이 맞힌 문제 수의 합)$=$ □ $-2=$ □(개)

따라서 준기가 맞힌 문제는 □ $-$ □(지수) $-$ □(인성) $-$ □(연미) $=$ □(개)입니다.

6-1

효은이와 영재가 4일 동안 먹은 사탕 수를 조사하여 각각 그래프로 나타냈습니다. 효은이가 먹은 사탕 수가 영재가 먹은 사탕 수보다 4개 더 적다면 영재가 2일에 먹은 사탕은 몇 개일까요?

효은이가 먹은 날짜별 사탕 수

5			○	
4			○	
3		○	○	
2		○	○	○
1	○	○	○	○
사탕 수(개) / 날짜	1일	2일	3일	4일

영재가 먹은 날짜별 사탕 수

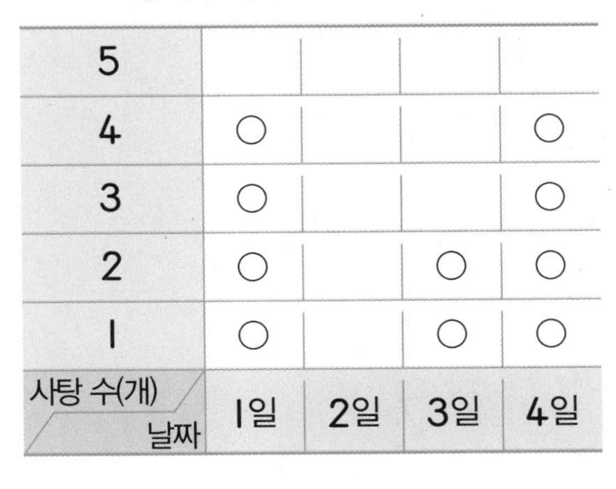

5				
4	○			○
3	○			○
2	○		○	○
1	○		○	○
사탕 수(개) / 날짜	1일	2일	3일	4일

( )

6-2

민하네 학교 2학년 1반과 2반 학생들의 혈액형을 조사하여 각각 그래프로 나타냈습니다. 1반의 학생 수가 2반의 학생 수보다 3명 더 많다면 2반에서 혈액형이 O형인 학생은 몇 명일까요?

1반의 혈액형별 학생 수

6	○			
5	○			○
4	○	○		○
3	○	○	○	○
2	○	○	○	○
1	○	○	○	○
학생 수(명) / 혈액형	A형	B형	O형	AB형

2반의 혈액형별 학생 수

6				
5		○		
4	○	○		
3	○	○		
2	○	○		○
1	○	○		○
학생 수(명) / 혈액형	A형	B형	O형	AB형

( )

세로 눈금 한 칸의 크기를 구한다.

3	●
2	●
1	●

한 칸 크기: 1

6	●
4	●
2	●

한 칸 크기: 2

○
○
○
○
○
연필

10자루

○의 수: 5개 ➡ 연필: 10자루

$2\times5=10$

○의 수: 1개 ➡ 연필: 2자루

세로 눈금 한 칸은 연필 2자루를 나타냅니다.

네 마을에 사는 학생 수를 조사하여 그래프로 나타냈습니다. 네 마을에 사는 학생이 모두 18명일 때 다 마을에 사는 학생은 몇 명인지 구해 보세요.

마을별 학생 수

			○	
			○	
	○	○	○	
	○	○	○	○
학생 수(명) / 마을	가	나	다	라

그래프에서 ○의 수를 세어 보면 모두 □개입니다.

○의 수: □개 ➡ 학생 수: 18명

$2\times9=18$

○의 수: 1개 ➡ 학생 수: □명

다 마을의 ○는 4개이므로 **다** 마을에 사는 학생은 □ $\times 4=$ □(명)입니다.

7-1 학생들이 접은 종이꽃 수를 조사하여 그래프로 나타냈습니다. 학생들이 접은 종이꽃이 모두 24개일 때 수빈이가 접은 종이꽃은 몇 개일까요?

학생별 접은 종이꽃 수

		○		
		○		
		○	○	
	○	○	○	○
수(개) / 이름	민아	수빈	채은	영호

( )

7-2 경준이가 한 달 동안 운동한 시간을 종목별로 조사하여 그래프로 나타냈습니다. 농구와 줄넘기를 한 시간이 14시간일 때 경준이가 한 달 동안 운동한 시간은 모두 몇 시간일까요?

종목별 운동 시간

			○	
			○	
	○		○	○
	○	○	○	○
	○	○	○	○
시간(시간) / 운동	태권도	농구	줄넘기	축구

( )

최상위 S

세로 눈금 한 칸의 크기를 구해 그래프를 완성한다.

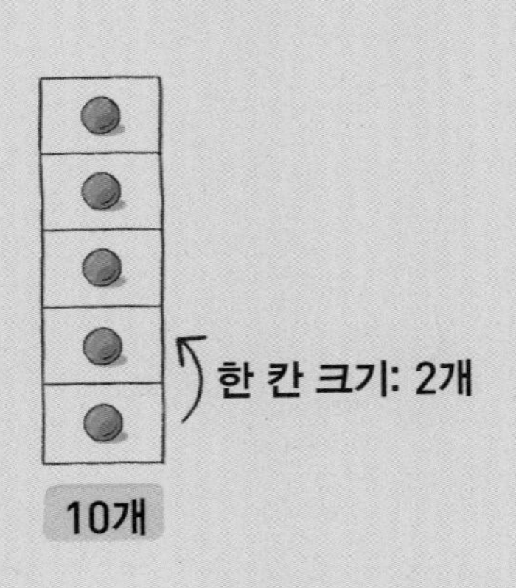

가 모둠의 학생 수는 나 모둠의 학생 수보다 2명 더 많습니다.

모둠별 학생 수

8	○	
6	○	○
4	○	○
2	○	○
학생 수(명) / 모둠	가	나

➡ ○의 수의 차는 1개입니다.
➡ 세로 눈금 한 칸은 2명을 나타냅니다.

수연이네 학교 2학년의 반별 학생 수를 조사하여 그래프로 나타내려고 합니다. 조건에 맞게 그래프를 완성해 보세요.

- 1반의 학생은 16명입니다.
- 2반의 학생 수는 3반의 학생 수보다 4명 더 적습니다.
- 네 반의 학생은 모두 56명입니다.

반별 학생 수

			○	
		○	○	
		○	○	
		○	○	
학생 수(명) / 반	1반	2반	3반	4반

2반의 학생 수는 3반의 학생 수보다 4명 더 적으므로 세로 눈금 한 칸은 ☐명을 나타냅니다. 그래프의 세로 눈금에 4부터 4씩 커지는 수 ☐, ☐, ☐, ☐을 아래부터 차례로 써넣습니다.

1반의 학생은 16명이므로 1반에 ○를 ☐개 표시합니다.

4반의 학생은 56－16－☐(2반)－☐(3반)＝☐(명)이므로 4반에 ○를 ☐개 표시합니다.

8-1

희주네 반 학생들이 좋아하는 간식을 조사하여 그래프로 나타내려고 합니다. 조건에 맞게 그래프를 완성해 보세요.

- 떡볶이를 좋아하는 학생은 9명입니다.
- 햄버거를 좋아하는 학생 수는 김밥을 좋아하는 학생 수보다 3명 더 많습니다.
- 희주네 반 학생은 모두 27명입니다.

좋아하는 간식별 학생 수

			○	
		○	○	
		○	○	
학생 수(명) / 간식	떡볶이	김밥	햄버거	라면

8-2

지훈이네 학교 2학년 학생들이 좋아하는 운동 경기를 조사하여 그래프로 나타내려고 합니다. 조건에 맞게 그래프를 완성해 보세요.

- 야구를 좋아하는 학생 수는 농구를 좋아하는 학생 수보다 4명 더 많습니다.
- 배구를 좋아하는 학생은 12명입니다.
- 지훈이네 학교 2학년 학생은 모두 52명입니다.

좋아하는 운동 경기별 학생 수

학생 수(명) / 운동 경기								
야구	○	○	○	○	○	○	○	
농구	○	○	○	○	○			
배구								
축구								

1 유찬이네 반 시간표를 보고 표로 나타내고, 수업 시간이 가장 많은 과목과 가장 적은 과목의 수업 시간의 차는 몇 교시인지 구해 보세요.

시간표

요일	월	화	수	목	금
1교시	창체	수학	국어	국어	국어
2교시	통합	통합	수학	국어	수학
3교시	국어	국어	통합	수학	통합
4교시	통합	통합	통합	통합	통합
5교시		통합			창체

과목별 시간

과목	통합	국어	수학	창체	합계
시간(교시)					

( )

2 수연이네 반 학생들이 채집하고 싶은 곤충을 조사하여 표와 그래프로 나타냈습니다. 표와 그래프를 각각 완성해 보세요.

채집하고 싶은 곤충별 학생 수

곤충	나비	잠자리	사슴벌레	매미	합계
학생 수(명)		4		2	24

채집하고 싶은 곤충별 학생 수

10				
8	○			
6	○			
4	○			
2	○			
학생 수(명) / 곤충	나비	잠자리	사슴벌레	매미

[3~4] 현태네 학교 2학년 1반과 2반 학생들이 놀이공원에서 타고 싶은 놀이기구를 조사하여 그래프로 나타냈습니다. 물음에 답하세요.

1반의 타고 싶은 놀이기구별 학생 수

5			○	
4	○		○	
3	○		○	○
2	○		○	○
1	○	○	○	○
학생 수(명) / 놀이기구	바이킹	탐험 보트	범퍼카	회전 목마

2반의 타고 싶은 놀이기구별 학생 수

5		○		
4		○	○	
3	○	○	○	
2	○	○	○	○
1	○	○	○	○
학생 수(명) / 놀이기구	바이킹	탐험 보트	범퍼카	회전 목마

3 1반과 2반에서 가장 많은 학생들이 타고 싶은 놀이기구부터 차례로 써 보세요.

( )

서술형 4 1반과 2반 중 어느 반의 학생 수가 몇 명 더 많은지 풀이 과정을 쓰고 답을 구해 보세요.

풀이

답 ,

5 정우네 반 학생 36명이 좋아하는 채소를 조사하여 그래프로 나타내려고 합니다. 당근을 좋아하는 학생은 12명, 파프리카를 좋아하는 학생은 6명이고 토마토를 좋아하는 학생 수는 파프리카를 좋아하는 학생 수보다 4명 더 많을 때 그래프를 완성해 보세요.

먼저 생각해 봐요!

야구를 좋아하는 학생 수가 농구를 좋아하는 학생 수보다 3명 더 많을 때 표를 완성해 보세요.

좋아하는 운동별 학생 수

운동	야구	축구	농구	합계
학생 수(명)			6	27

좋아하는 채소별 학생 수

12				
10				
8				
6				
4				
2				
학생 수(명) / 채소	당근	파프리카	토마토	오이

6 수진이네 학교 2학년 학생 45명이 좋아하는 색깔을 조사하여 표로 나타냈습니다. 파란색을 좋아하는 남학생은 파란색을 좋아하는 여학생보다 몇 명 더 많을까요?

좋아하는 색깔별 학생 수

색깔	빨간색	초록색	노란색	파란색	합계
남학생 수(명)	5	7	3		24
여학생 수(명)	8	3	6		

( )

7

운호네 반 학생 21명이 좋아하는 빵을 조사하여 나타낸 그래프의 일부분이 찢어졌습니다. 소시지빵을 좋아하는 학생 수가 단팥빵을 좋아하는 학생 수보다 2명 더 많을 때 소시지빵을 좋아하는 학생은 몇 명일까요? (단, 조사한 빵의 종류는 4가지입니다.)

먼저 생각해 봐요!

우유를 좋아하는 학생 수가 탄산음료를 좋아하는 학생 수보다 3명 더 많을 때 우유를 좋아하는 학생은 몇 명일까요?

좋아하는 음료별 학생 수

음료	주스	우유	탄산 음료	합계
학생 수(명)	7			24

좋아하는 빵별 학생 수

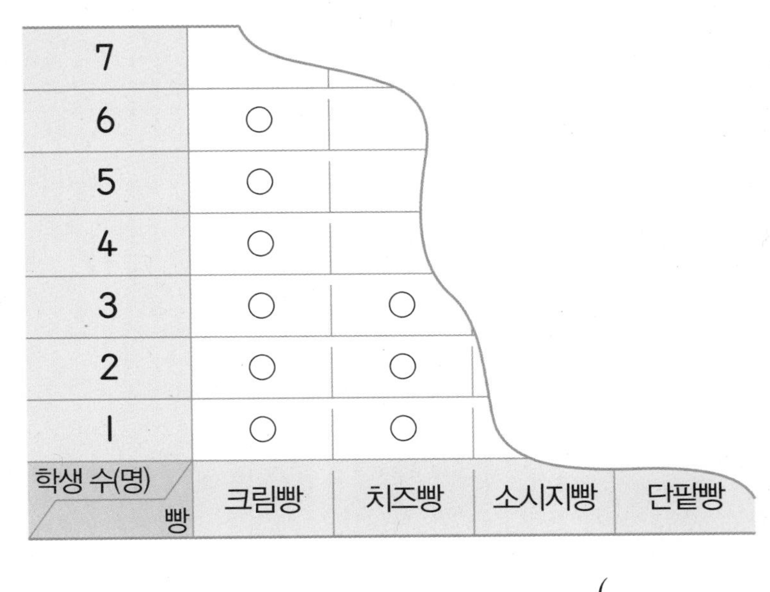

(   )

8

성현이네 학교 2학년 학생들이 좋아하는 민속놀이를 조사하여 그래프로 나타냈습니다. 비석치기를 좋아하는 학생 수와 제기차기를 좋아하는 학생 수의 차가 5명일 때 성현이네 학교 2학년 학생은 모두 몇 명일까요?

좋아하는 민속놀이별 학생 수

□				○
□	○			○
□	○		○	○
□	○	○	○	○
□	○	○	○	○
학생 수(명) / 민속놀이	딱지치기	비석치기	제기차기	굴렁쇠 굴리기

(   )

Brain

보기 와 같은 모양이 되도록 도형을 완성해 보세요.
도형을 뒤집거나 돌려도 같은 모양으로 생각합니다.

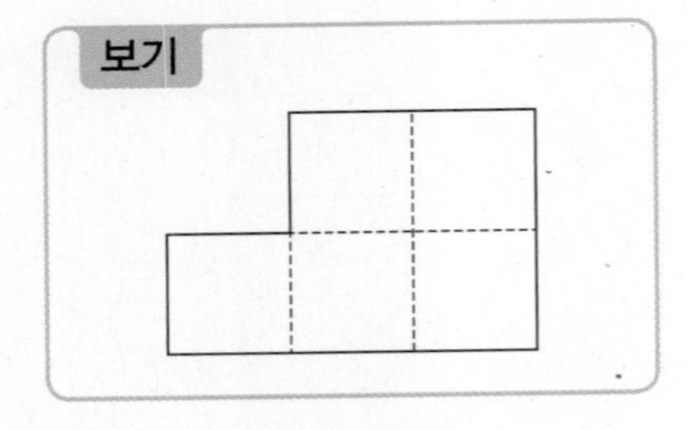

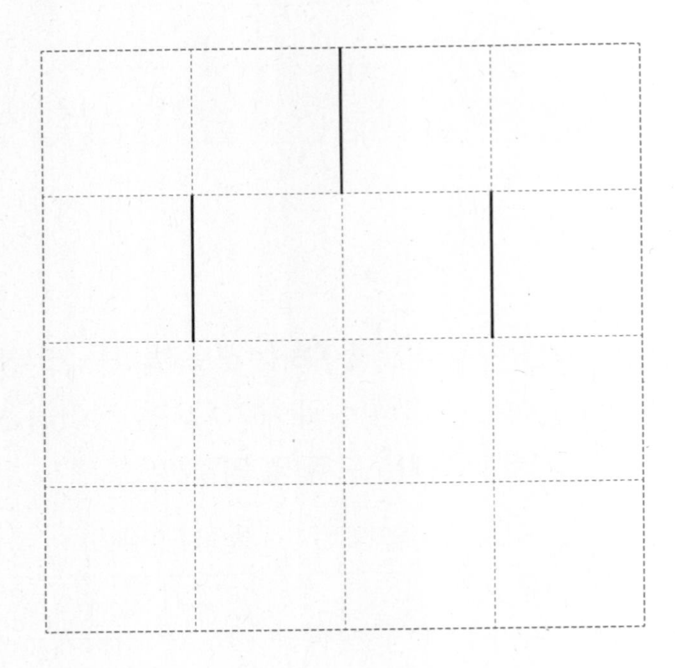

6

규칙 찾기

1 무늬에서 규칙 찾기

• 무늬에서 규칙을 찾고, 찾은 규칙을 설명할 수 있습니다.
• 규칙에 따라 무늬를 꾸밀 수 있습니다.

1-1 BASIC CONCEPT 무늬에서 규칙 찾기

• → 방향으로 ♡△ 모양이 반복됩니다.
• → 방향으로 분홍색과 초록색이 반복됩니다.
• ↘ 방향으로 같은 모양이 반복됩니다.

1 규칙에 따라 빈칸에 알맞은 그림을 그려 보세요.

(1) ■ ▲ ● ■ ▲ ● ■ □ □

(2) 

2 규칙을 찾아 ㉠에 알맞은 모양에 ○표 하세요.

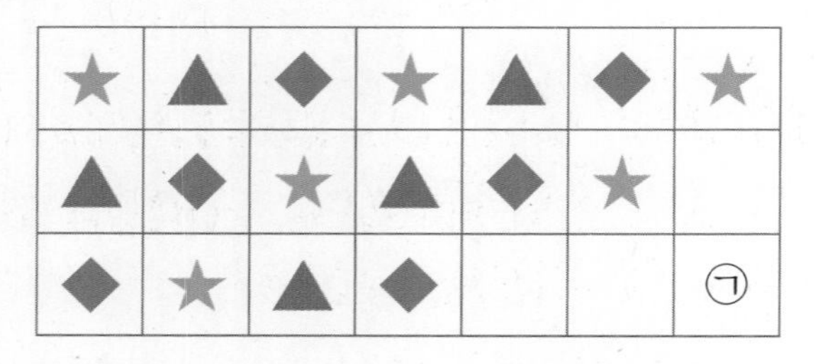

(★ , ▲ , ◆)

3 규칙을 찾아 빈칸에 알맞은 수를 써넣으세요.

●	●	♥	◆	●	●
♥	◆	●	●	♥	◆
●	●	♥	◆	●	●

➡

1	1	5	4		
5	4	1			
1	1				

규칙이 있는 무늬 만들기

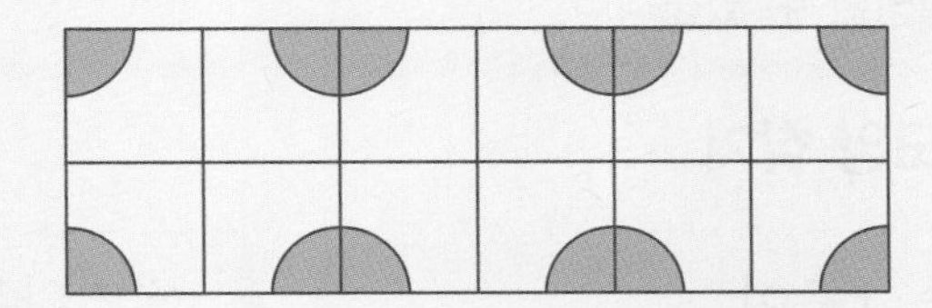

➡ 예 모양을 시계 방향으로 돌려가면서 만든 무늬를 이어 붙여 만들었습니다.

4 규칙에 따라 무늬를 만들고 있습니다. 빈칸에 알맞은 무늬를 그려 보세요.

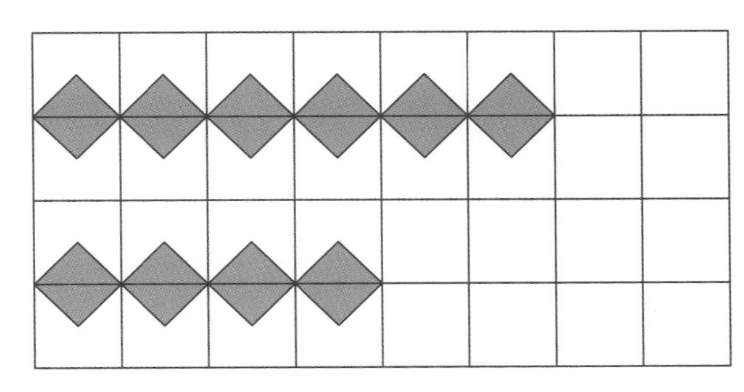

5 규칙에 따라 초록색과 노란색 구슬을 꿰고 있습니다. 규칙을 찾아 알맞게 색칠해 보세요.

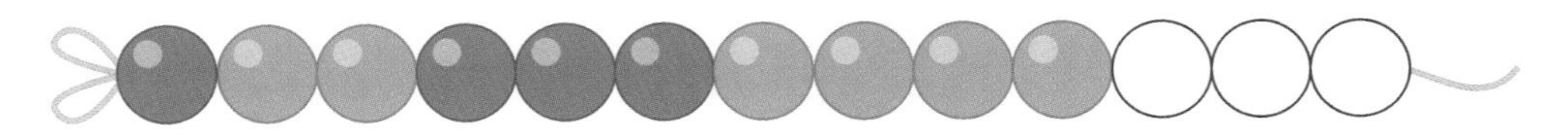

6 무늬를 보고 규칙을 찾아 무늬를 완성해 보세요.

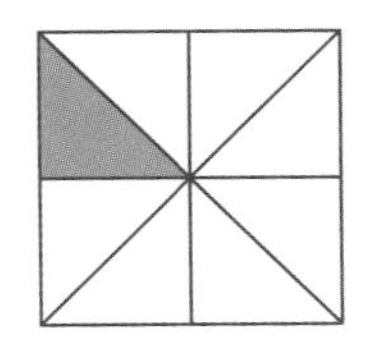 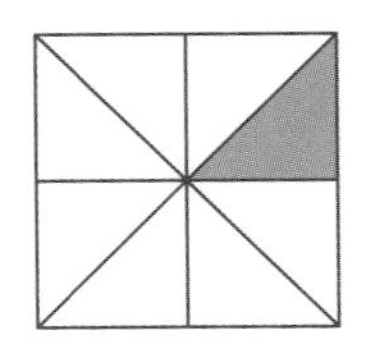 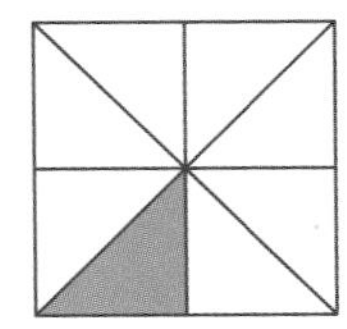 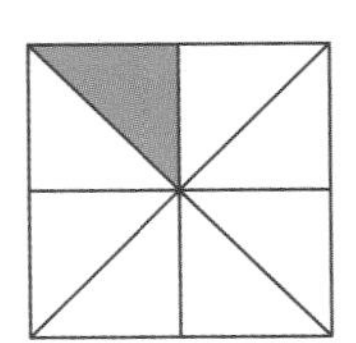 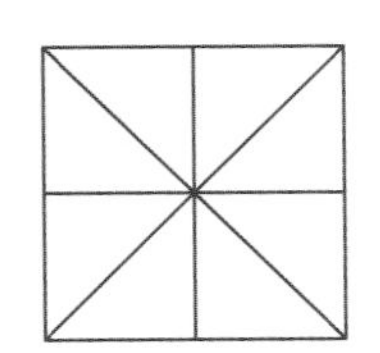

2 쌓은 모양에서 규칙 찾기

• 설명한 규칙에 맞게 쌓은 모양을 찾을 수 있습니다.
• 쌓은 모양을 보고 규칙을 찾아 설명할 수 있습니다.

BASIC CONCEPT 2-1

설명한 규칙에 맞는 쌓은 모양 찾기

쌓기나무를 3층, 1층이 반복되게 쌓았습니다.

쌓기나무의 수가 3개, 1개가 반복되게 1층으로 쌓았습니다.

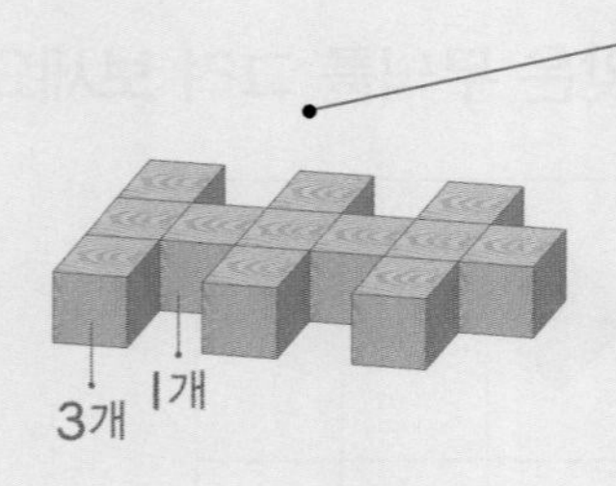

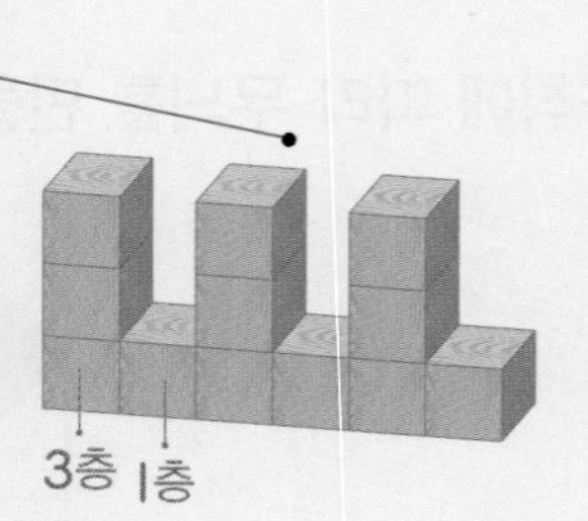

1 수지가 쌓기나무를 쌓아서 만든 모양을 보고 이야기한 것입니다. 수지가 쌓은 모양을 찾아 기호를 써 보세요.

왼쪽에서 오른쪽으로 3층, 2층, 1층이 반복되게 쌓기나무를 쌓았어.

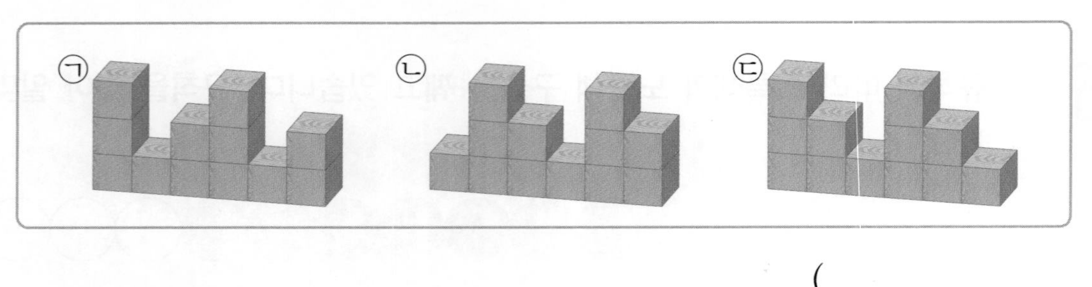

(　　　　　　　　)

2 설명한 규칙에 맞게 4층으로 쌓기나무를 쌓을 때, 1층에 놓인 쌓기나무는 몇 개일까요?

설명
• 4층에 놓인 쌓기나무는 입니다.
• 한 층씩 내려갈수록 쌓기나무의 수는 왼쪽으로 2개, 앞쪽으로 1개씩 늘어납니다.

(　　　　　　　　)

쌓은 모양에서 규칙 찾기

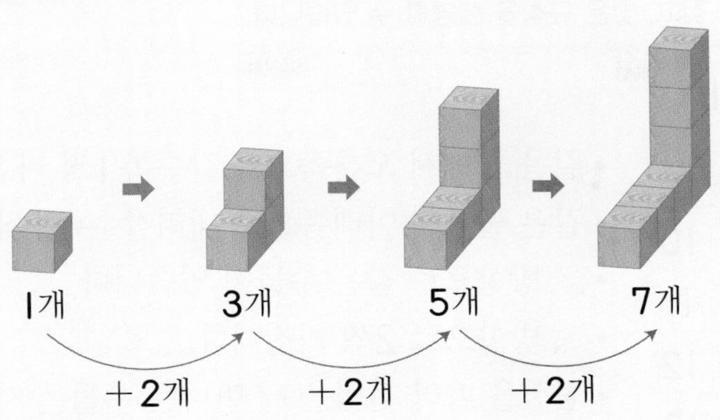

• 쌓기나무가 1층씩 늘어납니다.
• 쌓기나무의 수가 2개씩 늘어납니다.

3 다음과 같은 모양으로 쌓기나무를 쌓았습니다. 쌓은 규칙을 써 보세요.

4 규칙에 따라 쌓기나무를 쌓았습니다. □ 안에 쌓을 쌓기나무는 모두 몇 개일까요?

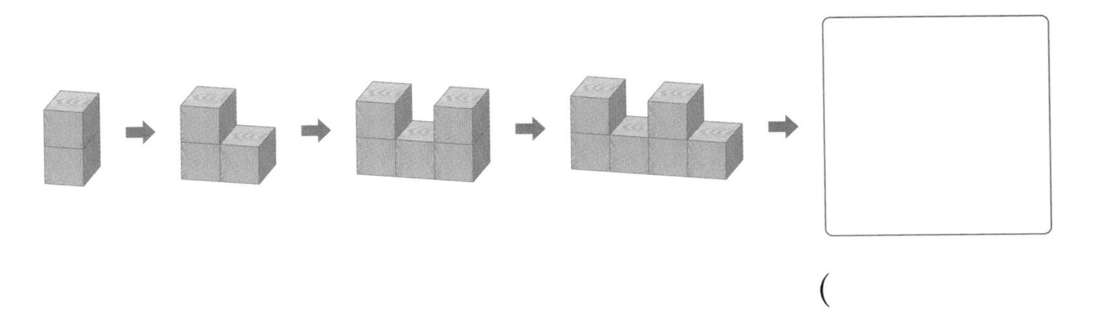

(   )

5 규칙에 따라 쌓기나무를 쌓았습니다. 쌓기나무를 4층으로 쌓으려면 쌓기나무는 모두 몇 개 필요할까요?

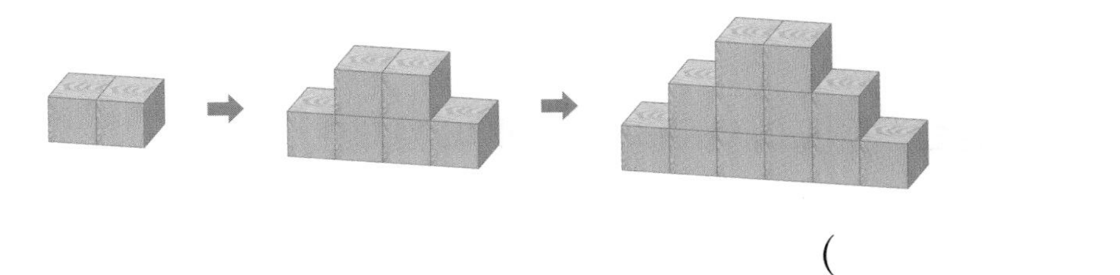

(   )

3 덧셈표, 곱셈표에서 규칙 찾기

- 덧셈표에서 다양한 규칙을 찾고, 찾은 규칙을 설명할 수 있습니다.
- 곱셈표에서 다양한 규칙을 찾고, 찾은 규칙을 설명할 수 있습니다.

3-1 BASIC CONCEPT

덧셈표에서 규칙 찾기

+	3	4	5	6	7
3	6	7	8	9	10
4	7	8	9	10	11
5	8	9	10	11	12
6	9	10	11	12	13
7	10	11	12	13	14

- 같은 줄에서 오른쪽으로 갈수록 1씩 커집니다.
- 같은 줄에서 아래쪽으로 내려갈수록 1씩 커집니다.
- ↙ 방향으로 같은 수들이 있습니다.
- ↘ 방향으로 2씩 커집니다.
- 점선을 따라 접었을 때 만나는 수들은 서로 같습니다.

[1 ~ 3] 덧셈표를 보고 물음에 답하세요.

+	4	5	6	7	8
4	8	9	10	11	12
5	9		11		
6	10		12	13	
7	11				15
8	12	13			

1 덧셈표를 완성해 보세요.

2 덧셈표를 완성했을 때 합이 14보다 더 큰 곳은 모두 몇 군데일까요?

(　　　　　　　　)

3 완성한 덧셈표에서 규칙을 찾아 써 보세요.

규칙 ....

곱셈표에서 규칙 찾기

×	2	3	4	5	6
2	4	6	8	10	12
3	6	9	12	15	18
4	8	12	16	20	24
5	10	15	20	25	30
6	12	18	24	30	36

- 오른쪽으로 갈수록 각 단의 수만큼 커집니다.
  예 2단: 4 − 6 − 8 − 10 − 12 — 2씩 커집니다.
- 아래쪽으로 내려갈수록 각 단의 수만큼 커집니다.
  예 3단: 6 − 9 − 12 − 15 − 18 — 3씩 커집니다.
- 점선을 따라 접었을 때 만나는 수들은 서로 같습니다.

[4~6] 곱셈표를 보고 물음에 답하세요.

×	3	4	5	6	7
3	9	12	15	18	21
4		16			28
5	15	20	25		35
6	18			36	42
7	21				49

4 곱셈표를 완성해 보세요.

5 ━━ 으로 칠해진 수의 규칙을 써 보세요.

규칙 ....

6 ━━ 으로 칠해진 수의 규칙을 써 보세요.

규칙 ....

4 생활에서 규칙 찾기

• 생활 주변의 수에서 규칙을 찾을 수 있습니다.
• 실생활에서 다양한 규칙이 있음을 알고 규칙을 찾을 수 있습니다.

4-1 BASIC CONCEPT

실생활에서 규칙 찾기(1)

7월

일	월	화	수	목	금	토
	1	2	3	4	5	6
7	8	9	10	11	12	13
14	15	16	17	18	19	20
21	22	23	24	25	26	27
28	29	30	31			

• 수가 → 방향으로 1씩 커집니다.
• 수가 ↓ 방향으로 7씩 커집니다.
• 수가 ↘ 방향으로 8씩 커집니다.
예 1—9—17—25 — 8씩 커집니다.
• 수가 ↙ 방향으로 6씩 커집니다.
예 4—10—16—22—28 — 6씩 커집니다.

1 어느 엘리베이터 안에 있는 버튼의 수입니다. □ 안에 알맞은 수를 써넣고 알맞은 말에 ○표 하세요.

6	12	18
5	11	17
4	10	16
3	9	15
2	8	14
1	7	13

(1) 수가 → 방향으로 □씩 (커집니다 , 작아집니다).

(2) 수가 ↓ 방향으로 □씩 (커집니다 , 작아집니다).

(3) 수가 ↗ 방향으로 □씩 (커집니다 , 작아집니다).

(4) 수가 ↖ 방향으로 □씩 (커집니다 , 작아집니다).

2 달력을 보고 화요일에 있는 수의 규칙을 찾아 써 보세요.

6월

일	월	화	수	목	금	토
						1
2	3	4	5	6	7	8
9	10	11	12	13	14	15
16	17	18	19	20	21	22
23	24	25	26	27	28	29
30						

규칙 ....

실생활에서 규칙 찾기(2)

버스 출발 시각

㉠ 행		㉡ 행	
5시 20분	13시 20분	8시 30분	12시 30분
7시 20분	15시 20분	9시 30분	13시 30분
9시 20분	17시 20분	10시 30분	14시 30분
11시 20분	19시 20분	11시 30분	15시 30분

→ 오후 1시를 13시, 오후 2시를 14시, ...라고 합니다.

- ㉠ 행 버스는 2시간마다 출발하는 규칙이 있습니다.
- ㉡ 행 버스는 1시간마다 출발하는 규칙이 있습니다.

3 **어느 유람선의 출발 시각을 나타낸 표입니다. 물음에 답하세요.**

유람선 출발 시각

횟수	1회	2회	3회	4회
시각	9시 30분	12시	14시 30분	

(1) 유람선 출발 시각의 규칙을 찾아 써 보세요.

규칙 ....

....

(2) 규칙에 따라 4회의 출발 시각을 구해 보세요.

( )

4 **신발장에 번호표가 떨어져서 몇 개만 남아 있습니다. 민영이의 신발은 라열 일곱째 칸에 들어 있습니다. 민영이의 신발이 들어 있는 칸의 번호는 몇 번일까요?**

	첫째	둘째	셋째	...				
가열	①	⑤	⑨	⑬				
나열	②	⑥	⑩					
⋮	③	⑦						

( )

최상위 S

반복되는 모양과 색깔을 각각 찾아본다.

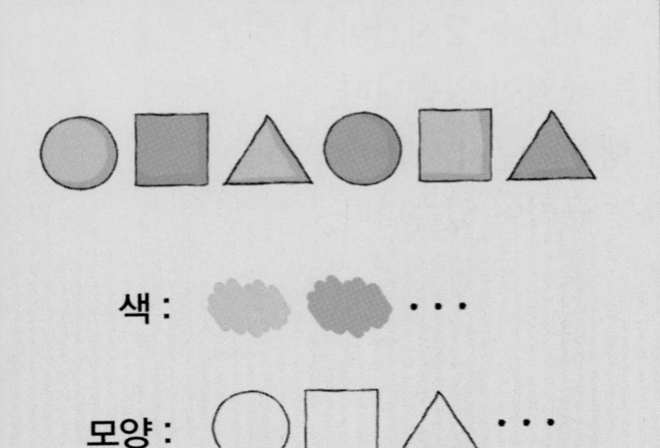

색 :

모양 :

규칙
- 모양은 ♡, ◇, △가 반복됩니다.
- 색깔은 분홍색, 초록색이 반복됩니다.

빈칸에 알맞은 모양은 ♡이고, 색깔은 분홍색입니다.

대표문제 1

규칙을 찾아 빈칸에 알맞은 모양을 그리고 색칠해 보세요.

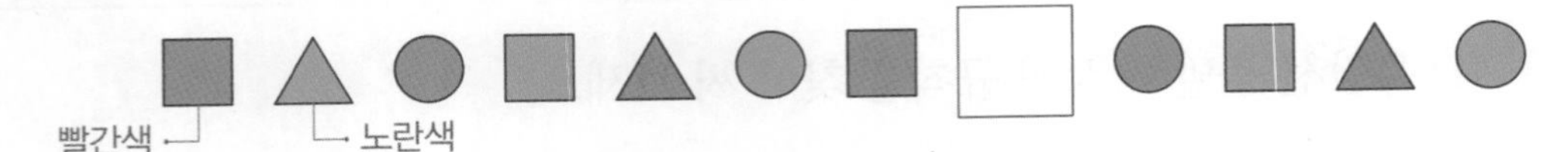

모양과 색깔이 변하므로 모양과 색깔의 규칙을 각각 찾아봅니다.

- 모양은 □, [ ], [ ]가 반복됩니다.
- 색깔은 [ ], [ ]이 반복됩니다.

빈칸에 알맞은 모양은 [ ]이고, 색깔은 [ ]입니다.

따라서 빈칸에 알맞은 모양을 그리고 색칠한 것은 (■, ■, ▲, ▲)입니다.

1-1 규칙을 찾아 빈칸에 알맞은 모양에 ○표 하세요.

1-2 규칙을 찾아 빈칸에 알맞은 모양을 그리고 색칠해 보세요.

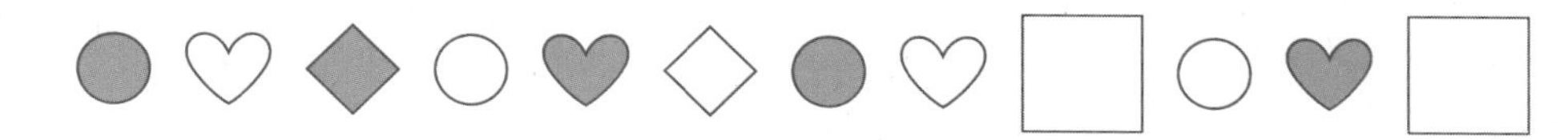

1-3 규칙을 찾아 빈칸에 알맞은 모양을 그려 넣으세요.

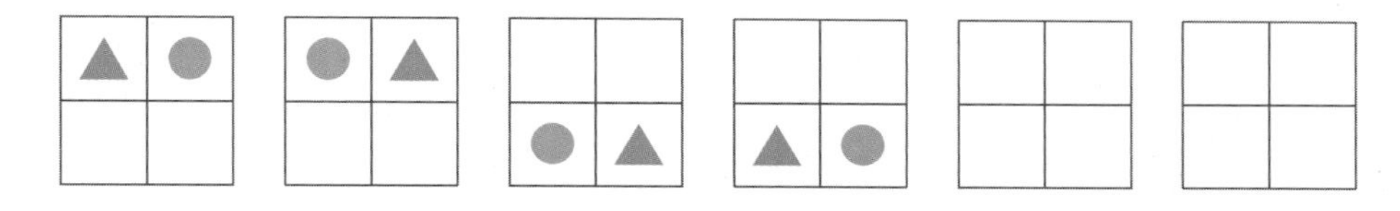

1-4 규칙에 따라 도형을 그린 것입니다. 규칙을 찾아 빈칸에 알맞은 모양을 그리고 색칠해 보세요.

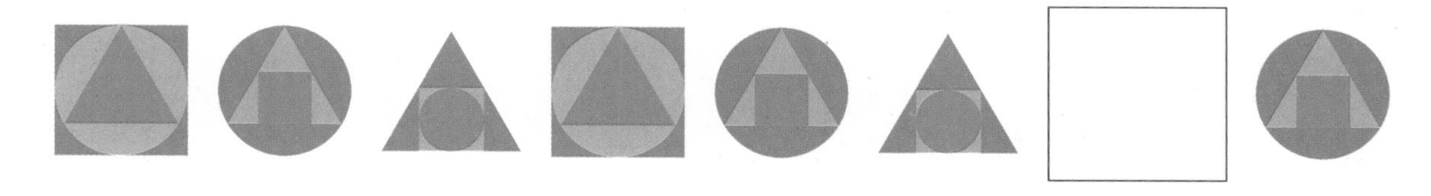

먼저 쌓기나무를 쌓은 규칙을 알아본다.

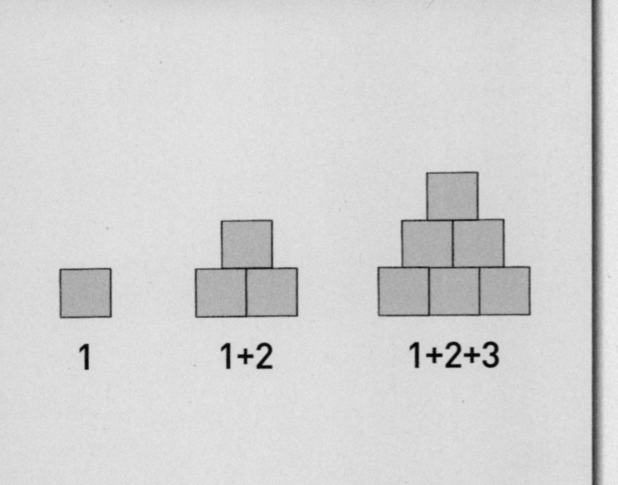

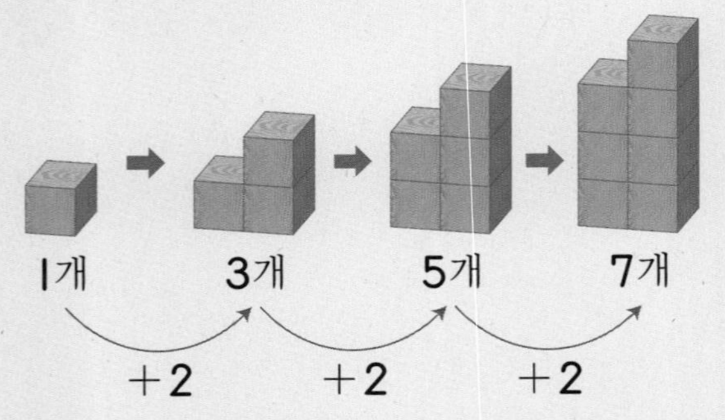

한 층 늘어날 때마다 쌓기나무가 2개씩 늘어나므로 5층으로 쌓을 때 필요한 쌓기나무는 모두 $7+2=9$(개)입니다.

규칙에 따라 쌓기나무를 쌓았습니다. 7층으로 쌓으려면 쌓기나무는 모두 몇 개 필요할까요?

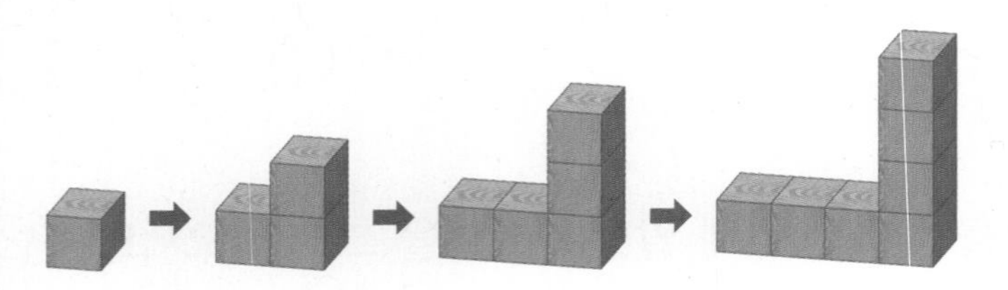

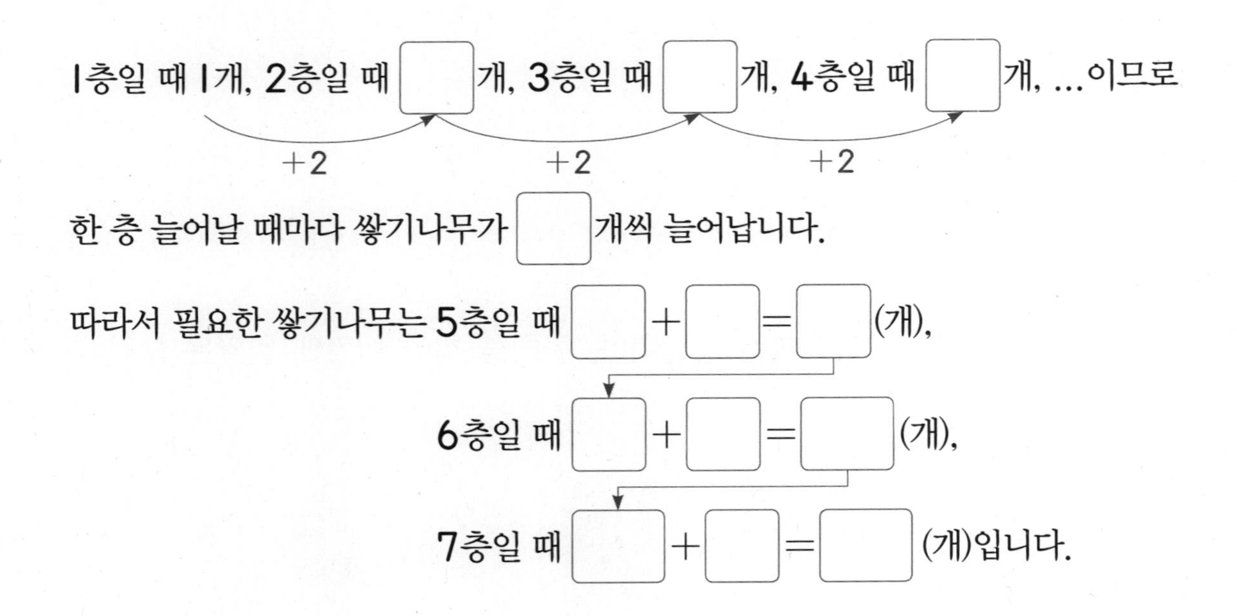

2-1

규칙에 따라 쌓기나무를 쌓았습니다. 8층으로 쌓으려면 쌓기나무는 모두 몇 개 필요할까요?

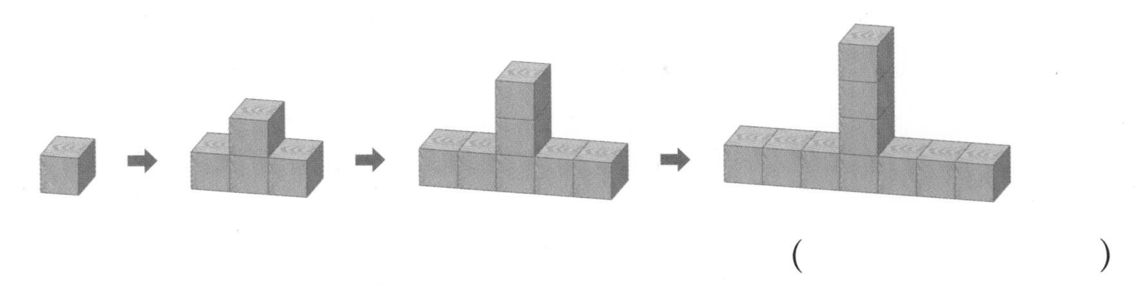

(   )

2-2

규칙에 따라 쌓기나무를 쌓았습니다. 6층으로 쌓으려면 쌓기나무는 모두 몇 개 필요할까요?

(   )

2-3

규칙에 따라 쌓기나무를 쌓았습니다. 7층으로 쌓으려면 쌓기나무는 모두 몇 개 필요할까요?

(   )

점선을 따라 접었을 때 만나는 수는 같다.

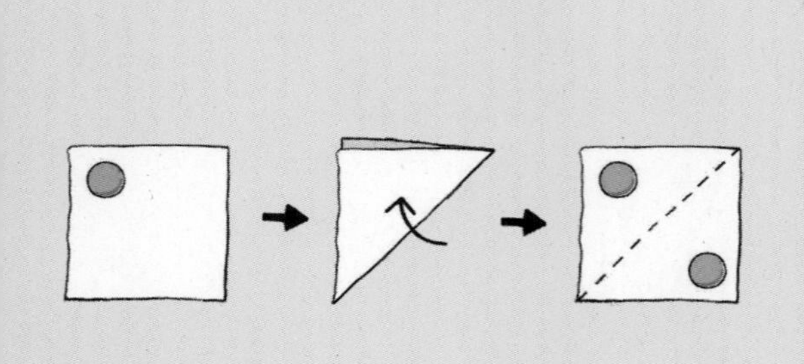

+	2	3	4	5
2	4	5	6	7
3	5	6	7	8
4	6	7	8	9
5	7	8	9	10

×	3	4	5	6
3	9	12	15	18
4	12	16	20	24
5	15	20	25	30
6	18	24	30	36

왼쪽의 수와 위쪽의 수가 같은 표에서 점선을 따라 접었을 때 만나는 수는 서로 같습니다.

곱셈표에서 초록색 점선을 따라 접었을 때 ㉮, ㉯와 각각 만나는 두 수의 합을 구해 보세요.

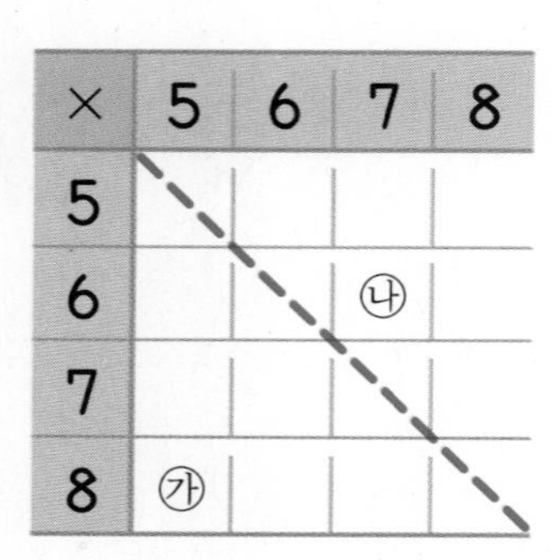

×	5	6	7	8
5				
6			㉯	
7				
8	㉮			

곱셈표에서 왼쪽의 수와 위쪽의 수가 같으므로 점선을 따라 접었을 때 만나는 수는 서로 (같습니다 , 다릅니다).

㉮에 알맞은 수는 □ × □ = □ 이므로 ㉮와 만나는 수도 □ 입니다.

㉯에 알맞은 수는 □ × □ = □ 이므로 ㉯와 만나는 수도 □ 입니다.

➡ (㉮와 만나는 수)+(㉯와 만나는 수)= □ + □ = □

3-1 덧셈표에서 빨간색 점선을 따라 접었을 때 ㉮, ㉯와 각각 만나는 두 수의 합을 구해 보세요.

+	3	4	5	6
3				
4	㉮			
5				㉯
6				

(　　　　　　　　)

서술형 **3-2** 곱셈표에서 초록색 점선을 따라 접었을 때 ㉮, ㉯와 각각 만나는 두 수의 차는 얼마인지 풀이 과정을 쓰고 답을 구해 보세요.

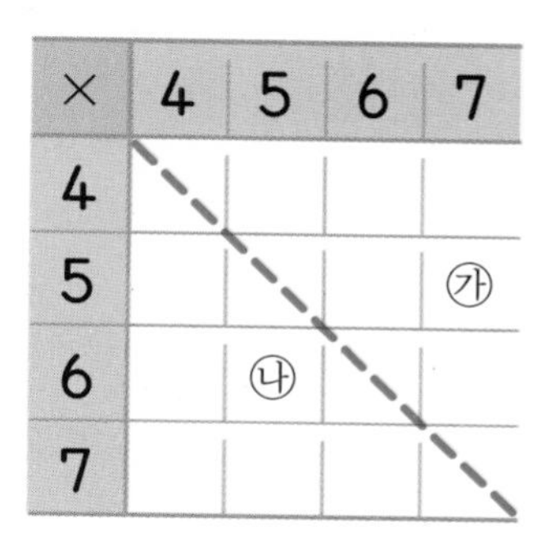

풀이

답

3-3 덧셈표에서 파란색 점선을 따라 접었을 때 ㉮, ㉯, ㉰와 각각 만나는 세 수의 합을 구해 보세요.

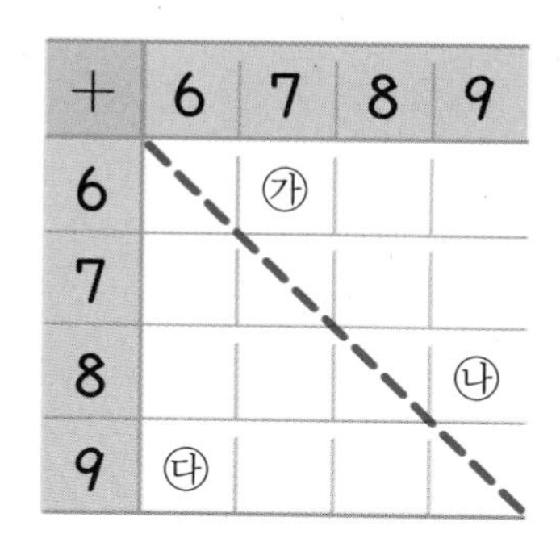

(　　　　　　　　)

규칙을 찾아 덧셈표, 곱셈표를 완성한다.

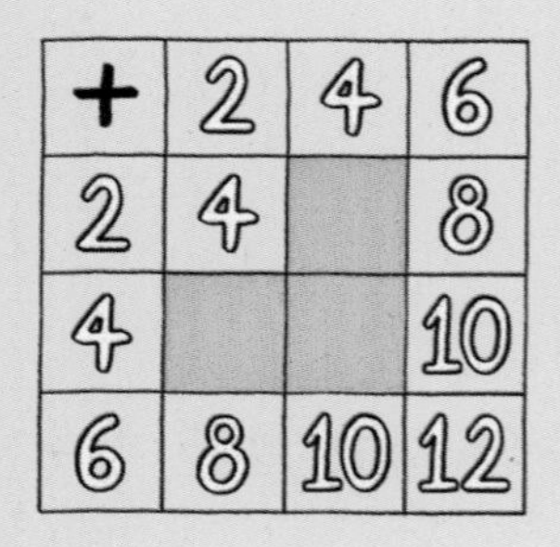

+	1	3	5	7
1	2	4	6	8
3	4	㉠	8	10
5	6	8	10	12
7	8	10	12	㉡

- 위쪽으로 올라갈수록 2씩 작아집니다.
  ➡ ㉠=8−2=6
- 오른쪽으로 갈수록 2씩 커집니다.
  ➡ ㉡=12+2=14

×	2	3	4	5
2	4	6	8	10
3	6	9	12	15
4	8	12	16	20
5	㉡	15	㉠	25

- 12에서 아래쪽으로 내려갈수록 4씩 커지므로 4단 곱셈구구입니다.
  ➡ ㉠=16+4=20 ← 4×5=20
- 20에서 왼쪽으로 5씩 작아지므로 5단 곱셈구구입니다.
  ➡ ㉡=15−5=10 ← 5×2=10

대표문제 4

오른쪽은 일정한 규칙으로 만든 덧셈표의 일부분입니다. ◆에 알맞은 수를 구해 보세요.

6	9	12	
	12		
	㉠	18	
	㉡	㉢	◆

아래쪽으로 내려갈수록 □씩 커지므로

㉠=12+□=□, ㉡=□+□=□입니다.

오른쪽으로 갈수록 □씩 커지므로

㉢=□+□=□, ◆=□+□=□입니다.

따라서 ◆에 알맞은 수는 □입니다.

4-1 일정한 규칙으로 만든 곱셈표의 일부분입니다. 빈칸에 알맞은 수를 써넣으세요.

25	30	
30	36	
		49

4-2 일정한 규칙으로 만든 덧셈표의 일부분입니다. ♥에 알맞은 수를 구해 보세요.

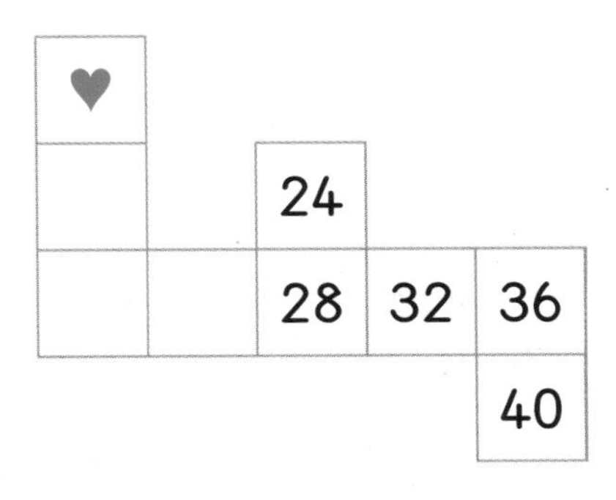

♥				
		24		
		28	32	36
				40

(　　　　　　　)

4-3 일정한 규칙으로 만든 곱셈표의 일부분입니다. ★에 알맞은 수를 구해 보세요.

	42		
42			★
48			72
54			

(　　　　　　　)

최상위 S

시간이 어떤 규칙으로 흐르는지 알아본다.

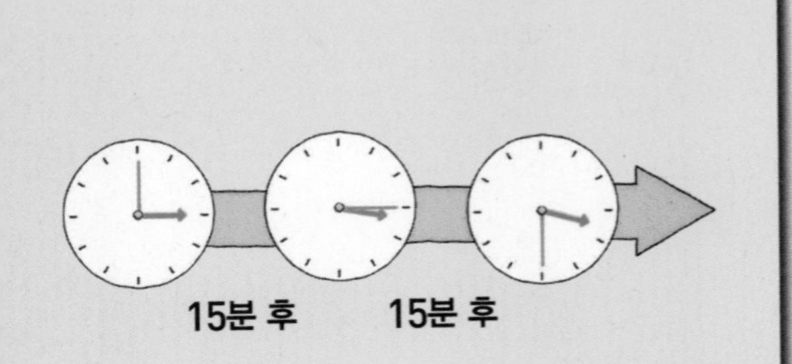

3시 20분 ➡ 3시 50분 ➡ 4시 20분 ➡ 4시 50분

순서대로 시간이 30분씩 흐르는 규칙입니다.

따라서 마지막 시계가 나타낼 시각은 5시 20분입니다.

└ 4시 50분에서 30분 후의 시각입니다.

대표문제 5

규칙을 찾아 마지막 시계에 알맞은 시각을 구해 보세요.

6시 ➡ 6시 15분 ➡ 6시 ☐분 ➡ 6시 ☐분

☐분 후 ☐분 후 ☐분 후

시계의 시각이 6시부터 ☐분씩 흐르는 규칙입니다.

따라서 마지막 시계에 알맞은 시각은 6시 ☐분에서 ☐분 후의 시각인

☐시입니다.

7-1 규칙에 따라 수를 늘어놓은 것입니다. 수를 12개까지 늘어놓았을 때 늘어놓은 수들의 합을 구해 보세요.

5, 9, 1, 5, 9, 1, 5, 9, 1, 5, 9, ...

( )

7-2 규칙에 따라 수를 늘어놓은 것입니다. 수를 16개까지 늘어놓았을 때 늘어놓은 수들의 합을 구해 보세요.

7, 3, 3, 6, 7, 3, 3, 6, 7, 3, 3, ...

( )

7-3 규칙에 따라 수를 늘어놓은 것입니다. 수를 15개까지 늘어놓았을 때 늘어놓은 수들의 합을 구해 보세요.

4, 0, 2, 8, 4, 0, 2, 8, 4, 0, 2, ...

( )

1 곱셈표의 빈칸에 알맞은 수를 써넣으세요.

×		4	6	
3	6			
				32
		20	30	40
6				48

서술형 2 어느 열차의 출발 시각을 나타낸 표입니다. 출발 시각의 규칙을 찾아 13시부터 16시까지 이 열차가 출발하는 시각을 모두 구하려고 합니다. 풀이 과정을 쓰고 답을 구해 보세요.

먼저 생각해 봐요!

규칙을 찾아 빈칸에 알맞은 시각을 써넣으세요.

8시 20분 — 9시 10분 — 10시 — (　　　)

열차 출발 시각

6 : 10	10 : 40	19 : 40
7 : 40	12 : 10	21 : 10
9 : 10	⋮	⋮

풀이

답

3 보기 와 같은 규칙에 따라 □ 안에 알맞은 수를 써넣으세요.

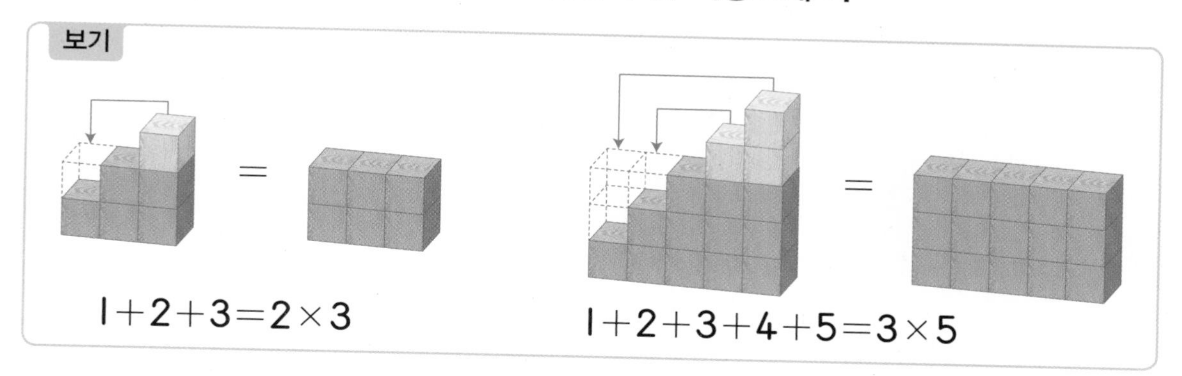

1+2+3+4+5+6+7+8+9=□×□

4 규칙에 따라 도형을 그리고 색칠한 것입니다. 빈칸에 알맞게 도형을 그리고 색칠해 보세요.

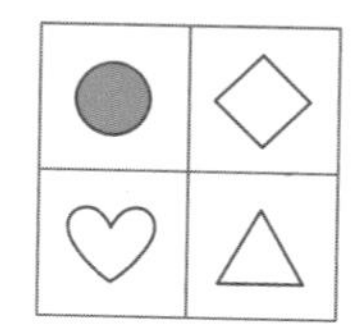
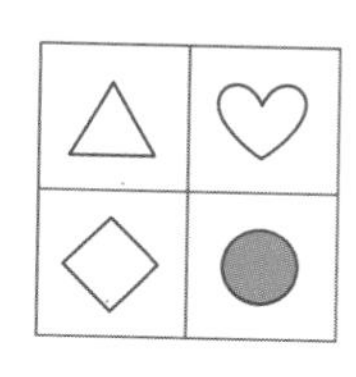
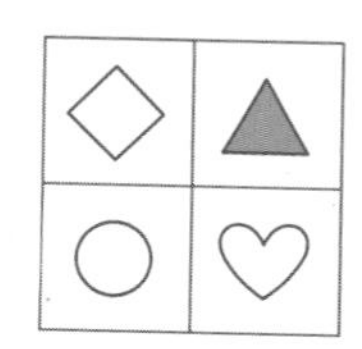
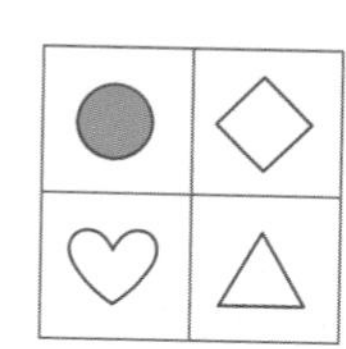
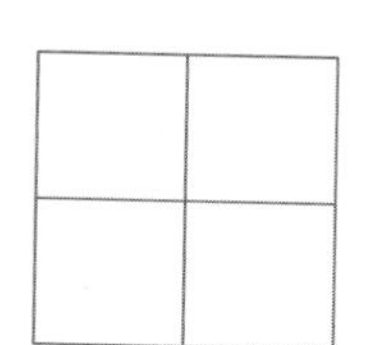

5 오른쪽 그림과 같은 규칙에 따라 쌓기나무를 쌓으려고 합니다. 사용한 쌓기나무가 35개라면 몇 층까지 쌓은 것일까요?
(단, 뒤쪽에 가려진 쌓기나무는 없습니다.)

(　　　　　　　　)

6 원 모양에 적힌 수를 보고 다음과 같이 규칙에 따라 수를 적었습니다. 빈칸에 알맞은 수를 써넣으세요.

먼저 생각해 봐요!

규칙에 따라 7 다음에 화살표가 가리키는 수들을 차례로 2개 써 보세요.

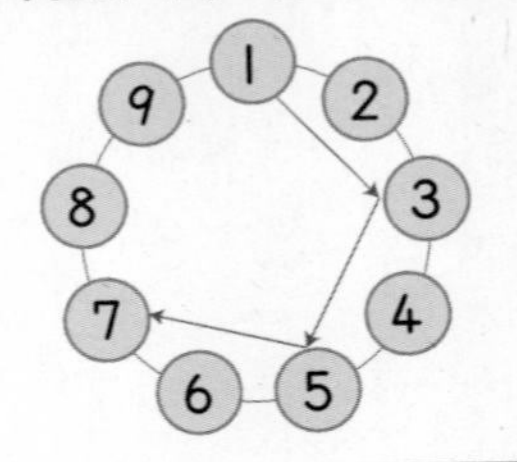

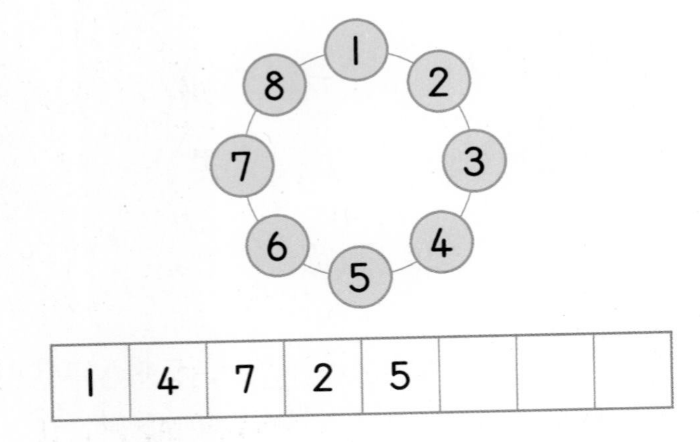

7 규칙에 따라 연결 모형으로 만든 모양입니다. 연결 모형 32개를 사용하여 만든 모양은 몇째일까요?

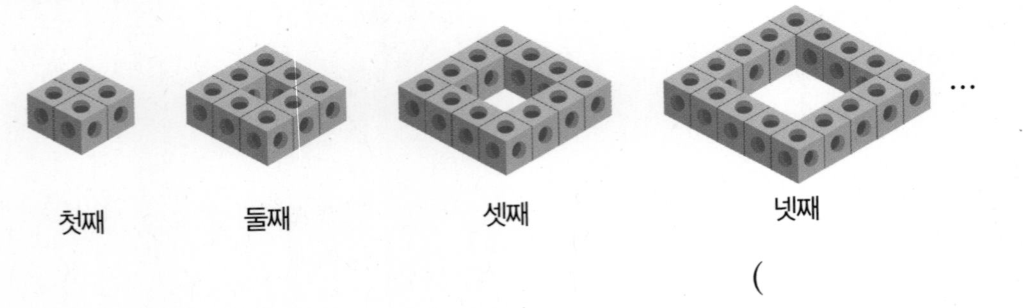

(　　　　　　　)

디딤돌과 함께하는 4가지 방법

http://cafe.naver.com/didimdolmom

교재 선택부터 맞춤 학습 가이드,
이웃맘과 선배맘들의 경험담과 정보까지
가득한 디딤돌 학부모 대표 커뮤니티

디딤돌 홈페이지

www.didimdol.co.kr

교재 미리 보기와 정답지, 동영상 등
각종 자료들을 만날 수 있는
디딤돌 공식 홈페이지

Instagram

@didimdol_mom

카드 뉴스로 만나는 디딤돌 소식과
손쉽게 참여 가능한 리그램 이벤트가
진행되는 디딤돌 인스타그램

YouTube

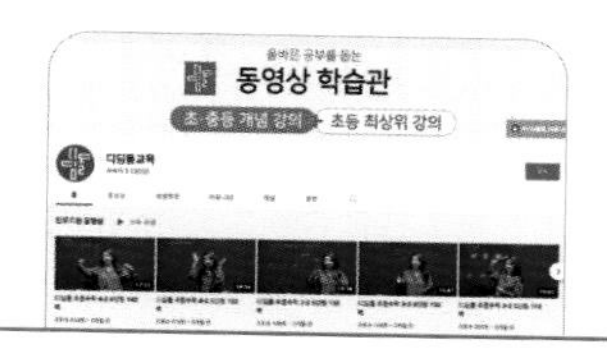

검색창에 디딤돌교육 검색

생생한 개념 설명 영상과
문제 풀이 영상으로 학습에 도움을 주는
디딤돌 유튜브 채널

초등 2·2

상위권의 기준

최상위 수학 S

복습책

초등 2·2

상위권의 기준

최상위 수학 S

복습책

1 네 자리 수

본문 14~29쪽의 유사문제입니다. 한 번 더 풀어 보세요.

S 1

은아의 저금통에는 1000원짜리 지폐 4장, 500원짜리 동전 3개, 100원짜리 동전 23개가 들어 있습니다. 은아의 저금통에 들어 있는 돈은 모두 얼마일까요?

(   )

S 2

●씩 뛰어 센 수를 수직선에 나타냈습니다. ㉠과 ㉡이 나타내는 수를 각각 써 보세요.

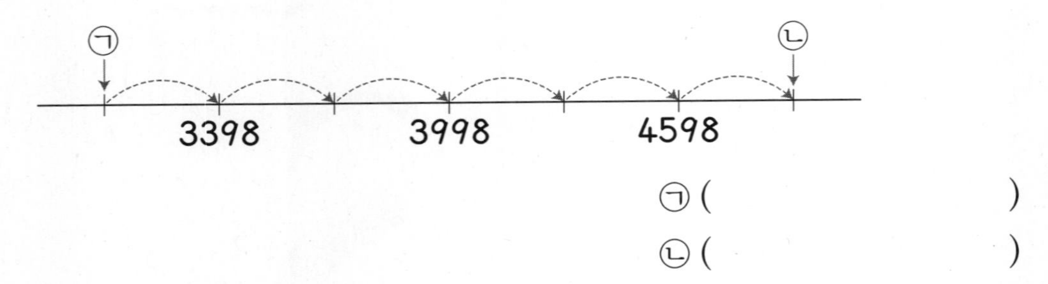

㉠ (   )

㉡ (   )

S 3

0부터 9까지의 수 중에서 ●, ■에 알맞은 수를 각각 구해 보세요.

●657은 ┌ 1000이 5개 ┐
　　　　├ 100이 ■개 ┤ 입니다.
　　　　├ 10이 43개 ┤
　　　　└ 1이 27개 ┘

● (   )

■ (   )

4 어떤 수에서 작아지는 규칙으로 40씩 5번 뛰어 세어야 할 것을 잘못하여 작아지는 규칙으로 400씩 5번 뛰어 세었더니 5837이 되었습니다. 바르게 뛰어 센 수는 얼마일까요?

( )

5 다음 조건을 모두 만족하는 네 자리 수는 몇 개일까요?

- 6000보다 크고 7000보다 작습니다.
- 십의 자리 수는 천의 자리 수보다 3만큼 더 큽니다.
- 일의 자리 수는 천의 자리 수보다 크고 백의 자리 수는 일의 자리 수보다 큽니다.

( )

6 수 카드를 한 번씩만 사용하여 일의 자리 숫자가 0인 네 자리 수를 만들려고 합니다. 만들 수 있는 수 중에서 5400보다 큰 수를 모두 구해 보세요.

7 0 2 5

( )

S 7

0부터 9까지의 수 중에서 ㉠, ㉡에 들어갈 수 있는 두 수의 짝을 (㉠, ㉡)으로 나타낼 때 그 짝은 모두 몇 가지일까요?

5㉠64 > 57㉡8

(　　　　　　　　)

S 8

유미가 가지고 있는 돈은 다음과 같습니다. 2500원짜리 필통 두 개를 살 때 필통 두 개의 가격에 맞게 돈을 낼 수 있는 방법은 모두 몇 가지일까요?

1000원짜리	500원짜리	100원짜리
3장	5개	20개

(　　　　　　　　)

1 네 자리 수

정답과 풀이 76쪽

본문 30~32쪽의 유사문제입니다. 한 번 더 풀어 보세요.

1 김을 묶어 셀 때 100장을 한 톳이라고 합니다. 김 40톳을 한 묶음에 50장씩 묶으면 모두 몇 묶음이 될까요?

( )

서술형 **2** 효경이는 매일 600원씩 모아 4200원짜리 물감을 한 개 사려고 합니다. 효경이는 돈을 며칠 동안 모아야 하는지 풀이 과정을 쓰고 답을 구해 보세요.

풀이

답

3 1000이 5개, 100이 37개, 10이 22개, 1이 5개인 수에서 커지는 규칙으로 100씩 4번 뛰어 센 수는 얼마일까요?

( )

4 □ 안에 0부터 9까지의 수가 들어갈 수 있을 때 큰 수부터 차례로 기호를 써 보세요.

㉠ 40□9　㉡ 3□70　㉢ 450□　㉣ 302□

( )

5 수 카드 중에서 4장을 골라 한 번씩만 사용하여 네 자리 수를 만들려고 합니다. 만들 수 있는 수 중에서 가장 큰 수와 가장 작은 수를 각각 구해 보세요.

7	0	5	2	6	4

가장 큰 수 (　　　　　　　)

가장 작은 수 (　　　　　　　)

6 성우는 1000원짜리 지폐 4장과 500원짜리 동전 3개, 100원짜리 동전 24개를 가지고 있고, 정미는 100원짜리 동전만 가지고 있습니다. 정미가 성우보다 더 많은 돈을 가지고 있다면 정미는 동전을 적어도 몇 개 가지고 있을까요?

(　　　　　　　)

7 7365보다 크고 7505보다 작은 네 자리 수 중에서 일의 자리 숫자가 4인 수는 모두 몇 개일까요?

(　　　　　　　)

8 어느 분식집의 메뉴입니다. 3500원으로 음식을 주문할 수 있는 방법은 모두 몇 가지일까요?(단, 같은 메뉴를 1개보다 많게 주문하지 않으며, 돈을 모두 사용하지 않아도 됩니다.)

김밥	1000원	만두	2000원
떡볶이	2000원	튀김	500원
순대	2500원	우동	3000원

( )

9 다음과 같은 규칙으로 뛰어 셀 때 뛰어 센 수 중에서 6000에 가장 가까운 수를 구해 보세요.

4593 — 4633 — 4673 — 4713 — …

( )

10 3671부터 3904까지의 네 자리 수를 한 번씩 차례로 쓸 때 숫자 5는 모두 몇 번 쓰게 될까요?

( )

2 곱셈구구

본문 40~57쪽의 유사문제입니다. 한 번 더 풀어 보세요.

1 바둑돌이 모두 몇 개인지 구하는 방법으로 옳지 않은 것을 찾아 기호를 써 보세요.

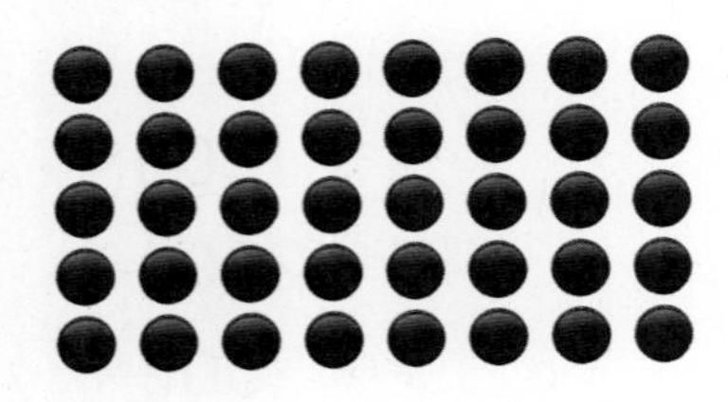

㉠ $8+8+8+8+8$로 구합니다.	㉡ 8×4에 8을 더하여 구합니다.
㉢ 5×8로 구합니다.	㉣ 5×4를 3번 더하여 구합니다.

(　　　　　　　　)

2 1부터 9까지의 수 중에서 □ 안에 공통으로 들어갈 수 있는 수를 모두 구해 보세요.

$5\times\square > 6\times4$　　　　$\square\times8 < 25+26$

(　　　　　　　　)

3 서술형

동우네 농장에서 닭 8마리와 소 9마리를 기르고 있습니다. 이 농장에서 기르는 닭과 소의 다리는 모두 몇 개인지 풀이 과정을 쓰고 답을 구해 보세요.

풀이 ....

답 ....

서술형 4

5장의 수 카드 중에서 2장을 골라 두 수의 곱을 구하려고 합니다. 진수가 구한 곱은 0이고, 유미가 구한 곱은 5입니다. 구할 수 있는 두 수의 곱 중에서 가장 큰 곱을 구해 보세요.

4 7 ? ? ?

( )

서술형 5

운동장에 학생들이 한 줄에 6명씩 8줄로 서 있습니다. 이 학생들이 두 모둠으로 나누어 다시 서려고 합니다. 한 모둠은 한 줄에 5명씩 4줄로 선다면 다른 한 모둠은 한 줄에 4명씩 몇 줄로 서야 할까요?

( )

서술형 6

어떤 수에서 4씩 9번 뛰어 센 수를 구해야 할 것을 잘못하여 7씩 8번 뛰어 센 수를 구했더니 83이 되었습니다. 바르게 구하면 얼마일까요?

( )

7 같은 모양은 같은 수를 나타냅니다. ◆, ●, ▲, ■, ★은 서로 다른 수일 때 ◆+●+▲+■+★의 값을 구해 보세요. (단, ◆, ●, ▲, ★은 한 자리 수이고, ■는 20보다 크고 40보다 작은 수입니다.)

◆×◆=6●　　▲×◆=■　　4×★=■

(　　　　　　)

8 다음 조건을 모두 만족하는 어떤 수는 몇 개일까요?

- 어떤 수는 0보다 크고 10보다 작습니다.
- 어떤 수와 4의 곱은 15보다 큽니다.
- 7과 어떤 수의 곱은 50보다 작습니다.

(　　　　　　)

9 6인용 긴의자와 9인용 긴의자가 모두 15개 있습니다. 15개의 긴의자에 117명이 모두 앉았더니 빈 자리가 없었다면 9인용 긴의자는 몇 개일까요?

(　　　　　　)

2 곱셈구구

정답과 풀이 81쪽

본문 58~60쪽의 유사문제입니다. 한 번 더 풀어 보세요.

1 다음을 보고 ㉠×㉡의 값을 구해 보세요.

$2\times8=$㉠$\times2$　　　　㉡$\times6=6\times4$

(　　　　　　　　)

2 희수가 쌓기나무를 오른쪽과 같이 4층으로 쌓아 상자 모양을 만들었더니 쌓기나무가 7개 남았습니다. 희수가 가지고 있는 쌓기나무는 모두 몇 개일까요? (단, 1층부터 4층까지 쌓은 모양은 같습니다.)

(　　　　　　　　)

3 영우가 가지고 있는 쿠키를 6개씩 9줄로 놓으면 2개가 남습니다. 이 쿠키를 7줄로 모두 놓으려면 한 줄에 몇 개씩 놓아야 할까요?

(　　　　　　　　)

서술형 **4** 주희는 85쪽짜리 수학 문제집을 매일 3쪽씩 일주일 동안 풀었습니다. 남은 것을 매일 같은 쪽수씩 8일 동안 모두 풀려면 하루에 몇 쪽씩 풀어야 하는지 풀이 과정을 쓰고 답을 구해 보세요.

풀이 ....

답 ....

5 6×9의 곱을 여러 가지 방법으로 나타냈습니다. ●, ■, ▲에 알맞은 수를 각각 구해 보세요. (단, 같은 모양은 같은 수를 나타냅니다.)

- $6\times9=6\times$●$+6$
- $6\times9=6\times$■$+6\times$■$+6\times$■
- $6\times9=$▲$+9+9+9+9+9$

●(　　　　　　)

■(　　　　　　)

▲(　　　　　　)

6 은수, 미라, 진주는 과녁맞히기 놀이를 하여 다음과 같이 과녁을 맞혔습니다. 얻은 점수가 가장 높은 사람이 이긴다고 할 때 이긴 사람은 누구일까요?

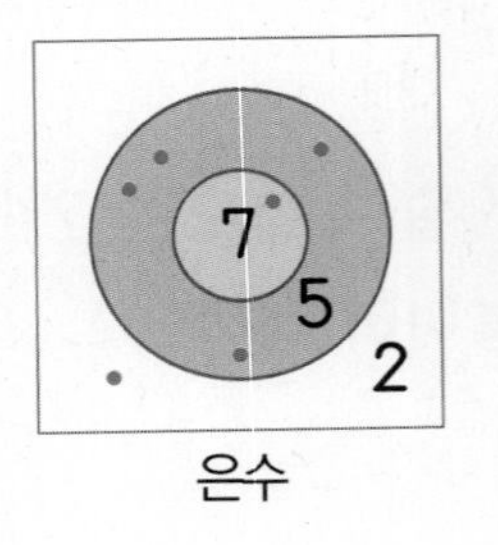

은수

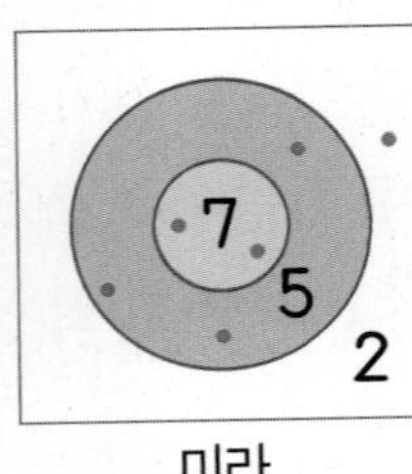

미라

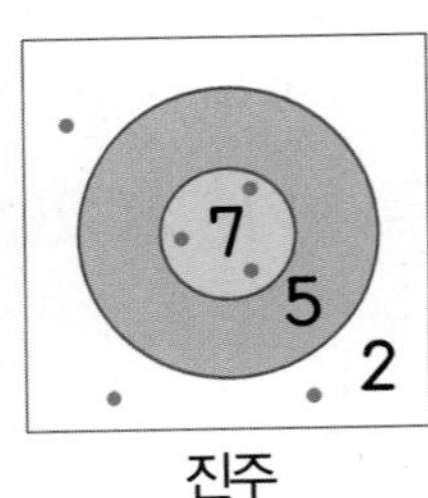

진주

(　　　　　　)

7 규칙에 따라 바둑돌을 늘어놓을 때 일곱째에 놓이는 바둑돌은 몇 개일까요?

…

첫째　둘째　셋째

(　　　　　　)

8 곱셈표의 규칙을 이용하여 ㉠, ㉡에 알맞은 수를 각각 구해 보세요.

×	5	6	7	⋯	12
5	25	30	35		㉠
6	30	36	42		
7	35	42	49		
⋮					
12					㉡

㉠ (　　　　　　)
㉡ (　　　　　　)

9 나영이와 연서는 계단 중간의 같은 칸에 서서 가위바위보를 하여 이기면 7칸을 올라가고, 비기면 제자리에 멈추고, 지면 3칸을 내려가기로 하였습니다. 가위바위보를 10번 하여 나영이는 3번 이기고, 3번 비기고, 4번 졌습니다. 나영이는 연서보다 몇 칸 더 아래에 있을까요? (단, 계단의 수는 60칸보다 많습니다.)

(　　　　　　)

10 올해 진호, 동생, 삼촌의 나이의 합은 45살입니다. 3년 후 삼촌의 나이는 진호와 동생의 나이의 합의 5배가 됩니다. 진호와 동생의 나이의 차가 1살일 때 올해 진호의 나이는 몇 살일까요?

(　　　　　　)

3 길이 재기

본문 68~85쪽의 유사문제입니다. 한 번 더 풀어 보세요.

1 가지고 있는 철사의 길이가 태현이는 448 cm, 수지는 3 m 91 cm, 정아는 452 cm입니다. 가장 긴 철사를 가진 사람과 가장 짧은 철사를 가진 사람은 각각 누구일까요?

가장 긴 철사 (　　　　　　)

가장 짧은 철사 (　　　　　　)

2 우성이의 9걸음은 4 m입니다. 우성이가 걸음으로 20 m를 재어 보려면 몇 걸음을 걸어야 할까요? (단, 우성이의 걸음은 일정합니다.)

(　　　　　　)

3 ㉠에서 ㉡까지의 길이는 몇 m 몇 cm일까요?

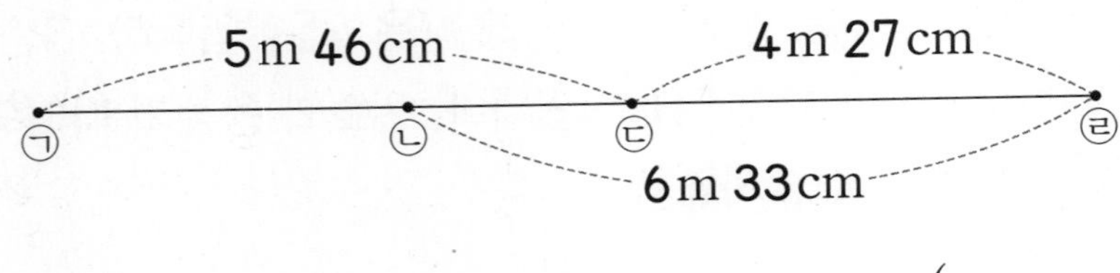

(　　　　　　)

4 서술형

벚나무의 높이는 은행나무의 높이보다 72 cm 더 낮고, 단풍나무의 높이는 은행나무의 높이보다 215 cm 더 낮습니다. 벚나무의 높이가 9 m 16 cm일 때 단풍나무의 높이는 몇 m 몇 cm인지 풀이 과정을 쓰고 답을 구해 보세요.

풀이

답

5

오른쪽과 같이 마주 보는 두 변의 길이가 같고 가로가 32 cm, 세로가 36 cm인 사각형 모양의 종이가 있습니다. 이 종이를 잘라 네 변의 길이가 모두 같고 한 변의 길이가 4 cm인 똑같은 사각형 모양의 카드를 몇 장까지 만들 수 있을까요?

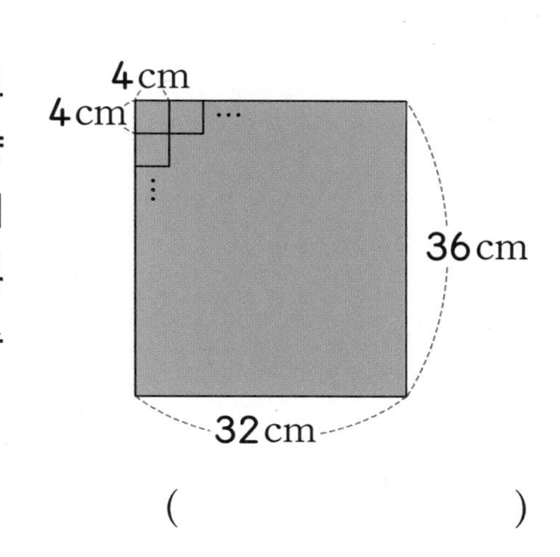

(　　　　　　)

6

길이가 1 m 20 cm인 긴의자 16개를 직선 산책로의 양쪽에 처음부터 끝까지 8 m 간격으로 설치하였습니다. 이 산책로의 전체 길이는 몇 m 몇 cm일까요?

(　　　　　　)

7 길이가 10 m 53 cm인 나무 막대를 세 도막으로 잘랐습니다. 가장 짧은 도막의 길이는 210 cm이고, 나머지 두 도막의 길이의 차가 45 cm일 때 둘째로 긴 도막의 길이는 몇 m 몇 cm일까요?

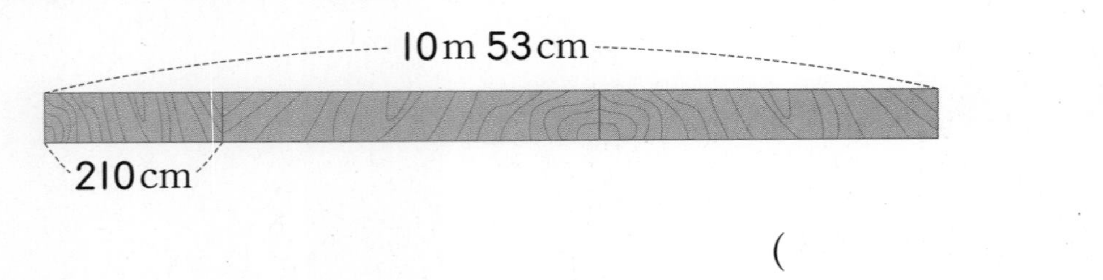

(　　　　　　　　)

8 진주와 수아는 나무 막대의 길이를 발 길이로 재었습니다. 진주는 왼쪽 끝부터 발 길이로 7번을 재고 수아는 오른쪽 끝부터 발 길이로 5번을 재었더니 진주와 수아의 발 끝이 겹치는 부분없이 만났습니다. 막대의 길이는 2 m 73 cm이고 진주와 수아의 발 길이의 합은 45 cm일 때 진주의 발 길이는 몇 cm일까요?

(　　　　　　　　)

9 미성이는 길이가 1 m 34 cm, 1 m 28 cm인 두 개의 리본을 8 cm 겹치게 길게 이어 붙인 후 오른쪽과 같이 상자를 묶으려고 합니다. 매듭으로 사용할 리본의 길이가 29 cm일 때 상자를 묶고 남는 리본의 길이는 몇 cm일까요? (단, 리본은 각 방향으로 한 바퀴씩만 감아 묶습니다.)

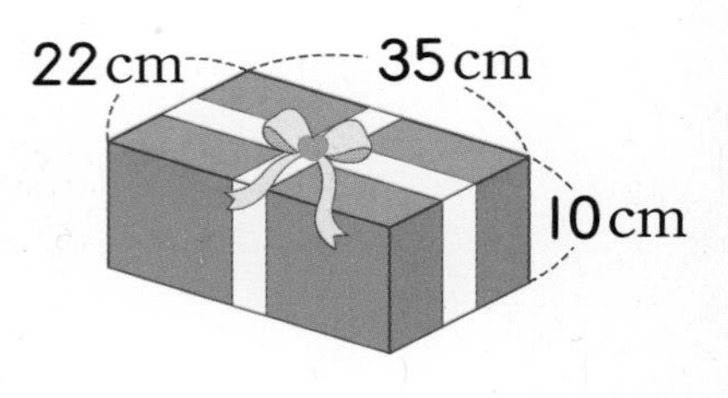

(　　　　　　　　)

3 길이 재기

정답과 풀이 85쪽

본문 86~88쪽의 유사문제입니다. 한 번 더 풀어 보세요.

1 다음은 세 명의 학생이 같은 끈의 길이를 각자의 뼘으로 잰 횟수를 기록한 것입니다. 한 뼘의 길이가 가장 짧은 학생은 누구일까요?

이름	서아	은주	지훈
잰 횟수	30뼘	41뼘	35뼘

( )

2 0부터 9까지의 수 중에서 □ 안에 들어갈 수 있는 수는 모두 몇 개일까요?

6 m 74 cm > 6□2 cm

( )

서술형 **3** 길이가 8 m인 리본을 1 m 63 cm씩 3번 잘라 사용했습니다. 사용하고 남은 리본의 길이는 몇 m 몇 cm인지 풀이 과정을 쓰고 답을 구해 보세요.

풀이

답

4 소방서의 높이를 지유는 7 m 10 cm, 세아는 7 m 88 cm, 재화는 8 m 30 cm로 어림하였습니다. 소방서의 실제 높이가 8 m 12 cm일 때 실제 높이에 가깝게 어림한 사람부터 차례로 이름을 써 보세요.

( )

5 은행에서 병원을 거쳐 우체국까지 가는 거리는 은행에서 우체국으로 바로 가는 거리보다 몇 m 몇 cm 더 멀까요?

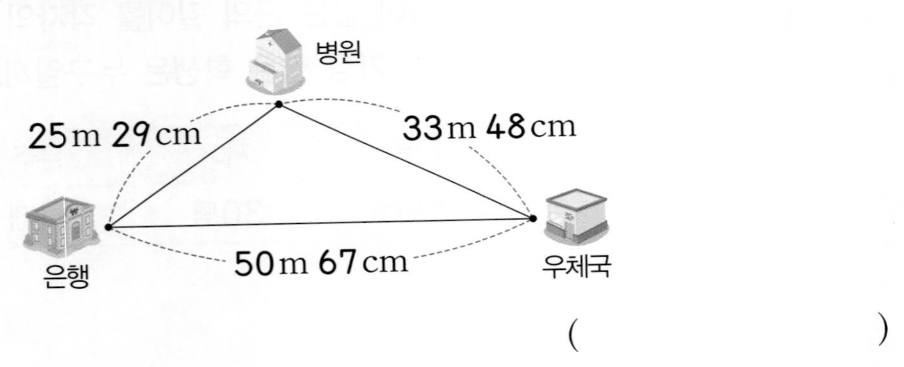

(　　　　　　　　)

6 그림과 같이 길이가 서로 다른 6개의 색 테이프를 2개씩 겹치지 않게 이어 붙여 길이가 같게 만들었습니다. ㉠과 ㉡의 길이의 합은 몇 m 몇 cm일까요?

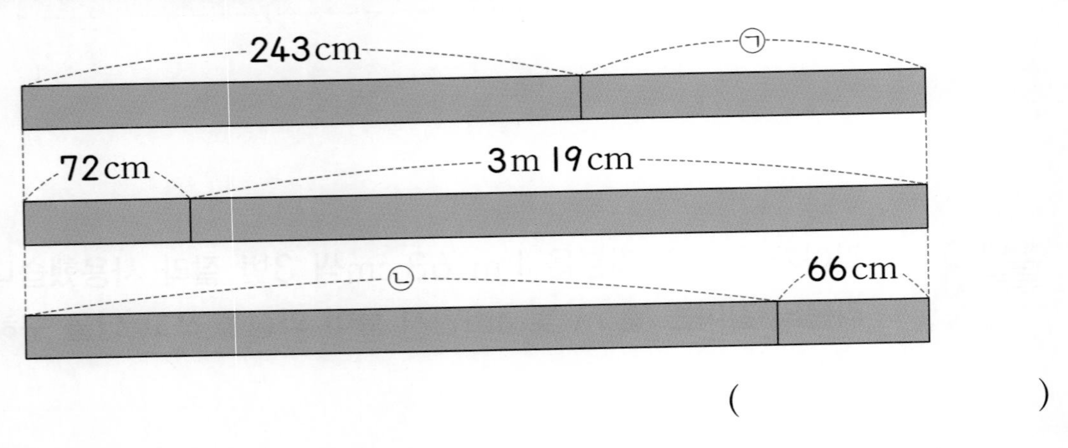

(　　　　　　　　)

7 다음을 읽고 ㉠~㉣ 중에서 가장 긴 것과 가장 짧은 것의 길이의 차를 구해 보세요.

- ㉠은 ㉡보다 26 cm 더 깁니다.
- ㉡은 412 cm보다 1 m 92 cm 더 짧습니다.
- ㉣은 ㉢보다 75 cm 더 길고, ㉠보다 39 cm 더 짧습니다.

(　　　　　　　　)

8 철사를 겹치지 않게 구부려 왼쪽과 같은 삼각형을 만들었다가 다시 펴서 오른쪽과 같이 마주 보는 두 변의 길이가 같은 사각형을 만들었습니다. 만든 사각형의 세로는 몇 cm일까요?

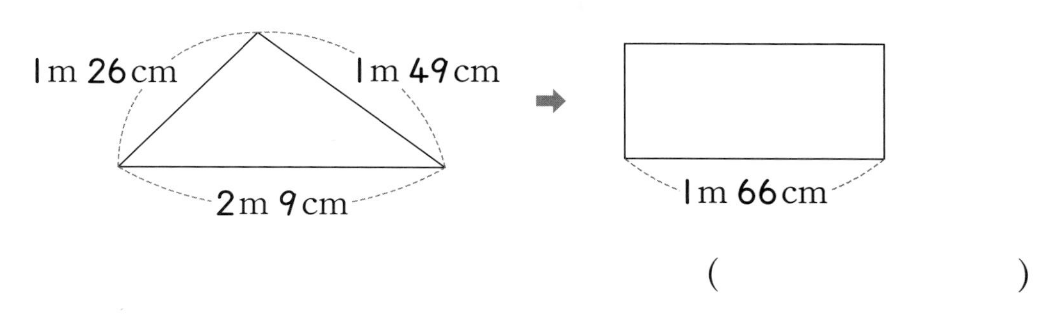

( )

9 길이가 2 m 30 cm인 색 테이프 7장을 그림과 같이 50 cm씩 겹치게 이어 붙였습니다. 이어 붙인 색 테이프의 전체 길이는 몇 m 몇 cm일까요?

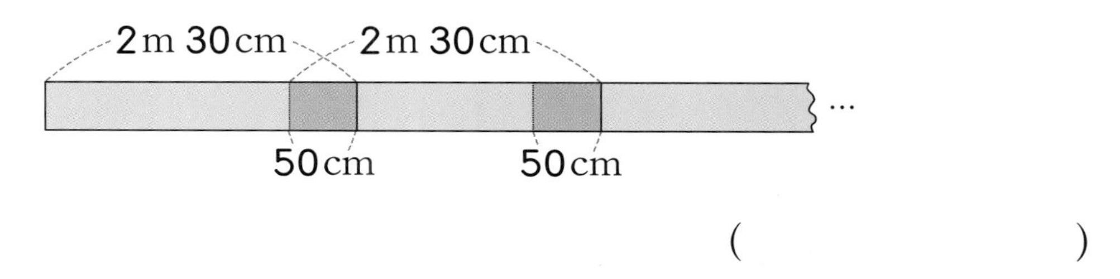

( )

10 길이가 5 m 90 cm인 나무 막대를 다음과 같이 네 도막으로 잘랐습니다. 가장 짧은 도막의 길이는 몇 cm일까요?

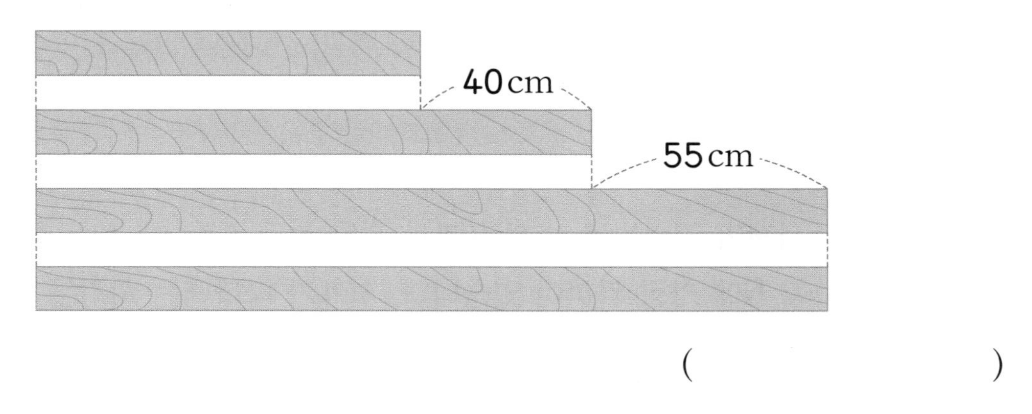

( )

4 시각과 시간

본문 96~111쪽의 유사문제입니다. 한 번 더 풀어 보세요.

S 1

한별, 초아, 수빈, 희정이가 일요일 아침에 아침 식사를 한 시각입니다. 가장 일찍 아침 식사를 한 사람은 누구일까요?

( )

S 2

연수는 오후 2시 40분에 학교에서 나와 23분 동안 걸어서 도서관에 도착하였습니다. 도서관에 도착한 지 58분 만에 책을 읽고 나왔다면, 도서관에서 나온 시각은 오후 몇 시 몇 분일까요?

( )

S 3

시계의 긴바늘은 숫자 8에서 작은 눈금 6칸 더 간 곳을 가리키고, 짧은바늘은 숫자 5에 가장 가까이 있습니다. 시계가 나타내는 시각은 몇 시 몇 분일까요?

( )

S 4

지오네 학교 2학년 친구들은 놀이공원으로 체험학습을 갔습니다. 놀이공원에 오전 10시 4분에 도착하여 오후 2시 30분에 놀이공원에서 나왔습니다. 놀이공원에 있던 시간은 몇 시간 몇 분일까요?

( )

S 5

지완이는 올해 10월 16일에 소비 기한이 70일 후까지인 음료수를 한 상자 샀습니다. 지완이가 소비 기한 안에 음료수를 다 마시려고 할 때 음료수를 몇 월 며칠까지 마시면 될까요?

( )

S 6

어느 해 4월 한 주의 월요일부터 금요일까지의 날짜를 모두 더하였더니 30이 되었습니다. 같은 해 4월의 마지막 날은 무슨 요일일까요?

( )

S 7

도윤이는 오후에 공원에서 줄넘기를 했습니다. 도윤이가 줄넘기를 하기 시작할 때와 끝낼 때 거울에 비친 시계의 모습입니다. 도윤이는 몇 시간 몇 분 동안 줄넘기를 했을까요?

(　　　　　　　　　)

S 8

시계탑의 시계는 얼마 전부터 갑자기 느리게 움직이기 시작했습니다. 시계탑의 시계가 얼마나 느리게 움직이는지 알아보기 위해 7시에 시계를 정확하게 맞춰 놓고 4시간 후에 보았더니 다음과 같았습니다. 시계탑의 시계는 1시간에 몇 분씩 느려질까요?

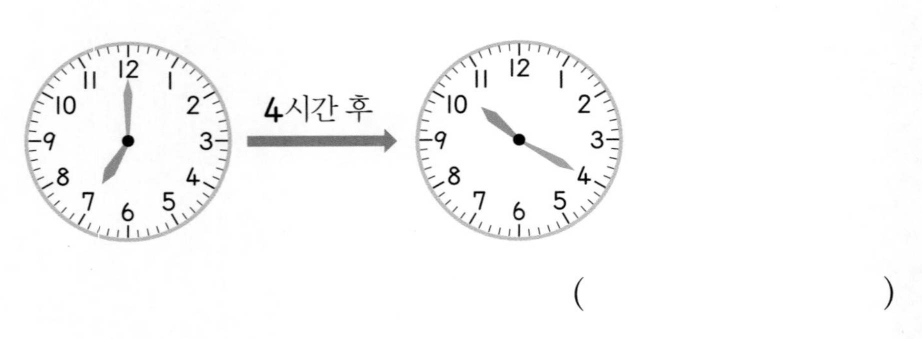

(　　　　　　　　　)

4 시각과 시간

정답과 풀이 88쪽

본문 112~114쪽의 유사문제입니다. 한 번 더 풀어 보세요.

1 시계를 거울에 비추어 보았더니 오른쪽과 같았습니다. 시계가 나타내는 시각에서 80분 후는 몇 시 몇 분일까요?

(　　　　　　　　)

2 의성이는 오후 1시 40분에 운동을 시작하여 75분 동안 줄넘기를 한 후, 15분 동안 쉬고 55분 동안 축구를 하였습니다. 축구를 끝낸 시각은 오후 몇 시 몇 분일까요?

(　　　　　　　　)

서술형 **3** 보미와 현준이가 오후에 숙제를 시작한 시각과 끝낸 시각을 나타낸 것입니다. 숙제를 더 오랫동안 한 사람은 누구인지 풀이 과정을 쓰고 답을 구해 보세요.

	시작한 시각	끝낸 시각
보미	4시 40분	6시 10분
현준	1시 25분	3시 35분

풀이

답

4 어느 해 5월 달력의 일부분입니다. 이 해의 6월 6일 현충일은 무슨 요일일까요?

5월

일	월	화	수	목	금	토
			1	2	3	4
5	6	7	8	9	10	11

(　　　　　　　　)

5 시계의 짧은바늘이 숫자 7과 8 사이에 있고 긴바늘이 숫자 1에서 작은 눈금 4칸 더 간 곳을 가리키고 있습니다. 이 시각에서 긴바늘이 3바퀴 반을 돌았을 때 시계가 나타내는 시각은 몇 시 몇 분일까요?

(　　　　　　　　)

6 하루에 8분씩 빨라지는 시계가 있습니다. 오늘 오전 10시 15분에 이 시계를 정확하게 맞추었습니다. 1주일 후 오전 10시 15분에 이 시계가 가리키는 시각은 오전 몇 시 몇 분일까요?

(　　　　　　　　)

7 서현이네 가족은 고속버스를 타고 부산 고모 댁에 가려고 합니다. 서울 터미널에서 부산행 고속버스는 첫차가 오전 7시 40분에 출발하고, 40분 간격으로 운행된다면, 서현이네 가족이 서울 터미널에서 오전 중에 탈 수 있는 부산행 고속버스는 모두 몇 대일까요?

(　　　　　　　　)

8 의주의 시계는 한 시간에 4분씩 빨라지고, 종우의 시계는 한 시간에 5분씩 느려집니다. 어제 오후 11시에 두 시계를 정확하게 맞추었다면 오늘 오전 7시에 두 시계가 가리키고 있는 시각의 차이는 몇 시간 몇 분일까요?

( )

9 어느 해 12월의 달력에서 오른쪽 그림과 같이 날짜가 쓰여진 칸의 일부분을 잘랐습니다. 이 날짜 중에서 가장 작은 수가 5일 때 빈칸에 알맞은 수 중에서 가장 큰 수는 얼마일까요?

5				

( )

서술형 **10** 어느 해 10월 첫째 주의 날짜를 모두 더하였더니 10이 되었습니다. 이 해 10월의 마지막 날은 무슨 요일인지 풀이 과정을 쓰고 답을 구해 보세요. (단, 한 주의 마지막 날은 토요일입니다.)

풀이

답

본문 122~137쪽의 유사문제입니다. 한 번 더 풀어 보세요.

1 세윤이네 반 학생들이 좋아하는 음식을 조사하여 그래프로 나타냈습니다. 세윤이네 반 전체 학생 수와 가장 많은 학생들이 좋아하는 음식의 학생 수의 차는 몇 명일까요?

좋아하는 음식별 학생 수

6			○		
5			○	○	
4	○		○	○	
3	○	○	○	○	
2	○	○	○	○	
1	○	○	○	○	○
학생 수(명) / 음식	자장면	피자	치킨	김밥	떡볶이

(　　　　　　　　)

2 민정이네 반의 모둠별 학생 수를 조사하여 그래프로 나타냈습니다. 여학생 수와 남학생 수의 차가 4명인 모둠의 학생은 모두 몇 명일까요?

모둠별 학생 수

6						●	○	
5				●		●	○	
4	○			●		●	○	
3	○		○	●		●	○	●
2	○	●	○	●	○	●	○	●
1	○	●	○	●	○	●	○	●
학생 수(명) / 모둠	개나리		진달래		목련		튤립	

○ 여학생
● 남학생

(　　　　　　　　)

3 서술형

홍빈이네 반 학생들이 좋아하는 색깔을 조사하여 표로 나타냈습니다. 파란색을 좋아하는 학생 수가 빨간색을 좋아하는 학생 수보다 4명 더 많을 때 가장 적은 학생들이 좋아하는 색깔은 무엇인지 풀이 과정을 쓰고 답을 구해 보세요.

좋아하는 색깔별 학생 수

색깔	빨간색	노란색	초록색	파란색	합계
학생 수(명)	8		3		28

풀이

답

4

효진이네 반 학생들의 혈액형을 조사하여 표와 그래프로 나타냈습니다. 혈액형이 O형인 학생 수는 A형인 학생 수보다 3명 더 적을 때 표와 그래프를 각각 완성해 보세요.

혈액형별 학생 수

혈액형	A형	B형	O형	AB형	합계
학생 수(명)		5			18

혈액형별 학생 수

6				
5	○			
4	○			
3	○			
2	○			
1	○			
학생 수(명) / 혈액형	A형	B형	O형	AB형

5 승아네 반 학생 24명이 가고 싶은 산을 조사하여 그래프로 나타냈습니다. 백두산에 가고 싶은 학생 수가 북한산에 가고 싶은 학생 수의 2배일 때 지리산에 가고 싶은 학생은 몇 명일까요?

가고 싶은 산별 학생 수

6	○				
5	○				
4	○		○		
3	○		○		○
2	○		○		○
1	○		○		○
학생 수(명) / 산	한라산	지리산	설악산	백두산	북한산

( )

6 지수네 학교 2학년 1반과 2반 학생들의 취미를 조사하여 각각 그래프로 나타냈습니다. 1반의 학생 수가 2반의 학생 수보다 2명 더 많다면 2반에서 취미가 운동인 학생은 몇 명일까요?

1반의 취미별 학생 수

6				○
5			○	○
4	○		○	○
3	○		○	○
2	○	○	○	○
1	○	○	○	○
학생 수(명) / 취미	독서	바둑	운동	게임

2반의 취미별 학생 수

6				
5	○			○
4	○			○
3	○	○		○
2	○	○		○
1	○	○		○
학생 수(명) / 취미	독서	바둑	운동	게임

( )

7 학생들이 접은 종이학 수를 조사하여 그래프로 나타냈습니다. 병수와 선영이가 접은 종이학이 15개일 때 학생들이 접은 종이학은 모두 몇 개일까요?

학생별 접은 종이학 수

			○	
		○	○	
		○	○	○
	○	○	○	○
	○	○	○	○
수(개) / 이름	병수	창민	미라	선영

( )

8 하정이네 학교 2학년 학생들이 좋아하는 과일을 조사하여 그래프로 나타내려고 합니다. 조건에 맞게 그래프를 완성해 보세요.

- 딸기를 좋아하는 학생 수는 사과를 좋아하는 학생 수보다 9명 더 많습니다.
- 포도를 좋아하는 학생은 15명입니다.
- 하정이네 학교 2학년 학생은 모두 54명입니다.

좋아하는 과일별 학생 수

학생 수(명) / 과일						
사과	○	○	○			
딸기	○	○	○	○	○	○
포도						
귤						

5 표와 그래프

본문 138~141쪽의 유사문제입니다. 한 번 더 풀어 보세요.

1 **승민이네 반 시간표를 보고 표로 나타내고, 수업 시간이 가장 많은 과목과 셋째로 많은 과목의 수업 시간의 차는 몇 교시인지 구해 보세요.**

시간표

요일	월	화	수	목	금
1교시	국어	국어	통합	수학	국어
2교시	국어	수학	통합	수학	통합
3교시	수학	통합	국어	통합	통합
4교시	수학	창체	국어	통합	창체
5교시	통합	창체		국어	

과목별 시간

과목	통합	국어	수학	창체	합계
시간(교시)					

( )

2 **재윤이네 반 학생들이 좋아하는 동물을 조사하여 표와 그래프로 나타냈습니다. 표와 그래프를 각각 완성해 보세요.**

좋아하는 동물별 학생 수

동물	강아지	고양이	햄스터	토끼	합계
학생 수(명)		6		4	22

좋아하는 동물별 학생 수

10	○			
8	○			
6	○			
4	○			
2	○			
학생 수(명) / 동물	강아지	고양이	햄스터	토끼

[3~4] 지우네 학교 2학년 1반과 2반 학생들이 읽고 싶은 책을 조사하여 그래프로 나타냈습니다. 물음에 답하세요.

1반의 읽고 싶은 책별 학생 수

6			○	
5			○	○
4			○	○
3		○	○	○
2	○	○	○	○
1	○	○	○	○
학생 수(명) / 책	위인전	동화책	만화책	과학책

2반의 읽고 싶은 책별 학생 수

6		○		○
5		○		○
4		○	○	○
3	○	○	○	○
2	○	○	○	○
1	○	○	○	○
학생 수(명) / 책	위인전	동화책	만화책	과학책

3 1반과 2반에서 가장 많은 학생들이 읽고 싶은 책부터 차례로 써 보세요.

( )

서술형 **4** 1반과 2반 중 어느 반의 학생 수가 몇 명 더 많은지 풀이 과정을 쓰고 답을 구해 보세요.

풀이

답 ,

5 시우와 미호네 반 학생 48명이 좋아하는 운동을 조사하여 그래프로 나타내려고 합니다. 야구를 좋아하는 학생은 21명, 축구를 좋아하는 학생은 15명이고 배구를 좋아하는 학생 수는 축구를 좋아하는 학생 수보다 12명 더 적을 때 그래프를 완성해 보세요.

좋아하는 운동별 학생 수

학생 수(명) / 운동	야구	축구	배구	농구
21				
18				
15				
12				
9				
6				
3				

6 은석이네 학교 2학년 학생 62명이 좋아하는 계절을 조사하여 표로 나타냈습니다. 가을을 좋아하는 남학생은 가을을 좋아하는 여학생보다 몇 명 더 많을까요?

좋아하는 계절별 학생 수

계절	봄	여름	가을	겨울	합계
남학생 수(명)	8	10		7	34
여학생 수(명)	6	12		5	

( )

7

은수네 반 학생 25명이 배우고 싶은 악기를 조사하여 나타낸 그래프의 일부분이 찢어졌습니다. 리코더를 배우고 싶은 학생 수가 우쿨렐레를 배우고 싶은 학생 수보다 3명 더 적을 때 우쿨렐레를 배우고 싶은 학생은 몇 명일까요? (단, 조사한 악기의 종류는 4가지입니다.)

배우고 싶은 악기별 학생 수

8				
7	○			
6	○			
5	○	○		
4	○	○		
3	○	○		
2	○	○		
1	○	○		
학생 수(명) / 악기	바이올린	피아노	리코더	우쿨렐레

( )

8

창석이네 학교 2학년 학생들이 가고 싶은 나라를 조사하여 그래프로 나타냈습니다. 프랑스에 가고 싶은 학생 수와 일본에 가고 싶은 학생 수의 차가 8명일 때 창석이네 학교 2학년 학생은 모두 몇 명일까요?

가고 싶은 나라별 학생 수

		○		
		○		○
	○	○		○
	○	○	○	○
	○	○	○	○
학생 수(명) / 나라	중국	미국	프랑스	일본

( )

6 규칙 찾기

본문 152~165쪽의 유사문제입니다. 한 번 더 풀어 보세요.

S 1

규칙을 찾아 빈칸에 알맞은 모양을 그려 넣으세요.

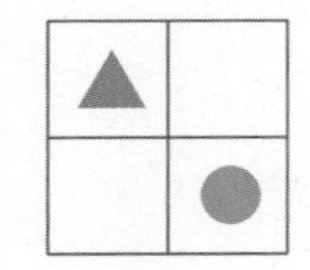
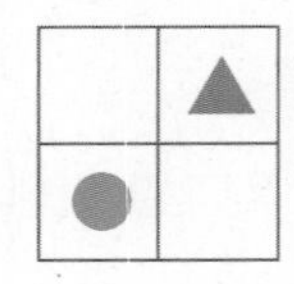
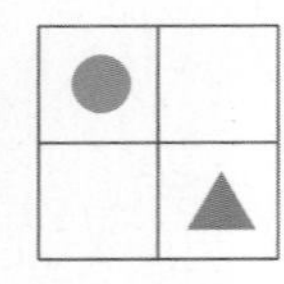
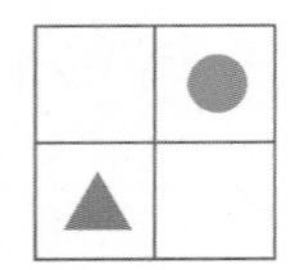
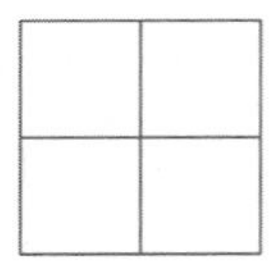
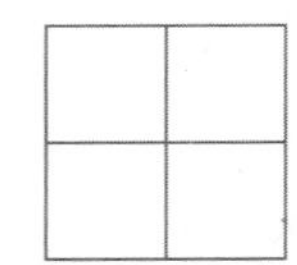

S 2

규칙에 따라 쌓기나무를 쌓았습니다. 6층으로 쌓으려면 쌓기나무는 모두 몇 개 필요할까요?

(　　　　　　　　)

3

곱셈표에서 빨간색 점선을 따라 접었을 때 ㉮, ㉯와 각각 만나는 두 수의 차는 얼마인지 풀이 과정을 쓰고 답을 구해 보세요.

×	6	7	8	9
6			㉮	
7				
8				
9		㉯		

풀이

답

4

일정한 규칙으로 만든 덧셈표의 일부분입니다. ★에 알맞은 수를 구해 보세요.

35	38			
28	31	34		★
21				

( )

5 규칙을 찾아 마지막 시계에 알맞은 시각은 몇 시 몇 분인지 구해 보세요.

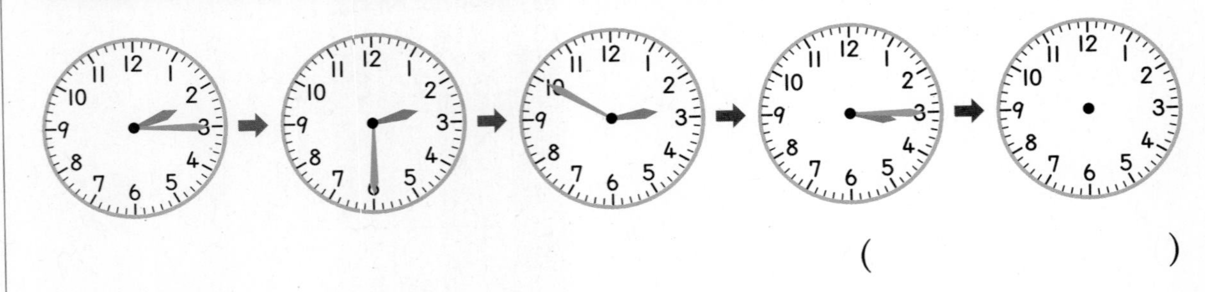

( )

6 어느 해 9월의 달력입니다. 같은 해 10월의 마지막 토요일은 며칠일까요?

9월

일	월	화	수	목	금	토
			1	2	3	4
5	6	7	8	9	10	11
12	13	14	15	16	17	18
19	20	21	22	23	24	25
26	27	28	29	30		

( )

7 규칙에 따라 수를 늘어놓은 것입니다. 수를 19개까지 늘어놓았을 때 늘어놓은 수들의 합을 구해 보세요.

1, 8, 3, 9, 1, 8, 3, 9, 1, 8, 3, ...

( )

6 규칙 찾기

정답과 풀이 95쪽

본문 166~168쪽의 유사문제입니다. 한 번 더 풀어 보세요.

1 **곱셈표의 빈칸에 알맞은 수를 써넣으세요.**

×	6	7		
4			32	36
5				45
		42		
				63

서술형 **2** **어느 전시관에서 영상 상영을 시작하는 시각을 나타낸 표입니다. 시작하는 시각의 규칙을 찾아 14시부터 17시까지 영상 상영을 시작하는 시각을 모두 구하려고 합니다. 풀이 과정을 쓰고 답을 구해 보세요.**

영상 상영 시작 시각

10:00	11:10	12:20
13:30	…	

풀이

답

3 보기 와 같은 규칙에 따라 □ 안에 알맞은 수를 써넣으세요.

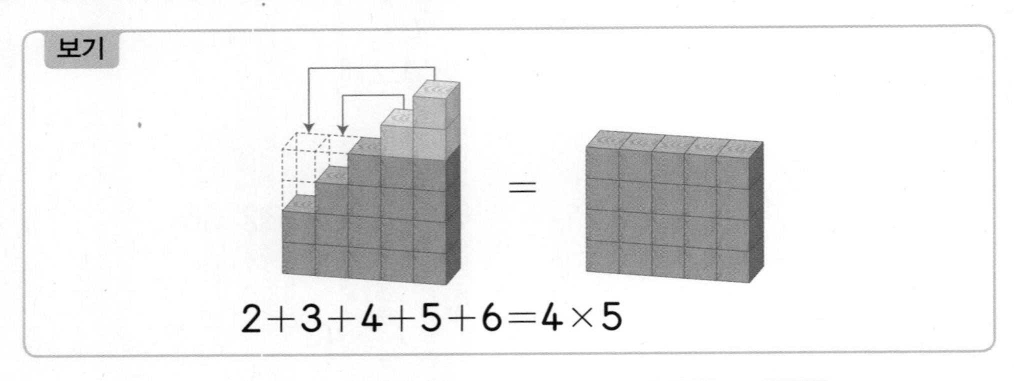

$$5+6+7+8+9+10+11=\square\times\square$$

4 규칙에 따라 도형을 그리고 색칠한 것입니다. 빈칸에 알맞게 도형을 그리고 색칠해 보세요.

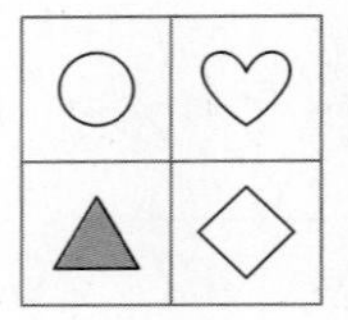
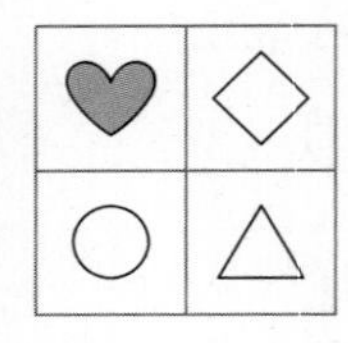
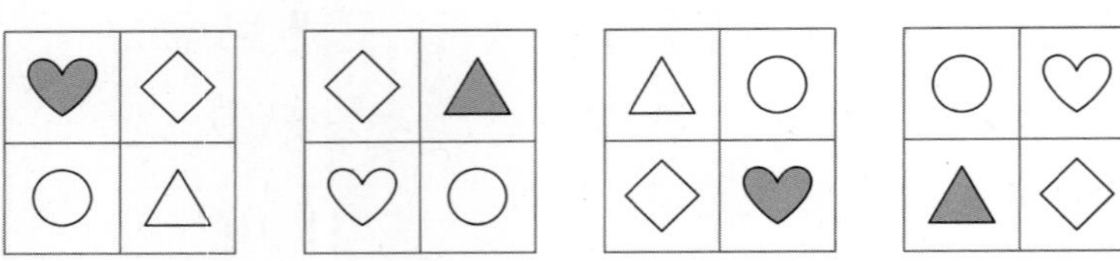
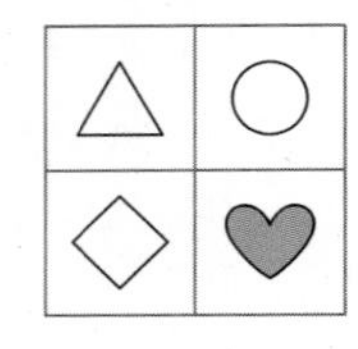
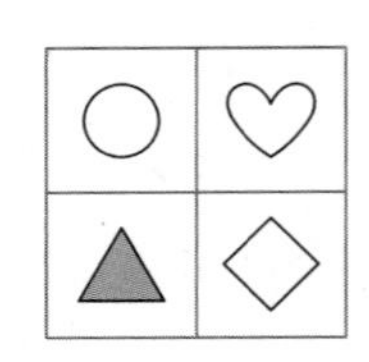
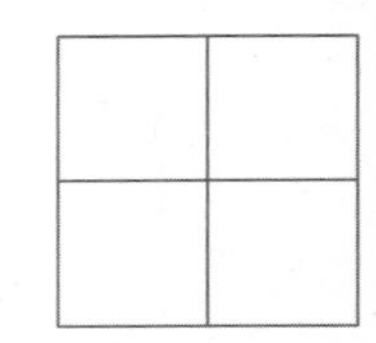

5 오른쪽 그림과 같은 규칙에 따라 쌓기나무를 쌓으려고 합니다. 사용한 쌓기나무가 70개라면 몇 층까지 쌓은 것일까요? (단, 뒤쪽에 가려진 쌓기나무는 없습니다.)

(　　　　　　　　)

6 원 모양에 적힌 수를 보고 다음과 같이 규칙에 따라 수를 적었습니다. 빈칸에 알맞은 수를 써넣으세요.

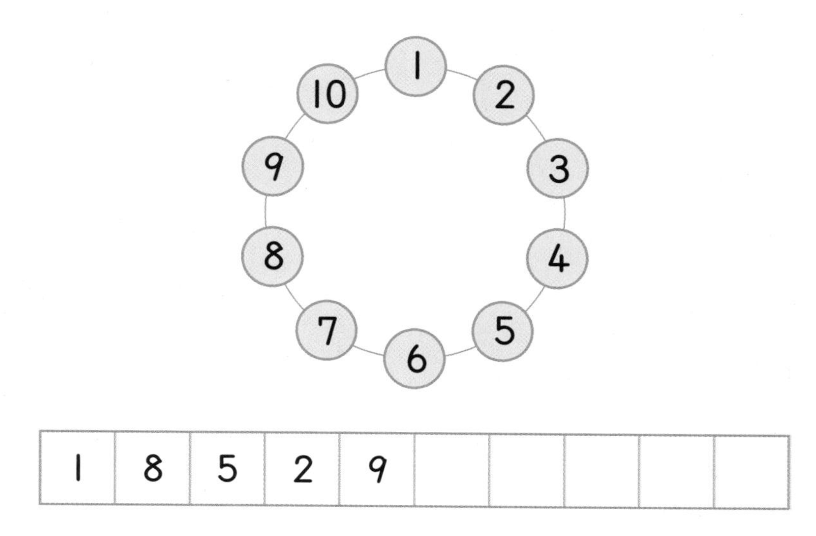

1	8	5	2	9					

7 규칙에 따라 연결 모형으로 만든 모양입니다. 연결 모형 27개를 사용하여 만든 모양은 몇째일까요?

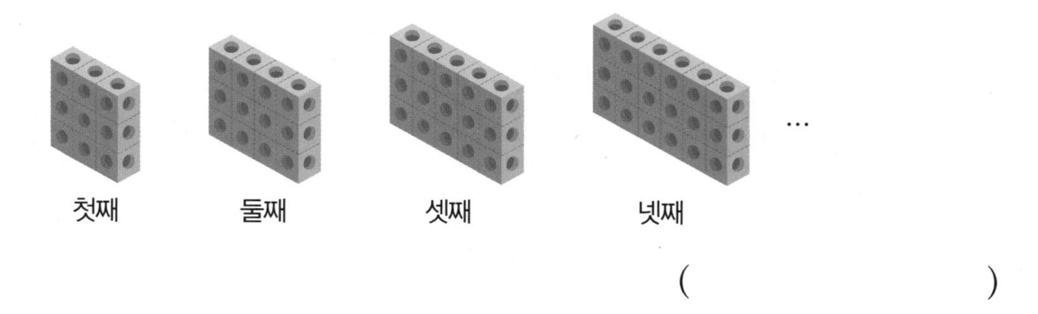

( )

초등 2·2

상위권의 기준

최상위 수학 S

정답과 풀이

SPEED 정답 체크

1 네 자리 수

BASIC CONCEPT 8~13쪽

1 천, 몇천

1 (1) 7 (2) 50
2 (위에서부터) 200, 700
3 8000장
4 4개
5 ㉡

2 네 자리 수, 자릿값

1 (1) 3528 (2) 6403
2 1000배
3 ㉡
4 2047

3 뛰어 세기, 두 수의 크기 비교하기

1 (1) 3581, 3681 (2) 6739, 6742
2 1492개
3 (수직선: 5400, 5500, 5600, 5700, 5800, 5900, 6000, 6100 / ㉢, ㉠, ㉡) / ㉡, ㉠, ㉢
4 6개

최상위 S 14~29쪽

1 1000 / 3000, 2000 / 3000, 2000 / 5000

1-1 7000원 1-2 20개 1-3 6000원
1-4 4000원

2 3929, 100 / 100, 50, 50 / 50

2-1 50 2-2 40 2-3 5235, 6435
2-4 5809, 6559, 6859

3 7245 / 7245, 300 / 300, 3, 3

3-1 4 3-2 5 3-3 6, 3 3-4 4, 7, 9

4 4 / 4, 6782, 6772, 6762, 6752 / 6752

4-1 5214 4-2 2952 4-3 8215
4-4 6510

5 4 / 6 / 4, 6, 10 / 10, 5, 5, 5 / 4655

5-1 7710 5-2 3개 5-3 6개

6 5308, 5380, 5803, 5830, 6 / 8035, 8053, 8305, 8350, 8503, 8530, 6 / 6, 6, 12

6-1 12개 6-2 9251 6-3 3706
6-4 4801, 8104, 8401

7 4, 6, 7 / 3, 4, 5, 6 / 7, 6, 6 / 6, 7, 8, 9 / 6

7-1 3개 7-2 10가지 7-3 38가지

8 (위에서부터) 2, 5, 10, 10 / 5

8-1 4가지 8-2 6가지 8-3 9가지

MATH MASTER 30~32쪽

1 40봉지 2 8일 3 7218
4 ㉠, ㉣, ㉡, ㉢ 5 9763, 1036
6 87개 7 13개 8 11가지
9 5020 10 42번

2 곱셈구구

BASIC CONCEPT 34~39쪽

1 2, 5, 3, 6단 곱셈구구

1 (1) < (2) = 2 (1) 예 2, 6 (2) 예 3, 5
3 35장 4 7, 21 5 18권

2 4, 8, 7, 9단 곱셈구구

1 ㉡ 2 64개 3 9, 9, 27 / 9, 27
4 63

3 1단 곱셈구구, 0의 곱, 곱셈표

1 ㉢ 2 3개 3 24

최상위 S 40~57쪽

1 4, 4, 28 / 28 / 7, 7, 7, 28 / 2, 4, 28 / ㉣

1-1 ㉢ 1-2 ㉡ 1-3 ㉣

2 48, 48 / 6, 7, 8, 9 / 6, 7, 8, 9

2-1 7, 8, 9 2-2 1, 2, 3, 4 2-3 7, 8

2-4 5개

3 6, 6, 30 / 3, 3, 12 / 30, 12, 42

3-1 72개 3-2 34개 3-3 60점

3-4 40개

4 5, 1, 5 / 0, 0, 5, 0 / 5, 15

4-1 42, 4 4-2 18 4-3 56 4-4 6

5 4, 36 / 3, 6 / 6, 36, 6 / 6

5-1 8모둠 5-2 3개 5-3 4일 5-4 4줄

6 8, 48 / 6 / 6, 30

6-1 56 6-2 34 6-3 8 6-4 66

7 3, 6, 6, 6 / 6, 8, 6, 8 / 18, 9, 18, 9 / 6, 8, 9, 23

7-1 1, 3 7-2 15 7-3 21 7-4 56

8 1, 2, 3, 4, 5, 6, 7, 8 / 8, 9 / 8, 8

8-1 7 8-2 64 8-3 3개

9 7, 3 / 28, 3, 6, 28, 6, 34 / 6, 4 / 24, 4, 8, 24, 8, 32 / 6, 4, 6, 4, 2

9-1 5마리 9-2 2대 9-3 5개 9-4 3개

MATH MASTER 58~60쪽

1 40 2 34개 3 7개 4 6쪽
5 7, 4, 8 6 경화 7 45개 8 77, 121
9 7칸 10 3살

3 길이 재기

BASIC CONCEPT 62~67쪽

1 1 m 알아보기, 자로 길이 재기

1 10 2 64 cm 3 ㉠, ㉣
4 162 cm 5 동욱

2 길이의 합, 길이의 차

1 (1) 5, 92 (2) 2, 32 2 5 m 84 cm
3 1 m 86 cm 4 3 m 65 cm

3 길이 어림하기

1 은정, 17 cm 2 ㉢, ㉠, ㉡
3 20번

최상위 S 68~85쪽

1 700, 734 / 734, 816, 940 / 우체국, 소방서, 학교

1-1 설아, 지민, 효경 1-2 병원 1-3 은미

1-4 2회

2 50, 200, 6, 6, 2 / 3

2-1 7번 2-2 3번 2-3 28걸음 2-4 7번

3 ㉣, ㉢, 89, 144, 3, 94 / 3, 94

3-1 4 m 99 cm 3-2 1 m 5 cm

3-3 2 m 39 cm

4 1, 1, 78 / 78, 33 / 33, 1, 58

4-1 1 m 73 cm 4-2 1 m 49 cm

4-3 7 m 12 cm 4-4 4 m 70 cm

5 120, 120, 30 / 5, 30, 5, 5 / 5, 5, 25

5-1 81장 5-2 16장 5-3 63장

6 7 / 720, 7, 20 / 210, 2, 10 /
7, 20, 2, 10, 9, 30

6-1 63 m 6-2 14 m 16 cm 6-3 현우
6-4 61 m 50 cm

7 40, 120, 20 / 1, 10, 1, 10, 1, 10, 110, 70

7-1 45 cm, 35 cm
7-2 2 m 10 cm, 1 m 50 cm 7-3 2 m 85 cm

8 105 / 5, 60 / 60, 105, 60, 45 /
45, 15, 15, 15, 15

8-1 10 cm 8-2 17 cm 8-3 22 cm
8-4 56 cm

9 60 / 2, 70 / 4, 160 / 45, 60, 70, 160,
45, 335, 3, 35

9-1 6 m 54 cm 9-2 1 m 90 cm
9-3 69 cm 9-4 50 cm

MATH MASTER 86~88쪽

1 민규 2 6개
3 1 m 4 cm 4 현지, 동우, 정우
5 16 m 5 cm 6 2 m 8 cm
7 67 cm 8 85 cm
9 7 m 40 cm 10 60 cm

4 시각과 시간

BASIC CONCEPT 90~95쪽

1 시각 읽기, 1시간 알기

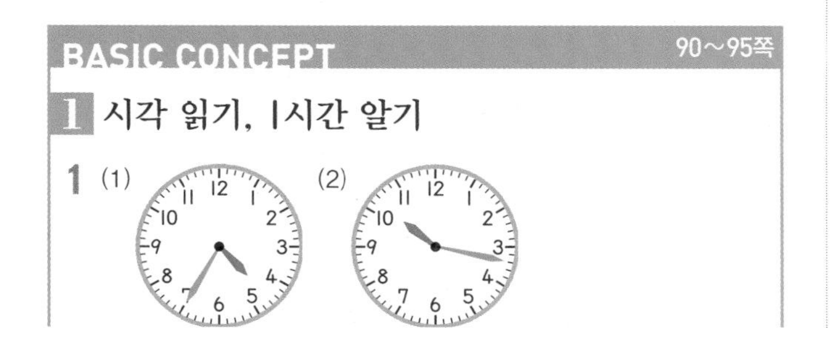

2 9시 21분 3 6, 55 / 7, 5 4 민서
5 (1) 180 (2) 1, 25 (3) 108 (4) 2, 10 6 지원
7 50분 8 4시간 20분

2 하루의 시간, 달력 알기

1 (1) 56 (2) 1, 19
2 10시간 3 오전에 ○표, 오후에 ○표, 오후에 ○표
4 (1) 11 (2) 3, 6 5 토요일
6 2일, 9일, 16일, 23일, 30일 7 화요일
8 (1) 29 (2) 3, 7 9 92일

최상위 S 96~111쪽

1 8, 43, 9, 2, 8, 28 / 9, 2 / 8, 28 / 민서

1-1 세호 1-2 동생 1-3 서준, 효연, 은성

2 2, 25 / 25, 25, 3, 3, 12 / 12

2-1 오전 10시 25분 2-2 오후 3시
2-3 오후 1시 50분 2-4 오후 2시 50분

3 2, 7 / 7, 8, 9, 8 / 8, 7

3-1 4시 41분 3-2 1시 53분 3-3 7시 13분
3-4 9시 21분

4 4, 12 / 7, 35 / 3, 23 / 3, 23

4-1 1시간 35분 4-2 1시간 41분
4-3 5시간 59분

5 30, 30, 31, 8, 8 / 8, 8

5-1 8월 29일 5-2 6월 2일 5-3 11월 21일
5-4 2025년 2월 4일

6 7, 30 / 30, 30, 23, 23, 16, 16, 9 / 9, 금, 금

6-1 목요일 6-2 금요일 6-3 화요일
6-4 화요일

7   / 52, 37
/ 52, 8, 37
/ 37, 45

7-1 3시간 4분 7-2 2시간 28분

7-3 3시간 10분

8 3, 5, 9, 9 / 9, 9, 3, 3, 3, 3

8-1 7시 16분 8-2 2분 8-3 3분 8-4 5분

MATH MASTER 112~114쪽

1 2시 15분 2 오후 5시 30분 3 배준

4 금요일 5 8시 18분 6 오전 9시 57분

7 4대 8 45분 9 31 10 화요일

5 표와 그래프

BASIC CONCEPT 116~121쪽

1 표로 나타내기

1 태권도 2 3, 4, 5, 2, 2, 16

3 3, 4, 3, 2, 5, 3, 20 4 5명

2 그래프로 나타내기

1 ㉣, ㉢, ㉠, ㉡

2 좋아하는 간식별 학생 수

6		○			
5		○		○	
4		○	○	○	
3	○	○	○	○	
2	○	○	○	○	○
1	○	○	○	○	○
학생 수(명) / 간식	김밥	떡볶이	피자	햄버거	라면

3 4, 6, 18 / 좋아하는 꽃별 학생 수

6			○	
5			○	○
4	○		○	○
3	○	○	○	○
2	○	○	○	○
1	○	○	○	○
학생 수(명) / 꽃	장미	백합	튤립	해바라기

3 표와 그래프

1 (1) 그래프 (2) 표 2 6월에 ○ 9개 표시

3 4월 4 6월 5 3일

최상위 S 122~137쪽

1 강아지, 햄스터 / 강아지, 5 / 햄스터, 1 / 5, 1, 4

1-1 8명 1-2 14명

2 1, 0, 4, 3 / 3, 5, 1 / 5, 1, 6

2-1 재호, 규빈, 영주, 다은 2-2 7개

3 4, 7, 4, 11 / 11, 7, 8

3-1 5명 3-2 만화 3-3 20명

4 4, 4 / 4, 6 /

6, 4 / 좋아하는 과일별 학생 수

6		○		
5	○	○		
4	○	○		○
3	○	○	○	○
2	○	○	○	○
1	○	○	○	○
학생 수(명) / 과일	사과	귤	바나나	포도

4-1 6, 5 / 장래 희망별 학생 수

7				○
6	○			○
5	○		○	○
4	○	○	○	○
3	○	○	○	○
2	○	○	○	○
1	○	○	○	○
학생 수(명) / 장래 희망	선생님	의사	운동선수	가수

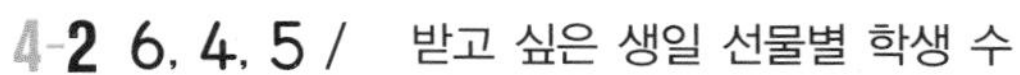

4-2 6, 4, 5 / 받고 싶은 생일 선물별 학생 수

6		○		
5		○		○
4	○	○	○	○
3	○	○	○	○
2	○	○	○	○
1	○	○	○	○
학생 수(명) / 선물	인형	장난감	자전거	휴대폰

5 2 / 2, 4 / 6, 2, 5, 4, 17

5-1 17장 **5-2** 6명

6 2, 4, 5, 3, 14 / 14, 12 / 12, 4, 2, 3, 3

6-1 5개 **6-2** 4명

7 9 / 9 / 2 / 2, 8

7-1 12개 **7-2** 26시간

8 4 / 4, 8, 12, 16 / 4 / 12, 16, 12, 3

반별 학생 수

16	○		○	
12	○	○	○	○
8	○	○	○	○
4	○	○	○	○
학생 수(명) / 반	1반	2반	3반	4반

8-1 좋아하는 간식별 학생 수

12				
9	○		○	
6	○	○	○	
3	○	○	○	○
학생 수(명) / 간식	떡볶이	김밥	햄버거	라면

8-2 좋아하는 운동 경기별 학생 수

학생 수(명) / 운동 경기	2	4	6	8	10	12	14	16
야구	○	○	○	○	○	○	○	
농구	○	○	○	○	○			
배구	○	○	○	○	○	○		
축구	○	○	○	○	○	○	○	○

MATH MASTER 138~141쪽

1 10, 6, 4, 2, 22 / 8교시

2 8, 10 / 채집하고 싶은 곤충별 학생 수

10			○	
8	○		○	
6	○		○	
4	○	○	○	
2	○	○	○	○
학생 수(명) / 곤충	나비	잠자리	사슴벌레	매미

3 범퍼카, 바이킹, 탐험보트, 회전목마 **4** 2반, 1명

5 좋아하는 채소별 학생 수

12	○			
10	○		○	
8	○		○	○
6	○	○	○	○
4	○	○	○	○
2	○	○	○	○
학생 수(명) / 채소	당근	파프리카	토마토	오이

6 5명 **7** 7명 **8** 70명

6 규칙 찾기

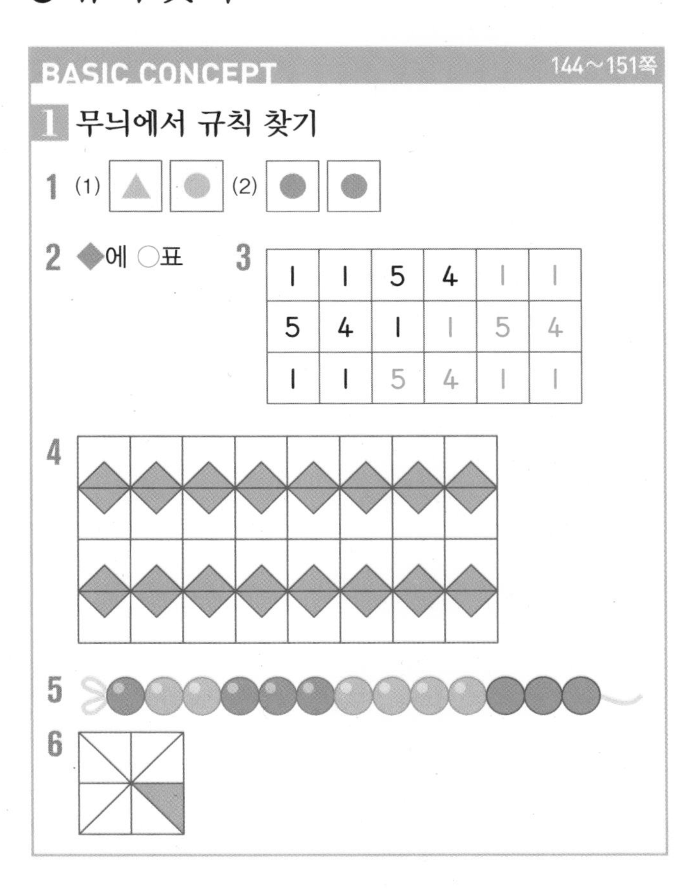

BASIC CONCEPT 144~151쪽

1 무늬에서 규칙 찾기

1 (1) ▲ ● (2) ● ●

2 ◆에 ○표 **3**

1	1	5	4	1	1
5	4	1	1	5	4
1	1	5	4	1	1

4

5

6

2 쌓은 모양에서 규칙 찾기

1 ㉢　　2 12개

3 예 쌓기나무가 왼쪽에서 오른쪽으로 1개, 2개, 3개, ...로 1개씩 늘어나는 규칙입니다.

4 8개　　5 20개

3 덧셈표, 곱셈표에서 규칙 찾기

1

+	4	5	6	7	8
4	8	9	10	11	12
5	9	10	11	12	13
6	10	11	12	13	14
7	11	12	13	14	15
8	12	13	14	15	16

2 3군데

3 예 같은 줄에서 오른쪽으로 갈수록 1씩 커집니다.

4

×	3	4	5	6	7
3	9	12	15	18	21
4	12	16	20	24	28
5	15	20	25	30	35
6	18	24	30	36	42
7	21	28	35	42	49

5 예 9부터 오른쪽으로 갈수록 3씩 커집니다.

6 예 21부터 아래쪽으로 내려갈수록 7씩 커집니다.

4 생활에서 규칙 찾기

1 (1) 6, 커집니다에 ○표 (2) 1, 작아집니다에 ○표 (3) 7, 커집니다에 ○표 (4) 5, 작아집니다에 ○표

2 예 ↓ 방향으로 7씩 커지는 규칙이 있습니다.

3 (1) 예 2시간 30분마다 출발하는 규칙이 있습니다. (2) 17시　　4 ㉘번

최상위 S　152~165쪽

1 △, ○ / 빨간색, 노란색 / △, 노란색 / ▲에 ○표

1-1 에 ○표　　1-2 ◆, ◇

1-3

▲	●

●	▲

1-4

2 3, 5, 7, 2 / 7, 2, 9 / 9, 2, 11 / 11, 2, 13

2-1 22개　　2-2 21개　　2-3 49개

3 같습니다에 ○표 / 8, 5, 40, 40 / 6, 7, 42, 42 / 40, 42, 82

3-1 18　　3-2 5　　3-3 45

4 3, 3, 15, 15, 3, 18 / 3, 18, 3, 21, 21, 3, 24 / 24

4-1 (위에서부터) 42, 35　　4-2 12　　4-3 63

5 30, 45 / 15, 15, 15 / 15 / 45, 15, 7

5-1　　5-2 9시 40분　　5-3 7시

6 2, 7 / 2, 9 / 9, 16 / 16, 23

6-1 17일　　6-2 26일　　6-3 25일

7 4, 4 / 4, 4, 8, 4, 4, 16 / 4, 4, 28, 4, 4, 12 / 8, 16, 28, 12, 64

7-1 60　　7-2 76　　7-3 48

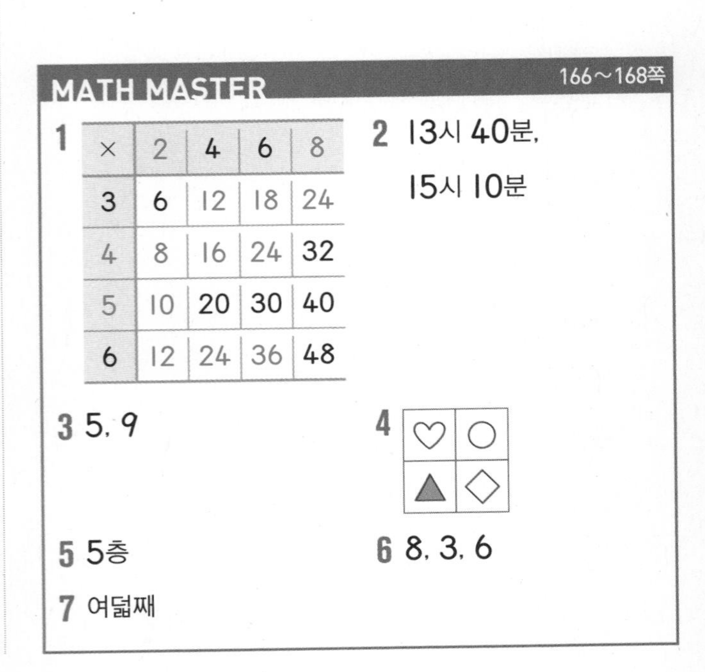

MATH MASTER　166~168쪽

1

×	2	4	6	8
3	6	12	18	24
4	8	16	24	32
5	10	20	30	40
6	12	24	36	48

2 13시 40분, 15시 10분

3 5, 9

4

♡	○
▲	◇

5 5층

6 8, 3, 6

7 여덟째

복습책

1 네 자리 수

다시푸는 최상위 S (2~4쪽)

1 7800원
2 3098, 4898
3 5, 2
4 7637
5 3개
6 5720, 7250, 7520
7 26가지
8 11가지

다시푸는 MATH MASTER (5~7쪽)

1 80묶음
2 7일
3 9325
4 ㉢, ㉠, ㉡, ㉣
5 7654, 2045
6 80개
7 14개
8 16가지
9 5993
10 43번

2 곱셈구구

다시푸는 최상위 S (8~10쪽)

1 ㉣
2 5, 6
3 52개
4 35
5 7줄
6 63
7 45
8 4개
9 9개

다시푸는 MATH MASTER (11~13쪽)

1 32
2 43개
3 8개
4 8쪽
5 8, 3, 9
6 미라
7 49개
8 60, 144
9 10칸
10 2살

3 길이 재기

다시푸는 최상위 S (14~16쪽)

1 정아, 수지
2 45걸음
3 3 m 40 cm
4 7 m 73 cm
5 72장
6 65 m 60 cm
7 3 m 99 cm
8 24 cm
9 71 cm

다시푸는 MATH MASTER (17~19쪽)

1 은주
2 8개
3 3 m 11 cm
4 재화, 세아, 지유
5 8 m 10 cm
6 4 m 73 cm
7 1 m 14 cm
8 76 cm
9 13 m 10 cm
10 90 cm

4 시각과 시간

다시푸는 최상위 S (20~22쪽)

1 수빈
2 오후 4시 1분
3 4시 46분
4 4시간 26분
5 12월 25일
6 토요일
7 1시간 45분
8 10분

다시푸는 MATH MASTER (23~25쪽)

1 3시 45분
2 오후 4시 5분
3 현준
4 목요일
5 10시 39분
6 오전 11시 11분
7 7대
8 1시간 12분
9 30
10 금요일

5 표와 그래프

다시푸는 최상위 S 26~29쪽

1 13명 2 8명 3 초록색

4 5, 2, 6 /

혈액형별 학생 수

6				○
5	○	○		○
4	○	○		○
3	○	○		○
2	○	○	○	○
1	○	○	○	○
학생 수(명) / 혈액형	A형	B형	O형	AB형

5 5명 6 2명 7 42개

8 좋아하는 과일별 학생 수

학생 수(명) / 과일	3	6	9	12	15	18
사과	○	○	○			
딸기	○	○	○	○	○	○
포도	○	○	○	○	○	
귤	○	○	○	○		

다시푸는 MATH MASTER 30~33쪽

1 8, 7, 5, 3, 23 / 3교시

2 10, 2 /

좋아하는 동물별 학생 수

10	○			
8	○			
6	○	○		
4	○	○		○
2	○	○	○	○
학생 수(명) / 동물	강아지	고양이	햄스터	토끼

3 과학책, 만화책, 동화책, 위인전

4 2반, 3명

5 좋아하는 운동별 학생 수

21	○			
18	○			
15	○	○		
12	○	○		
9	○	○		○
6	○	○		○
3	○	○	○	○
학생 수(명) / 운동	야구	축구	배구	농구

6 4명 7 8명 8 56명

6 규칙 찾기

다시푸는 최상위 S 34~36쪽

1 (▲ 왼쪽 위, ● 오른쪽 아래) (▲ 오른쪽 위, ● 왼쪽 아래) 2 36개 3 15

4 40 5 3시 45분 6 30일

7 96

다시푸는 MATH MASTER 37~39쪽

1

×	6	7	8	9
4	24	28	32	36
5	30	35	40	45
6	36	42	48	54
7	42	49	56	63

2 14시 40분, 15시 50분, 17시

3 8, 7

4

♥	◇
○	△

5 7층

6 6, 3, 10, 7, 4 7 일곱째

1 네 자리 수

1 천, 몇천

8~9쪽

1 (1) 7 (2) 50

(1) 1000은 993보다 7만큼 더 큰 수입니다.
(2) 1000은 950보다 50만큼 더 큰 수입니다.

2 (위에서부터) 200, 700

- 1000은 100이 10개인 수입니다. 1000이 되려면 100이 10−3=7(개) 더 필요하므로 □ 안에 알맞은 수는 100이 7개인 수 700입니다.
- 1000이 되려면 100이 10−8=2(개) 더 필요하므로 □ 안에 알맞은 수는 100이 2개인 수 200입니다.

3 8000장

1000이 8개이면 8000이므로 색종이는 모두 8000장입니다.

4 4개

1000원은 100원짜리 동전 10개와 같습니다.
소미는 100원짜리 동전을 6개 가지고 있으므로
1000원이 되려면 100원짜리 동전이 10−6=4(개) 더 있어야 합니다.

5 ㉡

㉠ 950+10+10+10+10+10은 950보다 50만큼 더 큰 수이므로 1000입니다.
㉡ 500+100+100+100+100은 500보다 400만큼 더 큰 수이므로 900입니다.
㉢ 993+1+1+1+1+1+1+1은 993보다 7만큼 더 큰 수이므로 1000입니다.

2 네 자리 수, 자릿값

10~11쪽

1 (1) 3528 (2) 6403

(1)
```
 3000
  500
   20
    8
 ----
 3528
```

(2)
```
 6000
  400
    3
 ----
 6403
```

2 1000배

㉠은 천의 자리 숫자이므로 4000을 나타내고,
㉡은 일의 자리 숫자이므로 4를 나타냅니다.
➡ 4000은 4의 1000배입니다.

3 ㉡

㉠ 1000이 6개 ➡ 6000
100이 13개 ➡ 1300
10이 4개 ➡ 40
1이 8개 ➡ 8
7348

㉡ 1000이 7개 ➡ 7000
100이 3개 ➡ 300
10이 3개 ➡ 30
1이 28개 ➡ 28
7358

4 2047

가장 작은 수부터 천, 백, 십, 일의 자리에 차례로 놓으면 0247입니다.
이때 천의 자리에 0이 올 수 없으므로 둘째로 작은 수 2를 천의 자리에 놓고 0을 백의 자리에 놓습니다.
따라서 가장 작은 네 자리 수는 2047입니다.

3 뛰어 세기, 두 수의 크기 비교하기

12~13쪽

1 (1) 3581, 3681
(2) 6739, 6742

(1) 3381에서 3481로 백의 자리 수가 1만큼 더 커졌으므로 100씩 뛰어 세는 규칙입니다. 따라서 3481에서 100씩 뛰어 세면 3481 − 3581 − 3681 − 3781입니다.
(2) 6740에서 6741로 일의 자리 수가 1만큼 더 커졌으므로 1씩 뛰어 세는 규칙입니다.
따라서 6738에서 1씩 뛰어 세면
6738 − 6739 − 6740 − 6741 − 6742입니다.

2 1492개

1432에서 10씩 6번 뛰어 세면
1432 − 1442 − 1452 − 1462 − 1472 − 1482 − 1492입니다.
따라서 구슬을 10개씩 6번 더 넣으면 상자 안의 구슬은 모두 1492개가 됩니다.

3 풀이 참조 / ㉡, ㉠, ㉢

㉢ ㉠ ㉡
5400 5500 5600 5700 5800 5900 6000 6100

큰 눈금 한 칸은 100을 나타내고, 큰 눈금이 10개로 나누어져 있으므로 작은 눈금 한 칸은 10을 나타냅니다.
㉠ 5860은 5800보다 60만큼 더 큰 수이므로
5800에서 작은 눈금 6칸만큼 오른쪽에 있습니다.
㉡ 6030은 6000보다 30만큼 더 큰 수이므로
6000에서 작은 눈금 3칸만큼 오른쪽에 있습니다.
㉢ 5580은 5500보다 80만큼 더 큰 수이므로
5500에서 작은 눈금 8칸만큼 오른쪽에 있습니다.
따라서 큰 수부터 차례로 기호를 쓰면 ㉡, ㉠, ㉢입니다.

4 6개

천의 자리 수가 8, 백의 자리 수가 5로 같으므로 십의 자리 수를 비교하여
8557 > 85□4가 되려면 5 > □이어야 합니다.
➡ □ 안에 들어갈 수 있는 수: 0, 1, 2, 3, 4

십의 자리 수가 5로 같은 경우를 알아보면 8557 > 8554이므로
□ 안에 5가 들어갈 수 있습니다. ➡ □ 안에 들어갈 수 있는 수: 5
따라서 □ 안에 들어갈 수 있는 수는 0, 1, 2, 3, 4, 5이므로 모두 6개입니다.

100이 10개이면 1000이므로 100원짜리 동전 10개는 1000원입니다.
1000원짜리 지폐 3장은 3000원이고,
100원짜리 동전 20개는 2000원입니다.
➡ 소윤이가 가지고 있는 돈: 지폐 3000원과 동전 2000원
따라서 소윤이가 가지고 있는 돈은 모두 5000원입니다.

참고
1000이 3+2=5(개)이면 5000입니다.

1-1 7000원

1000원짜리 지폐 4장은 4000원이고, 100원짜리 동전 30개는 3000원입니다.
➡ 하영이가 가지고 있는 돈: 지폐 4000원과 동전 3000원
따라서 하영이가 가지고 있는 돈은 모두 7000원입니다.

1-2 20개

예린이는 8000원보다 1000원 더 적게 가지고 있으므로 7000원을 가지고 있습니다.
예린이가 가지고 있는 1000원짜리 지폐 5장은 5000원이므로
100원짜리 동전 몇 개는 2000원입니다.
2000은 100이 20개이므로 예린이가 가지고 있는 100원짜리 동전은 20개입니다.

1-3 6000원

1000원짜리 지폐 2장: 2000원
500원짜리 동전 5개: 2500원
100원짜리 동전 15개: 1500원
따라서 민지의 저금통에 들어 있는 돈은 모두 6000원입니다.

1-4 4000원

1000원짜리 지폐 1장: 1000원
500원짜리 동전 3개: 1500원
100원짜리 동전 25개: 2500원
도희의 저금통에 들어 있는 돈은 모두 5000원입니다.
따라서 9000원짜리 장난감을 사려고 할 때 부족한 돈은 4000원입니다.

3829에서 눈금 두 칸만큼 뛰어 세면 3929이므로 눈금 두 칸은 100을 나타냅니다.
100은 50이 2개인 수이므로 눈금 한 칸의 크기는 50입니다.
따라서 ●는 50입니다.

2-1 50

4018에서 눈금 두 칸만큼 뛰어 세면 4118이므로 눈금 두 칸은 100을 나타냅니다.
100은 50이 2개인 수이므로 눈금 한 칸의 크기는 50입니다.
따라서 ●는 50입니다.

2-2 40

1770에서 ●씩 5번 뛰어 세면 1970입니다.
●씩 5번 뛰어 세어 200이 커졌고 $200=40+40+40+40+40$입니다.
따라서 40씩 뛰어 센 것이므로 ●는 40입니다.

2-3 5235, 6435

5435에서 눈금 두 칸만큼 뛰어 세면 5835이므로 눈금 두 칸은 400을 나타냅니다.
400은 200이 2개인 수이므로 눈금 한 칸의 크기는 200입니다. 즉 ●는 200입니다.
따라서 ㉠은 5435보다 200만큼 더 작은 수인 5235이고,
㉡은 6235보다 200만큼 더 큰 수인 6435입니다.

2-4 5809, 6559, 6859

6109에서 눈금 두 칸만큼 뛰어 세면 6409이므로 눈금 두 칸은 300을 나타냅니다.
300은 150이 2개인 수이므로 눈금 한 칸의 크기는 150입니다. 즉 ●는 150입니다.
따라서 ㉠은 6109보다 300만큼 더 작은 수인 5809,
㉡은 6409보다 150만큼 더 큰 수인 6559,
㉢은 6709보다 150만큼 더 큰 수인 6859입니다.

1000이 7개 ➡ 7000
10이 24개 ➡ 240
1이 5개 ➡ 5
7245

7245는 7545보다 300만큼 더 작은 수입니다.
300은 100이 3개인 수이므로 ■에 알맞은 수는 3입니다.

3-1 4

100이 26개 ➡ 2600
10이 9개 ➡ 90
1이 1개 ➡ 1
2691

2691은 6691보다 4000만큼 더 작은 수이고 4000은 1000이 4개인 수이므로
■=4입니다.

3-2 5

1000이 3개 ➡	3000
100이 52개 ➡	5200
1이 24개 ➡	24
	8224

8224는 8274보다 50만큼 더 작은 수이고 50은 10이 5개인 수이므로 ■=5입니다.

3-3 6, 3

1000이 6개 ➡	6000
10이 51개 ➡	510
1이 13개 ➡	13
	6523

6523과 ●823을 비교하면 ●=6입니다.
6523은 6823보다 300만큼 더 작은 수이고 300은 100이 3개인 수이므로 ■=3입니다.

3-4 4, 7, 9

100이 33개 ➡	3300
10이 46개 ➡	460
1이 9개 ➡	9
	3769

3769와 7●6■를 비교하면 ●=7, ■=9입니다.
3769는 7769보다 4000만큼 더 작은 수이고 4000은 1000이 4개인 수이므로 ▲=4입니다.

대표문제 4

■에서 커지는 규칙으로 10씩 4번 뛰어 세어 6792가 되었으므로 ■는 6792에서 작아지는 규칙으로 10씩 4번 뛰어 센 수입니다.
6792에서 작아지는 규칙으로 10씩 4번 뛰어 세면
6792 — 6782 — 6772 — 6762 — 6752입니다.
따라서 ■에 알맞은 수는 6752입니다.

4-1 5214

■에서 커지는 규칙으로 100씩 6번 뛰어 세어 5814가 되었으므로 ■는 5814에서 작아지는 규칙으로 100씩 6번 뛰어 센 수입니다.
5814에서 작아지는 규칙으로 100씩 6번 뛰어 세면
5814 — 5714 — 5614 — 5514 — 5414 — 5314 — 5214입니다.
따라서 ■에 알맞은 수는 5214입니다.

서술형 **4-2** 2952

㉮ ●에서 작아지는 규칙으로 10씩 5번 뛰어 세어 2902가 되었으므로
●는 2902에서 커지는 규칙으로 10씩 5번 뛰어 센 수입니다.
2902에서 커지는 규칙으로 10씩 5번 뛰어 세면
2902 − 2912 − 2922 − 2932 − 2942 − 2952입니다.
따라서 ●에 알맞은 수는 2952입니다.

채점 기준	배점
●에 알맞은 수를 구하는 방법을 찾았나요?	2점
●에 알맞은 수를 구했나요?	3점

4-3 8215

▲에서 커지는 규칙으로 100씩 4번 뛰어 세어 8685가 되었으므로
▲는 8685에서 작아지는 규칙으로 100씩 4번 뛰어 센 수입니다.
8685에서 작아지는 규칙으로 100씩 4번 뛰어 세면
8685 − 8585 − 8485 − 8385 − 8285이므로 ▲에 알맞은 수는 8285입니다.
8285에서 작아지는 규칙으로 10씩 7번 뛰어 세면
8285 − 8275 − 8265 − 8255 − 8245 − 8235 − 8225 − 8215입니다.
따라서 ▲에서 작아지는 규칙으로 10씩 7번 뛰어 센 수는 8215입니다.

4-4 6510

어떤 수에서 커지는 규칙으로 300씩 3번 뛰어 세어 7320이 되었으므로
어떤 수는 7320에서 작아지는 규칙으로 300씩 3번 뛰어 센 수입니다.
7320에서 작아지는 규칙으로 300씩 3번 뛰어 세면
7320 − 7020 − 6720 − 6420이므로 어떤 수는 6420입니다.
6420에서 커지는 규칙으로 30씩 3번 뛰어 세면
6420 − 6450 − 6480 − 6510입니다.
따라서 바르게 뛰어 센 수는 6510입니다.

- 4000보다 크고 5000보다 작으므로 천의 자리 숫자는 4입니다.
- 백의 자리 숫자는 6입니다.
- 각 자리 수의 합은 20이므로
  십의 자리 수와 일의 자리 수의 합은 20−4−6=10입니다.
- 10=5+5이므로 십의 자리 숫자와 일의 자리 숫자는 5로 같습니다.

따라서 조건을 모두 만족하는 네 자리 수는 4655입니다.

5-1 7710

- 7000보다 크고 8000보다 작으므로 천의 자리 숫자는 7입니다.
- 백의 자리 숫자는 천의 자리 숫자와 같으므로 7입니다.

• 각 자리 수의 합은 15이므로
  십의 자리 수와 일의 자리 수의 합은 $15-7-7=1$입니다.
• 십의 자리 수는 일의 자리 수보다 크므로 십의 자리 수는 1, 일의 자리 수는 0입니다.
따라서 조건을 모두 만족하는 네 자리 수는 7710입니다.

5-2 3개

• 3000보다 크고 4000보다 작으므로 천의 자리 숫자는 3입니다.
• 백의 자리 수는 천의 자리 수보다 5만큼 더 크므로 $3+5=8$입니다.
• 십의 자리 수는 일의 자리 수보다 7만큼 더 크므로 십의 자리 수와 일의 자리 수는 다음과 같습니다.
  일의 자리 수: 0 ➡ 십의 자리 수: $0+7=7$
  일의 자리 수: 1 ➡ 십의 자리 수: $1+7=8$
  일의 자리 수: 2 ➡ 십의 자리 수: $2+7=9$
따라서 조건을 모두 만족하는 네 자리 수는 3870, 3881, 3892로 3개입니다.

5-3 6개

• 4000보다 크고 5000보다 작으므로 천의 자리 숫자는 4입니다.
• 십의 자리 수는 천의 자리 수보다 1만큼 더 작으므로 $4-1=3$입니다.
• 일의 자리 수는 천의 자리 수보다 작고, 백의 자리 수는 일의 자리 수보다 작으므로 일의 자리 수와 백의 자리 수는 다음과 같습니다.
  일의 자리 수: 3 ➡ 백의 자리 수: 2, 1, 0
  일의 자리 수: 2 ➡ 백의 자리 수: 1, 0
  일의 자리 수: 1 ➡ 백의 자리 수: 0
따라서 조건을 모두 만족하는 네 자리 수는 4233, 4133, 4033, 4132, 4032, 4031로 6개입니다.

24~25쪽

대표문제 6

• 5000보다 큰 네 자리 수를 만들어야 하므로 천의 자리에 올 수 있는 수는 5와 8입니다.
• 천의 자리 숫자가 5일 때 만들 수 있는 수를 작은 수부터 차례로 써 보면
  5038, 5083, 5308, 5380, 5803, 5830이므로 6개입니다.
• 천의 자리 숫자가 8일 때 만들 수 있는 수를 작은 수부터 차례로 써 보면
  8035, 8053, 8305, 8350, 8503, 8530이므로 6개입니다.
따라서 5000보다 큰 네 자리 수는 모두 $6+6=12$(개) 만들 수 있습니다.

6-1 12개

• 4000보다 작은 네 자리 수를 만들어야 하므로 천의 자리에 올 수 있는 수는 1과 3입니다.

• 천의 자리 숫자가 1일 때 만들 수 있는 수를 작은 수부터 차례로 써 보면 1346, 1364, 1436, 1463, 1634, 1643이므로 6개입니다.
• 천의 자리 숫자가 3일 때 만들 수 있는 수를 작은 수부터 차례로 써 보면 3146, 3164, 3416, 3461, 3614, 3641이므로 6개입니다.

따라서 4000보다 작은 네 자리 수는 모두 6+6=12(개) 만들 수 있습니다.

6-2 9251

십의 자리 숫자가 5인 네 자리 수는 □□5□입니다.
9>2>1이므로 큰 수부터 높은 자리의 □ 안에 차례로 써넣으면 9251입니다.
따라서 십의 자리 숫자가 5인 네 자리 수 중에서 가장 큰 수는 9251입니다.

6-3 3706

백의 자리 숫자가 7인 네 자리 수는 □7□□입니다.
0<3<6이고 0은 천의 자리에 올 수 없으므로 0 다음으로 작은 3을 천의 자리에 놓으면 37□□입니다.
나머지 수를 작은 수부터 높은 자리의 □ 안에 차례로 써넣으면 3706입니다.
따라서 백의 자리 숫자가 7인 네 자리 수 중에서 가장 작은 수는 3706입니다.

6-4 4801, 8104, 8401

십의 자리 숫자가 0인 네 자리 수는 □□0□입니다.
이 수는 4200보다 커야 하므로 천의 자리에 올 수 있는 수는 4와 8입니다.
• 4□0□일 때 만들 수 있는 수는 4108, 4801이고 이 중 4200보다 큰 수는 4801입니다.
• 8□0□일 때 만들 수 있는 수는 8104, 8401이고 모두 4200보다 큽니다.

따라서 십의 자리 숫자가 0인 네 자리 수 중에서 4200보다 큰 수는 4801, 8104, 8401입니다.

26~27쪽

• 4□63<4759에서 천의 자리 수가 4로 같고 십의 자리 수가 6>5이므로 □ 안에 들어갈 수 있는 수는 7보다 작은 수입니다.
➡ 0, 1, 2, 3, 4, 5, 6 ······ ㉠
• 76□8>7665에서 천의 자리 수가 7, 백의 자리 수가 6으로 같고 일의 자리 수가 8>5이므로 □ 안에 들어갈 수 있는 수는 6과 같거나 큰 수입니다.
➡ 6, 7, 8, 9 ······ ㉡

따라서 □ 안에 공통으로 들어갈 수 있는 수는 6입니다.

7-1 3개

54□1<5600에서 천의 자리 수가 5로 같고 백의 자리 수가 4<6이므로 □ 안에 어떤 수가 들어가도 됩니다. ➡ 0, 1, 2, 3, 4, 5, 6, 7, 8, 9

9121>91□0에서 천의 자리 수가 9, 백의 자리 수가 1로 같고 일의 자리 수가 1>0 이므로 □ 안에 들어갈 수 있는 수는 2와 같거나 작은 수입니다.

➡ 0, 1, 2

따라서 □ 안에 공통으로 들어갈 수 있는 수는 0, 1, 2로 모두 3개입니다.

7-2 10가지

천의 자리 수가 2, 백의 자리 수가 1로 같고 일의 자리 수는 0, ㉡입니다.

십의 자리 수를 비교하면 ㉠에는 8 또는 9가 들어갈 수 있습니다.

㉠=8일 때 ㉡에 들어갈 수 있는 수는 없습니다.

㉠=9일 때 ㉡에는 0, 1, 2, 3, 4, 5, 6, 7, 8, 9가 들어갈 수 있습니다.

따라서 (㉠, ㉡)은 모두 10가지입니다.

7-3 38가지

천의 자리 수가 7로 같으므로 ㉠에는 6보다 작은 수가 들어갈 수 없습니다.

- ㉠=6일 때 ㉡에는 0, 1, 2, 3, 4, 5, 6, 7이 들어갈 수 있으므로 (6, ㉡)은 8가지 입니다.
- ㉠=7일 때 ㉡에는 0, 1, 2, 3, 4, 5, 6, 7, 8, 9가 들어갈 수 있으므로 (7, ㉡)은 10가지입니다.
- ㉠=8일 때 ㉡에는 0, 1, 2, 3, 4, 5, 6, 7, 8, 9가 들어갈 수 있으므로 (8, ㉡)은 10가지입니다.
- ㉠=9일 때 ㉡에는 0, 1, 2, 3, 4, 5, 6, 7, 8, 9가 들어갈 수 있으므로 (9, ㉡)은 10가지입니다.

따라서 (㉠, ㉡)은 모두 8+10+10+10=38(가지)입니다.

28~29쪽

대표문제 8

1000원짜리 지폐를 2장 사용하는 경우, 1장 사용하는 경우, 사용하지 않는 경우로 나누어 2000원을 만드는 방법을 알아봅니다.

1000원짜리	500원짜리	100원짜리
2장	·	·
1장	2개	·
1장	1개	5개
1장	·	10개
·	2개	10개

따라서 돈을 낼 수 있는 방법은 모두 5가지입니다.

8-1 4가지

1000원짜리	500원짜리	100원짜리
1장	1개	·
1장	·	5개
·	1개	10개
·	·	15개

따라서 돈을 낼 수 있는 방법은 모두 4가지입니다.

8-2 6가지

1000원짜리	500원짜리	100원짜리
1장	3개	5개
1장	2개	10개
1장	1개	15개
1장	·	20개
·	3개	15개
·	2개	20개

따라서 돈을 낼 수 있는 방법은 모두 6가지입니다.

8-3 9가지

2000원짜리 가위 두 개를 사려면 4000원을 내야 합니다.

1000원짜리	500원짜리	100원짜리
2장	4개	·
2장	3개	5개
2장	2개	10개
2장	1개	15개
2장	·	20개
1장	4개	10개
1장	3개	15개
1장	2개	20개
·	4개	20개

따라서 돈을 낼 수 있는 방법은 모두 9가지입니다.

1 40봉지

100이 20개인 수는 2000이므로 마늘 20접은 모두 2000개입니다.
1000은 100이 10개인 수이므로 50이 20개인 수입니다.
➡ 2000은 50이 40개인 수입니다.
따라서 마늘 2000개를 한 봉지에 50개씩 담으면 모두 40봉지가 됩니다.

서술형 **2** 8일

㉮ 0에서 3200까지 400씩 뛰어 세면
0 − 400 − 800 − 1200 − 1600 − 2000 − 2400 − 2800 − 3200
이므로 8번 뛰어 세어야 합니다.
따라서 수민이는 돈을 8일 동안 모아야 합니다.

채점 기준	배점
0에서 400씩 몇 번 뛰어 세어야 3200이 되는지 구했나요?	3점
돈을 며칠 동안 모아야 하는지 구했나요?	2점

3 7218

1000이 4개 ➡ 4000
100이 22개 ➡ 2200
10이 51개 ➡ 510
1이 8개 ➡ 8
합: 6718

6718에서 커지는 규칙으로 100씩 5번 뛰어 세면
6718 − 6818 − 6918 − 7018 − 7118 − 7218입니다.
따라서 구하는 수는 7218입니다.

4 ㉠, ㉣, ㉡, ㉢

2□50, 201□는 천의 자리 수가 2이고 150□, 10□9는 천의 자리 수가 1이므로
2□50, 201□는 150□, 10□9보다 큽니다.
2□50과 201□를 비교하면 2□50의 백의 자리에 가장 작은 수인 0을 넣어도 십의 자리 수가 $5>1$이므로 $2050>201$□입니다. ➡ ㉠>㉣
150□와 10□9를 비교하면
백의 자리 수가 $5>0$이므로 150□>10□9입니다. ➡ ㉡>㉢
따라서 큰 수부터 차례로 기호를 쓰면 ㉠, ㉣, ㉡, ㉢입니다.

5 9763, 1036

$9>7>6>3>1>0$
가장 큰 수를 만들려면 높은 자리부터 큰 수를 차례로 놓아야 합니다. ➡ 9763
가장 작은 수를 만들려면 높은 자리부터 작은 수를 차례로 놓아야 합니다. 이때 가장 높은 자리에는 0이 올 수 없으므로 둘째로 작은 수를 가장 높은 자리에 놓습니다.
➡ 1036
따라서 만들 수 있는 수 중에서 가장 큰 수는 9763, 가장 작은 수는 1036입니다.

6 87개

종성이가 가지고 있는 돈을 알아보면 다음과 같습니다.

1000원짜리 지폐 3장: 3000원
500원짜리 동전 4개: 2000원
100원짜리 동전 36개: 3600원
→ 8600원

8600은 100이 86개인 수입니다.
규리가 8600원보다 더 많은 돈을 가지고 있고 100원짜리 동전만 가지고 있으므로 100원짜리 동전을 적어도 86+1=87(개) 가지고 있습니다.

7 13개

5178보다 크고 5304보다 작은 네 자리 수이므로 천의 자리 숫자는 5이고 백의 자리 숫자는 1, 2, 3이 될 수 있습니다.
이 중 일의 자리 숫자가 3인 수는 51□3, 52□3, 53□3입니다.
51□3의 □ 안에는 8, 9가 들어갈 수 있고,
52□3의 □ 안에는 0, 1, 2, 3, ..., 8, 9가 들어갈 수 있고,
53□3의 □ 안에는 0이 들어갈 수 있습니다.
따라서 구하는 수는 모두 2+10+1=13(개)입니다.

8 11가지

한 가지 메뉴를 주문하는 경우: 김밥 / 만두 / 떡볶이 / 튀김 / 순대 / 우동 ➡ 6가지
두 가지 메뉴를 주문하는 경우: 김밥, 만두 → 4500원 / 김밥, 떡볶이 → 3500원 /
김밥, 튀김 → 3500원 / 김밥, 순대 → 4500원 /
떡볶이, 튀김 → 4000원 ➡ 5가지
따라서 4500원으로 음식을 주문할 수 있는 방법은 모두 6+5=11(가지)입니다.

9 5020

3870에서 3920으로 50이 커졌으므로 50씩 뛰어 세는 규칙입니다.
커지는 규칙으로 50씩 10번 뛰어 센 것은 100씩 5번 뛰어 센 것과 같으므로 백의 자리 수가 5만큼 더 커집니다.
4020에서 50씩 10번 뛰어 세면 4520이고, 다시 4520에서 50씩 10번 뛰어 세면 5020입니다.
5000에 가장 가까운 수를 찾아야 하므로 5020에서 작아지는 규칙으로 50씩 1번 뛰어 세면 4970입니다.
5020과 4970 중 5000에 더 가까운 수는 5020입니다.

10 42번

• 일의 자리 숫자가 6인 경우: 1186, 1196 ➡ 2번
1206, 1216, 1226, ..., 1296 ➡ 10번
1306, 1316, 1326, ..., 1396 ➡ 10번
• 십의 자리 숫자가 6인 경우: 1260, 1261, 1262, ..., 1269 ➡ 10번
1360, 1361, 1362, ..., 1369 ➡ 10번
따라서 숫자 6은 모두 2+10+10+10+10=42(번) 쓰게 됩니다.

2 곱셈구구

1 2, 5, 3, 6단 곱셈구구

34~35쪽

1 (1) $<$ (2) $=$

(1) $2\times7=14$, $5\times3=15$ ➡ $14<15$
(2) $3\times8=24$, $6\times4=24$ ➡ $24=24$

2 (1) 예 2, 6
(2) 예 3, 5

(1) 예 $2\times6=12$, $3\times4=12$, $4\times3=12$, $6\times2=12$
(2) 예 $3\times5=15$, $5\times3=15$

3 35장

$5\times7=35$이므로 철쭉 7송이의 꽃잎은 모두 35장입니다.

4 7, 21

3씩 7번 뛰어 세면 21입니다. ➡ $3\times7=21$

5 18권

$2\times5+2\times4=2\times9=18$(권)
따라서 우진이와 시영이가 가지고 있는 공책은 모두 18권입니다.

다른 풀이
우진: $2\times5=10$(권), 시영: $2\times4=8$(권) ➡ $10+8=18$(권)

2 4, 8, 7, 9단 곱셈구구

36~37쪽

1 ㉡

㉠ $4\times9=36$, ㉡ $7\times8=56$, ㉢ $9\times5=45$, ㉣ $8\times5=40$
따라서 $56>45>40>36$이므로 곱이 가장 큰 것은 ㉡입니다.

2 64개

$8\times8=64$이므로 거미 8마리의 다리는 모두 64개입니다.

3 9, 9, 27 / 9, 27

9씩 3번 뛰어 세면 27입니다. ➡ $9\times3=27$

4 63

곱하는 두 수의 순서를 서로 바꾸어도 곱은 같습니다.
$6\times7=7\times6$이므로 ●$=7$, $9\times8=8\times9$이므로 ■$=9$입니다.
➡ ●$\times$■$=7\times9=63$

3 1단 곱셈구구, 0의 곱, 곱셈표

38~39쪽

1 ㉢

㉠ $0\times5=0$, ㉡ $3\times0=0$, ㉢ $8\times1=8$, ㉣ $0\times7=0$
따라서 □ 안에 알맞은 수가 다른 하나는 ㉢입니다.

2 3개

곱하는 두 수의 순서를 서로 바꾸어도 곱은 같습니다.
$2\times9=18$ ➡ $2\times9=9\times2$, $3\times6=18$ ➡ $3\times6=6\times3$
따라서 2×9와 곱이 같은 곱셈구구는 모두 3개입니다.

3 24

점선 위에 있는 수 중에서
곱이 25인 곳은 $5\times5=25$, 곱이 36인 곳은 $6\times6=36$,
곱이 49인 곳은 $7\times7=49$이므로
곱셈표에서 가장 위쪽 가로줄에 있는 수는 차례로 4, 5, 6, 7이고
가장 왼쪽 세로줄에 있는 수도 차례로 4, 5, 6, 7입니다.
따라서 ㉠에 알맞은 곱셈구구는 $4\times6=24$이므로
점선을 따라 접었을 때 ㉠과 만나는 곳에 알맞은 수는 24입니다.

40~41쪽

㉠ 7씩 4묶음이므로 7을 4번 더합니다. ➡ $7+7+7+7=28$
㉡ 7의 4배이므로 7×4로 구합니다. ➡ $7\times4=28$
㉢ 7씩 4묶음은 4씩 7묶음과 같으므로 4×7로 구합니다.
➡ $4\times7=28$
㉣ 7×4는 7을 4번 더한 수이므로 7×2를 2번 더한 수와 같습니다.
➡ $7\times2+7\times2=7\times4=28$
따라서 옳지 않은 것은 ㉣입니다.

1-1 ㉢

구슬을 색깔별로 묶으면 8개씩 3묶음이고,
각 색깔별로 1개씩 한 묶음이 되도록 묶으면 3개씩 8묶음이고,
각 색깔별로 2개씩 한 묶음이 되도록 묶으면 6개씩 4묶음이 됩니다.
㉠ 3의 8배이므로 3×8로 전체 구슬 수를 구합니다. ➡ $3\times8=24$
㉡ 8씩 3묶음이므로 8을 3번 더하여 전체 구슬 수를 구합니다. ➡ $8+8+8=24$
㉢ 6씩 4묶음은 4씩 6묶음과 같으므로 4를 6번 더하여 전체 구슬 수를 구합니다.
➡ $4+4+4+4+4+4=24$
㉣ 6의 4배이므로 6×4로 전체 구슬 수를 구합니다. ➡ $6\times4=24$
따라서 옳지 않은 것은 ㉢입니다.

1-2 ㉡

바둑돌을 6개씩 묶으면 5묶음입니다.

㉠ 6씩 5묶음이므로 6을 5번 더하여 전체 바둑돌 수를 구합니다.

➡ $6+6+6+6+6=30$

㉡ 6단 곱셈구구는 곱이 6씩 커지므로 6×5는 6×4에 6을 더한 수와 같습니다.

➡ $6\times4+6=6\times5=30$

㉢ 6씩 5묶음은 5씩 6묶음과 같으므로 5×6을 구하여 전체 바둑돌 수를 구합니다.

➡ $5\times6=30$

㉣ 5×6은 5를 6번 더한 수이므로 5×3을 2번 더하여 전체 바둑돌 수를 구합니다.

➡ $5\times3+5\times3=5\times6=30$

따라서 옳지 않은 것은 ㉡입니다.

1-3 ㉣

학생들을 3명씩 묶으면 6묶음이고,

여학생과 남학생은 각각 $3\times3=9$(명)이므로 성별로 묶으면 9명씩 2묶음입니다.

㉠ 3×6은 3을 6번 더한 수이므로 3×2를 3번 더한 수와 같습니다.

➡ $3\times2+3\times2+3\times2=3\times6=18$

㉡ 9씩 2묶음은 2씩 9묶음과 같고 2단 곱셈구구는 곱이 2씩 커지므로

2×9는 2×8에 2를 더한 수와 같습니다. ➡ $2\times8+2=2\times9=18$

㉢ 9씩 2묶음은 9를 2번 더한 수와 같습니다. ➡ $9+9=18$

㉣ 6단 곱셈구구는 곱이 6씩 커지므로 6×3은 6×2를 2번 더한 것이 아니라 6×2에 6을 더한 수와 같습니다. ➡ $6\times2+6=6\times3=18$

따라서 옳지 않은 것은 ㉣입니다.

대표문제 2

$6\times8=48$이므로 $48<9\times\square$입니다.

□ 안에 5를 넣어 보면 $9\times5=45$로 $6\times8=48$보다 작으므로

□ 안에는 5보다 큰 수가 들어가야 합니다.

➡ $9\times6=54$, $9\times7=63$, $9\times8=72$, $9\times9=81$

따라서 □ 안에 들어갈 수 있는 수는 6, 7, 8, 9입니다.

2-1 7, 8, 9

$4\times9=36$이고 $36=6\times\boxed{6}$입니다.

$36<6\times\square$이므로 □ 안에는 6보다 큰 수가 들어가야 합니다.

따라서 □ 안에 들어갈 수 있는 수는 7, 8, 9입니다.

2-2 1, 2, 3, 4

$3\times8=24$이므로 $5\times\square<24$입니다.

$5\times4=20$, $5\times5=25$이므로 □ 안에는 5보다 작은 수가 들어가야 합니다.

따라서 □ 안에 들어갈 수 있는 수는 1, 2, 3, 4입니다.

2-3 7, 8

$9\times5=45$이므로 $7\times\square>45$입니다.

$7\times6=42$, $7\times7=49$이므로 □ 안에는 6보다 큰 수가 들어가야 합니다.

따라서 □ 안에 들어갈 수 있는 수는 7, 8, 9입니다.
$12+14=26$이므로 $\square \times 3 < 26$입니다.
$8 \times 3=24$, $9 \times 3=27$이므로 □ 안에는 9보다 작은 수가 들어가야 합니다.
따라서 □ 안에 들어갈 수 있는 수는 1, 2, 3, 4, 5, 6, 7, 8입니다.
➡ □ 안에 공통으로 들어갈 수 있는 수는 7, 8입니다.

2-4 5개

$0 \times$(어떤 수)$=0$이므로 □ 안에 어떤 수를 넣어도 곱은 0입니다.
따라서 □ 안에 들어갈 수 있는 수는 1, 2, 3, 4, 5, 6, 7, 8, 9입니다.
$8 \times 2=16$이고 $16=\boxed{4} \times 4$입니다.
$16 < \square \times 4$이므로 □ 안에는 4보다 큰 수가 들어가야 합니다.
따라서 □ 안에 들어갈 수 있는 수는 5, 6, 7, 8, 9입니다.
➡ □ 안에 공통으로 들어갈 수 있는 수는 5, 6, 7, 8, 9로 모두 5개입니다.

• 사각형 한 개를 만드는 데 필요한 면봉은 6개이므로
(사각형 5개를 만드는 데 필요한 면봉의 수)$=6 \times 5=30$(개)입니다.
• 삼각형 한 개를 만드는 데 필요한 면봉은 3개이므로
(삼각형 4개를 만드는 데 필요한 면봉의 수)$=3 \times 4=12$(개)입니다.
➡ (필요한 면봉의 수)$=30+12=42$(개)

3-1 72개

• 삼각형 한 개를 만드는 데 필요한 면봉은 6개이므로
(삼각형 8개를 만드는 데 필요한 면봉의 수)$=6 \times 8=48$(개)입니다.
• 사각형 한 개를 만드는 데 필요한 면봉은 4개이므로
(사각형 6개를 만드는 데 필요한 면봉의 수)$=4 \times 6=24$(개)입니다.
➡ (필요한 면봉의 수)$=48+24=72$(개)

서술형 **3-2** 34개

예 오리 한 마리의 다리는 2개이므로 오리 7마리의 다리는 $2 \times 7=14$(개)입니다.
돼지 한 마리의 다리는 4개이므로 돼지 5마리의 다리는 $4 \times 5=20$(개)입니다.
따라서 이 농장에서 기르는 오리와 돼지의 다리는 모두 $14+20=34$(개)입니다.

채점 기준	배점
오리 7마리의 다리 수를 구했나요?	2점
돼지 5마리의 다리 수를 구했나요?	2점
오리와 돼지의 다리는 모두 몇 개인지 구했나요?	1점

3-3 60점

8점짜리 과녁을 맞혀서 얻은 점수: $8 \times 3=24$(점)
6점짜리 과녁을 맞혀서 얻은 점수: $6 \times 4=24$(점)
4점짜리 과녁을 맞혀서 얻은 점수: $4 \times 3=12$(점)
따라서 주호가 얻은 점수는 모두 $24+24+12=60$(점)입니다.

3-4 40개

그린 도형은 삼각형 4개, 사각형 7개입니다.
(삼각형의 변의 수의 합)=(삼각형 1개의 변의 수)×(삼각형의 수)=3×4=12(개)
(사각형의 변의 수의 합)=(사각형 1개의 변의 수)×(사각형의 수)=4×7=28(개)
➡ (변의 수의 합)=12+28=40(개)

• 두 수의 곱이 5인 경우는 1×5=5 또는 5×1=5이므로
모르는 수 카드 중에 수 5가 있어야 합니다.
• 두 수의 곱이 0인 경우는 곱하는 수 중 한 수가 반드시 0이어야 하므로
모르는 수 카드 중에 수 0이 있어야 합니다.
➡ 모르는 2장의 수 카드에 적힌 수: 5, 0
따라서 4장의 수 카드 중에서 2장을 골라 구할 수 있는 두 수의 곱 중에서 가장 큰 곱은 가장 큰 수와 둘째로 큰 수를 곱한 5×3=15입니다.

4-1 42, 4

두 수의 곱이 가장 큰 경우는 가장 큰 수와 둘째로 큰 수를 곱한 7×6=42입니다.
두 수의 곱이 가장 작은 경우는 가장 작은 수와 둘째로 작은 수를 곱한 1×4=4입니다.

4-2 18

• 두 수의 곱이 3인 경우는 1×3=3 또는 3×1=3이므로
모르는 수 카드 중에 수 1과 3이 있어야 합니다.
• 두 수의 곱이 0인 경우는 곱하는 수 중 한 수가 반드시 0이어야 하므로
모르는 수 카드 중에 수 0이 있어야 합니다.
➡ 모르는 3장의 수 카드에 적힌 수: 0, 1, 3
따라서 4장의 수 카드 중에서 2장을 골라 구할 수 있는 두 수의 곱 중에서 가장 큰 곱은 가장 큰 수와 둘째로 큰 수를 곱한 6×3=18입니다.

4-3 56

• 두 수의 곱이 0인 경우는 곱하는 수 중 한 수가 반드시 0이어야 하므로
모르는 수 카드 중에 수 0이 있어야 합니다.
• 두 수의 곱이 7인 경우는 1×7=7 또는 7×1=7이므로
모르는 수 카드 중에 수 1과 7이 있어야 합니다.
➡ 모르는 3장의 수 카드에 적힌 수: 0, 1, 7
따라서 5장의 수 카드 중에서 2장을 골라 구할 수 있는 두 수의 곱 중에서 가장 큰 곱은 가장 큰 수와 둘째로 큰 수를 곱한 8×7=56입니다.

4-4 6

- 두 수의 곱이 1인 경우는 $1 \times 1 = 1$이므로 모르는 수 카드 중에 수 1이 2개 있어야 합니다.
- 두 수의 곱이 5인 경우는 $1 \times 5 = 5$ 또는 $5 \times 1 = 5$이므로 모르는 수 카드 중에 수 5가 있어야 합니다.

➡ 모르는 3장의 수 카드에 적힌 수: 1, 1, 5

4장의 수 카드 중에서 2장을 골라 구할 수 있는 두 수의 곱은
$1 \times 1 = 1$, $1 \times 5 = 5(5 \times 1 = 5)$, $1 \times 6 = 6(6 \times 1 = 6)$, $5 \times 6 = 30(6 \times 5 = 30)$입니다.
따라서 구할 수 있는 두 수의 곱 중에서 둘째로 큰 곱은 6입니다.

철사의 길이는 길이가 9 cm인 막대로 4번 잰 것과 같으므로 $9 \times 4 = 36$ (cm)입니다.
만들려는 삼각형의 세 변의 길이의 합은 $2 \times 3 = 6$ (cm)입니다.
만들 수 있는 삼각형의 수를 ■라 하면 $6 \times ■ = 36$이고,
$6 \times 6 = 36$이므로 ■ $= 6$입니다.
따라서 삼각형을 6개까지 만들 수 있습니다.

5-1 8모둠

한 모둠에 6명씩 4모둠이므로 미란이네 반 학생은 모두 $6 \times 4 = 24$(명)입니다.
한 모둠을 3명씩 □모둠으로 하면 $3 \times □ = 24$이고, $3 \times 8 = 24$이므로 $□ = 8$입니다.
따라서 한 모둠을 3명씩으로 하면 8모둠이 됩니다.

서술형 **5-2** 3개

예 철사의 길이는 길이가 2 cm인 막대로 6번 잰 것과 같으므로 $2 \times 6 = 12$ (cm)입니다.
만들려는 사각형의 네 변의 길이의 합은 $1 \times 4 = 4$ (cm)입니다.
만들 수 있는 사각형의 수를 □라 하면 $4 \times □ = 12$이고,
$4 \times 3 = 12$이므로 $□ = 3$입니다.
따라서 사각형을 3개까지 만들 수 있습니다.

채점 기준	배점
철사의 길이를 구했나요?	2점
만들려는 사각형의 네 변의 길이의 합을 구했나요?	1점
만들 수 있는 사각형의 수를 구했나요?	2점

5-3 4일

한 사람이 하루에 하는 일의 양을 1이라고 하면 두 사람이 8일 만에 끝낼 수 있는 일의 양은 $2 \times 8 = 16$입니다.
이 일을 4명이 함께 했을 때 걸리는 날수를 □라 하면 $4 \times □ = 16$이고,
$4 \times 4 = 16$이므로 $□ = 4$입니다.
따라서 4명이 함께 일을 하면 4일 만에 끝낼 수 있습니다.

5-4 4줄

학생들이 한 줄에 7명씩 8줄로 서 있으므로 전체 학생은 $7 \times 8 = 56$(명)입니다.
한 모둠은 한 줄에 6명씩 6줄로 서므로 $6 \times 6 = 36$(명)입니다.

따라서 다른 한 모둠의 학생은 $56-36=20$(명)입니다.
다른 한 모둠이 한 줄에 5명씩 □줄로 선다고 하면 $5\times□=20$이고,
$5\times4=20$이므로 $□=4$입니다.
따라서 다른 한 모둠은 한 줄에 5명씩 4줄로 서야 합니다.

50~51쪽

어떤 수를 ■라 하면 잘못 계산한 식은 $■\times8=48$입니다.
$6\times8=48$이므로 $■=6$입니다.
따라서 바르게 계산하면 $6\times5=30$입니다.

6-1 56

어떤 수를 □라 하면 잘못 계산한 식은 $□\times9=72$입니다.
$8\times9=72$이므로 $□=8$입니다.
따라서 바르게 계산하면 $8\times7=56$입니다.

6-2 34

어떤 수를 □라 하면 잘못 계산한 식은 $□\times4+6=26$입니다.
6을 더하기 전은 $□\times4=26-6$, $□\times4=20$이고 $5\times4=20$이므로 $□=5$입니다.
따라서 바르게 계산하면 $5\times6+4=30+4=34$입니다.

참고
덧셈, 뺄셈, 곱셈, 나눗셈이 섞여 있는 식은 곱셈, 나눗셈을 먼저 계산하고 덧셈, 뺄셈을 계산합니다.

6-3 8

어떤 수를 □라 하면 8에 어떤 수를 곱한 후 4를 뺀 수는 $8\times□-4$입니다.
7에 8을 곱한 후 4를 더한 수는 $7\times8+4=56+4=60$입니다.
$8\times□-4=60$, 4를 빼기 전은 $8\times□=60+4$, $8\times□=64$이고 $8\times8=64$이므로 $□=8$입니다.
따라서 어떤 수는 8입니다.

6-4 66

어떤 수를 □라 하면 잘못 구한 식은 $□+6\times9=96$, $□+54=96$입니다.
➡ $96-54=□$, $□=42$
따라서 바르게 구하면 $42+3\times8=42+24=66$입니다.

52~53쪽

$●\times●=3●$에서 같은 두 수의 곱의 십의 자리 수가 3이 되는 수는
$6\times6=36$이므로 $●=6$입니다.
$▲\times●=48$에서 $▲\times6=48$이고, $8\times6=48$이므로 $▲=8$입니다.

■×2=1▲에서 ■×2=18이고, 9×2=18이므로 ■=9입니다.
따라서 ●+▲+■=6+8+9=23입니다.

7-1 1, 3

8×●=8에서 8×1=8이므로 ●=1입니다.
7×■=2●에서 ●=1이므로 7×■=21이고, 7×3=21이므로 ■=3입니다.
따라서 ●=1, ■=3입니다.

7-2 15

●×●=2●에서 같은 두 수의 곱의 십의 자리 수가 2가 되는 수는
5×5=25이므로 ●=5입니다.
●×▲=35에서 ●=5이므로 5×▲=35이고, 5×7=35이므로 ▲=7입니다.
9×■=2▲에서 ▲=7이므로 9×■=27이고, 9×3=27이므로 ■=3입니다.
따라서 ●+▲+■=5+7+3=15입니다.

7-3 21

◆×7=28에서 4×7=28이므로 ◆=4입니다.
◆×●=▲에서 ◆=4이므로 4×●=▲입니다.
4×●=▲, ■×6=▲에서 ▲는 15보다 작은 수이므로 곱셈구구를 이용하여 알아보면
4×1=4, 4×2=8, 4×3=12 ⋯⋯ ㉠
1×6=6, 2×6=12 ⋯⋯ ㉡
㉠과 ㉡ 중 곱이 같은 것은 4×3=12, 2×6=12이므로
●=3, ▲=12, ■=2입니다.
따라서 ◆+●+▲+■=4+3+12+2=21입니다.

7-4 56

◆×◆=8●에서 같은 두 수의 곱의 십의 자리 수가 8이 되는 수는
9×9=81이므로 ◆=9, ●=1입니다.
▲×◆=■에서 ◆=9이므로 ▲×9=■입니다.
▲×9=■, ★×★=■에서 ■는 10보다 크고 40보다 작은 수이므로 곱셈구구를 이용하여 알아보면
2×9=18, 3×9=27, 4×9=36 ⋯⋯ ㉠
4×4=16, 5×5=25, 6×6=36 ⋯⋯ ㉡
㉠과 ㉡ 중 곱이 같은 것은 4×9=36, 6×6=36이므로
▲=4, ■=36, ★=6입니다.
따라서 ◆+●+▲+■+★=9+1+4+36+6=56입니다.

54~55쪽

어떤 수를 ■라 하면
첫째 조건에서 ■×6>40이므로 ■=7, 8, 9입니다.
둘째 조건에서 4×■<35이므로

■=1, 2, 3, 4, 5, 6, 7, 8입니다.
셋째 조건에서 $3\times$■>22이므로 ■=8, 9입니다.
따라서 조건을 모두 만족하는 ■=8이므로 어떤 수는 8입니다.

8-1 7

어떤 수를 □라 하면
첫째 조건에서 $\square\times5>25$이므로 □=6, 7, 8, 9입니다.
둘째 조건에서 $6\times\square>40$이므로 □=7, 8, 9입니다.
셋째 조건에서 $9\times\square<70$이므로 □=1, 2, 3, 4, 5, 6, 7입니다.
따라서 조건을 모두 만족하는 □=7이므로 어떤 수는 7입니다.

8-2 64

어떤 수를 □라 하면
첫째 조건에서 $6\times9=54$이므로 $\square>54$입니다.
둘째 조건에서 $8\times5=40$을 두 번 더한 값은 $40+40=80$이므로 $\square<80$입니다.
셋째 조건에서 같은 두 수의 곱 중 54보다 크고 80보다 작은 수를 찾으면
$8\times8=64$입니다.
따라서 조건을 모두 만족하는 어떤 수는 64입니다.

8-3 3개

어떤 수를 □라 하면
첫째 조건에서 □=1, 2, 3, 4, 5, 6, 7, 8, 9입니다.
첫째와 둘째 조건에서 $5\times4=20$이고 $\square\times6>20$이므로 □=4, 5, 6, 7, 8, 9입니다.
첫째와 셋째 조건에서 어떤 수를 8번 더한 수는 $\square\times8$이고 $\square\times8<50$이므로
□=1, 2, 3, 4, 5, 6입니다.
따라서 조건을 모두 만족하는 어떤 수는 4, 5, 6으로 3개입니다.

56~57쪽

- 소가 7마리이면 닭은 $10-7=3$(마리)입니다.
  이때 소의 다리는 $4\times7=28$(개)이고, 닭의 다리는 $2\times3=6$(개)로
  소와 닭의 다리는 모두 $28+6=34$(개)이므로 틀립니다.
- 소가 6마리이면 닭은 $10-6=4$(마리)입니다.
  이때 소의 다리는 $4\times6=24$(개)이고, 닭의 다리는 $2\times4=8$(개)로
  소와 닭의 다리는 모두 $24+8=32$(개)이므로 맞습니다.

➡ 소는 6마리, 닭은 4마리이므로 소는 닭보다 $6-4=2$(마리) 더 많습니다.

9-1 5마리

- 돼지가 6마리이면 오리는 $15-6=9$(마리)입니다.
  이때 돼지의 다리는 $4\times6=24$(개)이고, 오리의 다리는 $2\times9=18$(개)입니다.
  ➡ 돼지와 오리의 다리는 모두 $24+18=42$(개)이므로 틀립니다.
- 돼지가 5마리이면 오리는 $15-5=10$(마리)입니다.

이때 돼지의 다리는 $4\times5=20$(개)이고, 오리의 다리는 $2\times10=20$(개)입니다.
➡ 돼지와 오리의 다리는 모두 $20+20=40$(개)이므로 맞습니다.
따라서 돼지는 5마리, 오리는 10마리이므로 오리는 돼지보다 $10-5=5$(마리) 더 많습니다.

9-2 2대

• 두발자전거가 10대라면 세발자전거는 $20-10=10$(대)입니다.
이때 두발자전거의 바퀴는 $2\times10=20$(개)이고,
세발자전거의 바퀴는 $3\times10=30$(개)입니다.
➡ 자전거의 바퀴는 모두 $20+30=50$(개)이므로 틀립니다.
• 두발자전거가 9대라면 세발자전거는 $20-9=11$(대)입니다.
이때 두발자전거의 바퀴는 $2\times9=18$(개)이고,
세발자전거의 바퀴는 $3\times11=33$(개)입니다.
➡ 자전거의 바퀴는 모두 $18+33=51$(개)이므로 맞습니다.
따라서 두발자전거는 9대, 세발자전거는 11대이므로 두발자전거는 세발자전거보다 $11-9=2$(대) 더 적습니다.

9-3 5개

• 5인용 긴의자가 6개라면 7인용 긴의자는 $12-6=6$(개)입니다.
이때 5인용 긴의자에 앉은 사람은 $5\times6=30$(명)이고,
7인용 긴의자에 앉은 사람은 $7\times6=42$(명)입니다.
➡ 긴의자에 앉은 사람은 모두 $30+42=72$(명)이므로 틀립니다.
• 5인용 긴의자가 7개라면 7인용 긴의자는 $12-7=5$(개)입니다.
이때 5인용 긴의자에 앉은 사람은 $5\times7=35$(명)이고,
7인용 긴의자에 앉은 사람은 $7\times5=35$(명)입니다.
➡ 긴의자에 앉은 사람은 모두 $35+35=70$(명)이므로 맞습니다.
따라서 7인용 긴의자는 5개입니다.

9-4 3개

4점짜리 과녁에 맞힌 화살 2개의 점수는 $4\times2=8$(점)이므로
8점짜리 과녁과 6점짜리 과녁에 맞힌 화살은 $13-2=11$(개)이고
점수는 $80-8=72$(점)입니다.
• 8점짜리 과녁에 맞힌 화살이 4개라면
6점짜리 과녁에 맞힌 화살은 $11-4=7$(개)입니다.
이때 8점짜리 과녁에 맞힌 화살의 점수는 $8\times4=32$(점)이고,
6점짜리 과녁에 맞힌 화살의 점수는 $6\times7=42$(점)입니다.
➡ 두 과녁에 맞혀 얻은 점수는 $32+42=74$(점)이므로 틀립니다.
• 8점짜리 과녁에 맞힌 화살이 3개라면
6점짜리 과녁에 맞힌 화살은 $11-3=8$(개)입니다.
이때 8점짜리 과녁에 맞힌 화살의 점수는 $8\times3=24$(점)이고,
6점짜리 과녁에 맞힌 화살의 점수는 $6\times8=48$(점)입니다.
➡ 두 과녁에 맞혀 얻은 점수는 $24+48=72$(점)이므로 맞습니다.
따라서 8점짜리 과녁에 맞힌 화살은 3개입니다.

1 40

곱하는 두 수를 바꾸어 곱해도 곱은 같습니다.
$3\times5=5\times3$이므로 ㉠$=5$입니다.
$8\times7=7\times8$이므로 ㉡$=8$입니다.
➡ ㉠$\times$㉡$=5\times8=40$

2 34개

1층에 놓인 쌓기나무는 3개씩 2줄이므로 $3\times2=6$(개)입니다.
한 층에 6개씩 5층으로 쌓았으므로 상자 모양을 만드는 데 사용한 쌓기나무는 $6\times5=30$(개)입니다.
➡ (가지고 있는 쌓기나무의 수)
=(상자 모양을 만드는 데 사용한 쌓기나무의 수)+(남은 쌓기나무의 수)
$=30+4=34$(개)

3 7개

(재우가 가지고 있는 사탕의 수)$=9\times4+6=36+6=42$(개)
사탕 42개를 한 줄에 □개씩 6줄로 놓는다면 $□\times6=42$, $7\times6=42$이므로 $□=7$입니다. 따라서 사탕을 6줄로 모두 놓으려면 한 줄에 7개씩 놓아야 합니다.

서술형 **4** 6쪽

예 (2쪽씩 일주일 동안 푼 쪽수)$=2\times7=14$(쪽)이므로
(남은 쪽수)$=68-14=54$(쪽)입니다.
따라서 하루에 □쪽씩 9일 동안 모두 풀려면 $□\times9=54$에서 $6\times9=54$, $□=6$이므로 하루에 6쪽씩 풀어야 합니다.

채점 기준	배점
2쪽씩 일주일 동안 푼 쪽수를 구했나요?	2점
남은 쪽수를 구했나요?	1점
9일 동안 모두 풀려면 하루에 몇 쪽씩 풀어야 하는지 구했나요?	2점

5 7, 4, 8

- 8단 곱셈구구의 곱은 8씩 커지므로 8×7에 8을 더한 수는 8×8과 같습니다.
  $8\times8=8\times7+8$ ➡ ●$=7$
- 8×8은 8을 8번 더한 수이므로 8×4를 두 번 더한 것과 같습니다.
  $8\times8=8\times4+8\times4$ ➡ ■$=4$
- $8\times8=8+8+8+8+8+8+8+8$ ➡ ▲$=8$

6 경화

현아: 5점은 2번 맞혔으므로 $5\times2=10$(점), 4점은 1번 맞혔으므로 $4\times1=4$(점), 3점은 3번 맞혔으므로 $3\times3=9$(점)입니다. ➡ (점수)$=10+4+9=23$(점)
찬희: 5점은 1번 맞혔으므로 $5\times1=5$(점), 4점은 4번 맞혔으므로 $4\times4=16$(점), 3점은 1번 맞혔으므로 $3\times1=3$(점)입니다. ➡ (점수)$=5+16+3=24$(점)

경화: 5점은 3번 맞혔으므로 $5 \times 3 = 15$(점), 4점은 1번 맞혔으므로 $4 \times 1 = 4$(점),
3점은 2번 맞혔으므로 $3 \times 2 = 6$(점)입니다. ➡ (점수)$= 15 + 4 + 6 = 25$(점)
따라서 얻은 점수가 가장 높은 사람은 경화이므로 이긴 사람은 경화입니다.

7 45개

첫째: $1 \times 1 = 1$(개), 둘째: $3 \times 2 = 6$(개), 셋째: $5 \times 3 = 15$(개), ...
(가로로 놓인 바둑돌의 수)×(줄 수)로 바둑돌을 늘어놓은 규칙을 알아보면
가로로 놓인 바둑돌의 수는 1부터 2씩 커지고, 줄 수는 1부터 1씩 커집니다.
➡ 넷째: $7 \times 4 = 28$(개), 다섯째: $9 \times 5 = 45$(개)
따라서 다섯째에 놓이는 바둑돌은 45개입니다.

8 77, 121

위에서 둘째 줄은 오른쪽으로 갈수록 7씩 커지므로 63부터 7씩 커지도록 수를 쓰면
63－70－77입니다.
➡ ㉠$= 77$
위에서 셋째 줄은 오른쪽으로 갈수록 8씩 커지므로 72부터 8씩 커지도록 수를 쓰면
72－80－88입니다.
➡ (세로줄 8과 가로줄 11이 만나는 칸)$= 88$
위에서 넷째 줄은 오른쪽으로 갈수록 9씩 커지므로 81부터 9씩 커지도록 수를 쓰면
81－90－99입니다.
➡ (세로줄 9와 가로줄 11이 만나는 칸)$= 99$
㉠이 있는 세로줄은 77, 88, 99, ...로 11씩 커지므로 99부터 11씩 커지도록
수를 쓰면 99－110－121입니다.
➡ ㉡$= 121$

9 7칸

용석이가 4번 이기고, 5번 비기고, 3번 졌으므로
수민이는 3번 이기고, 5번 비기고, 4번 졌습니다.
용석: 4번 이겼으므로 $5 \times 4 = 20$(칸)을 올라가고 3번 졌으므로 $2 \times 3 = 6$(칸)을
내려갑니다.
➡ (용석이가 올라간 계단의 수)$= 20 - 6 = 14$(칸)
수민: 3번 이겼으므로 $5 \times 3 = 15$(칸)을 올라가고 4번 졌으므로 $2 \times 4 = 8$(칸)을
내려갑니다.
➡ (수민이가 올라간 계단의 수)$= 15 - 8 = 7$(칸)
따라서 용석이가 수민이보다 $14 - 7 = 7$(칸) 더 위에 있습니다.

10 3살

2년 후 세 사람의 나이의 합은 $50 + 2 + 2 + 2 = 56$(살)입니다.
2년 후 규리와 동생의 나이의 합을 □살이라 하면 이모의 나이는 (□×6)살이므로
□＋□×6＝56(살)입니다.
□＋□＋□＋□＋□＋□＋□＝56, □×7＝56, $8 \times 7 = 56$이므로 □＝8입니다.
합이 8이고 차가 2인 두 수는 5와 3이므로 2년 후 규리의 나이는 5살, 동생의 나이는
3살입니다. 따라서 올해 규리의 나이는 $5 - 2 = 3$(살)입니다.

3 길이 재기

1 1 m 알아보기, 자로 길이 재기

62~63쪽

1 10

1 m=100 cm이므로 10 cm로 10번 잰 길이입니다.

2 64 cm

1 m=100 cm이므로 한 조각의 길이가 36 cm일 때 다른 한 조각의 길이는 100 cm−36 cm=64 cm입니다.

3 ㉠, ㉣

1 m보다 긴 것은 가로등의 높이, 아파트의 높이이고,
1 m보다 짧은 것은 연필의 길이, 신발의 길이입니다.
따라서 m 단위로 나타내기에 알맞은 것은 ㉠, ㉣입니다.

4 162 cm

1 m 62 cm=1 m+62 cm=100 cm+62 cm=162 cm
따라서 사용한 리본의 길이는 162 cm입니다.

5 동욱

(동욱이의 키)=1 m 32 cm=1 m+32 cm=100 cm+32 cm=132 cm
따라서 동욱이와 준서의 키를 비교하면 132 cm>127 cm이므로 동욱이의 키가 더 큽니다.

2 길이의 합, 길이의 차

64~65쪽

1 (1) 5, 92 (2) 2, 32

m는 m끼리, cm는 cm끼리 계산합니다.

2 5 m 84 cm

(빨간색 테이프의 길이)=240 cm=2 m 40 cm
(파란색 테이프의 길이)=3 m 44 cm
➡ (두 색 테이프의 길이의 합)=2 m 40 cm+3 m 44 cm=5 m 84 cm

3 1 m 86 cm

$$\begin{array}{r} \scriptstyle 2 \quad\ \ 100 \\ 3\text{ m } 28\text{ cm} \\ -\ 1\text{ m } 42\text{ cm} \\ \hline 1\text{ m } 86\text{ cm} \end{array}$$

따라서 고무줄은 처음 길이보다 1 m 86 cm만큼 더 늘어났습니다.

4 3 m 65 cm

(색 테이프 3장의 길이의 합)=1 m 27 cm+1 m 27 cm+1 m 27 cm
=3 m 81 cm
(겹쳐진 부분의 길이의 합)=8 cm+8 cm=16 cm
➡ (이어 붙인 색 테이프의 전체 길이)
=(색 테이프 3장의 길이의 합)−(겹쳐진 부분의 길이의 합)
=3 m 81 cm−16 cm=3 m 65 cm

3 길이 어림하기

66~67쪽

1 은정, 17 cm

은정이의 발 길이가 21 cm이므로
(은정이가 가지고 있는 끈의 길이)=21+21+21=63 (cm)입니다.
수아의 발 길이가 23 cm이므로
(수아가 가지고 있는 끈의 길이)=23+23=46 (cm)입니다.
따라서 은정이가 가지고 있는 끈이 수아가 가지고 있는 끈보다 63−46=17 (cm) 더 깁니다.

2 ㉢, ㉠, ㉡

같은 길이를 잴 때 단위의 길이가 짧을수록 잰 횟수가 많습니다.
단위의 길이를 비교하면 ㉢<㉠<㉡이므로
재어야 하는 횟수가 많은 것부터 차례로 기호를 쓰면 ㉢, ㉠, ㉡입니다.

3 20번

서진이의 발로 4번 잰 길이가 1 m이므로
서진이의 발로 5 m를 어림하려면 4번씩 5번 재어야 합니다.
따라서 서진이의 발로 4×5=20(번) 재어야 합니다.

68~69쪽

(우체국의 높이)=7 m 34 cm=700 cm+34 cm=734 cm
(학교의 높이)=940 cm
(소방서의 높이)=816 cm
734 cm<816 cm<940 cm이므로
높이가 낮은 건물부터 차례로 쓰면 우체국, 소방서, 학교입니다.

1-1 설아, 지민, 효경

(효경이의 키)$=124$ cm
(설아의 키)$=132$ cm
(지민이의 키)$=1$ m 29 cm$=1$ m$+29$ cm$=100$ cm$+29$ cm$=129$ cm
132 cm>129 cm>124 cm이므로
키가 큰 사람부터 차례로 이름을 쓰면 설아, 지민, 효경입니다.

1-2 병원

(경찰서의 높이)$=6$ m 89 cm
(병원의 높이)$=9$ m 67 cm
(도서관의 높이)$=959$ cm$=900$ cm$+59$ cm$=9$ m$+59$ cm$=9$ m 59 cm
9 m 67 cm>9 m 59 cm>6 m 89 cm이므로 가장 높은 건물은 병원입니다.

1-3 은미

(현호가 가진 철사의 길이)$=3$ m 74 cm
(은미가 가진 철사의 길이)$=2$ m 52 cm
(민수가 가진 철사의 길이)$=319$ cm$=300$ cm$+19$ cm
$=3$ m$+19$ cm$=3$ m 19 cm
3 m 74 cm>3 m 19 cm>2 m 52 cm이므로
가장 짧은 철사를 가진 사람은 은미입니다.

1-4 2회

(1회의 기록)$=13$ m 54 cm$=13$ m$+54$ cm$=1300$ cm$+54$ cm$=1354$ cm
(2회의 기록)$=1816$ cm
(3회의 기록)$=1682$ cm
(4회의 기록)$=18$ m 31 cm$=18$ m$+31$ cm$=1800$ cm$+31$ cm$=1831$ cm
1831 cm>1816 cm>1682 cm>1354 cm이므로
공을 둘째로 멀리 던진 기록은 2회의 기록입니다.

다른 풀이
(1회의 기록)$=13$ m 54 cm
(2회의 기록)$=1816$ cm$=1800$ cm$+16$ cm$=18$ m$+16$ cm$=18$ m 16 cm
(3회의 기록)$=1682$ cm$=1600$ cm$+82$ cm$=16$ m$+82$ cm$=16$ m 82 cm
(4회의 기록)$=18$ m 31 cm
18 m 31 cm>18 m 16 cm>16 m 82 cm>13 m 54 cm이므로
공을 둘째로 멀리 던진 기록은 2회의 기록입니다.

대표문제 2

나무 막대의 길이는 150 cm$=1$ m 50 cm이므로 나무 막대로 4번 잰 길이는
1 m 50 cm$+1$ m 50 cm$+1$ m 50 cm$+1$ m 50 cm$=4$ m 200 cm
$=6$ m
철사의 길이는 2 m이고 6 m$=2$ m$+2$ m$+2$ m입니다.
따라서 나무 막대로 4번 잰 길이를 철사로 재면 3번입니다.

2-1 7번

연필의 길이는 14 cm이므로 연필로 10번 잰 길이는
14 cm+14 cm+14 cm+14 cm+14 cm+14 cm+14 cm+14 cm+14 cm
+14 cm=140 cm입니다.
붓의 길이는 20 cm이고
140 cm=20 cm+20 cm+20 cm+20 cm+20 cm+20 cm+20 cm입니다.
따라서 연필로 10번 잰 길이를 붓으로 재면 7번입니다.

2-2 3번

파란색 리본의 길이는 225 cm=2 m 25 cm이므로 파란색 리본으로 4번 잰 길이는
2 m 25 cm+2 m 25 cm+2 m 25 cm+2 m 25 cm=8 m 100 cm=9 m입니다.
빨간색 리본의 길이는 3 m이고 9 m=3 m+3 m+3 m입니다.
따라서 파란색 리본으로 4번 잰 길이를 빨간색 리본으로 재면 3번입니다.

2-3 28걸음

3×4=12이므로 12 m는 3 m씩 4번 잰 길이와 같습니다.
3 m는 민재의 7걸음과 같으므로
민재의 걸음으로 12 m를 재어 보려면 7걸음씩 4번 걸어야 합니다.
따라서 민재가 12 m를 재어 보려면 7×4=28(걸음) 걸어야 합니다.

2-4 7번

잰 길이가 3 m=300 cm를 넘을 때까지 팔 길이를 여러 번 더해 봅니다.
(2번 잰 길이)=45+45=90 (cm)
(3번 잰 길이)=45+45+45=135 (cm)
(4번 잰 길이)=45+45+45+45=180 (cm)
(5번 잰 길이)=45+45+45+45+45=225 (cm)
(6번 잰 길이)=45+45+45+45+45+45=270 (cm)
(7번 잰 길이)=45+45+45+45+45+45+45=315 (cm)
따라서 적어도 7번을 재어야 3 m를 넘습니다.

대표문제 3

(㉠~㉣의 길이)=(㉠~㉢의 길이)+(㉡~㉣의 길이)−(㉡~㉢의 길이)
=2 m 55 cm+2 m 89 cm−1 m 50 cm
=4 m 144 cm−1 m 50 cm
=3 m 94 cm
따라서 ㉠에서 ㉣까지의 길이는 3 m 94 cm입니다.

3-1 4 m 99 cm

(㉠~㉣의 길이)=(㉠~㉢의 길이)+(㉡~㉣의 길이)−(㉡~㉢의 길이)
=3 m 46 cm+3 m 63 cm−2 m 10 cm
=6 m 109 cm−2 m 10 cm
=4 m 99 cm
따라서 ㉠에서 ㉣까지의 길이는 4 m 99 cm입니다.

3-2 1 m 5 cm

(㉡~㉢의 길이)=(㉠~㉢의 길이)+(㉡~㉣의 길이)−(㉠~㉣의 길이)
=2 m 75 cm+3 m 68 cm−5 m 38 cm
=5 m 143 cm−5 m 38 cm
=105 cm=1 m 5 cm
따라서 ㉡에서 ㉢까지의 길이는 1 m 5 cm입니다.

3-3 2 m 39 cm

(㉠~㉡의 길이)=(㉠~㉢의 길이)+(㉢~㉣의 길이)−(㉡~㉣의 길이)
=4 m 43 cm+3 m 12 cm−5 m 16 cm
=7 m 55 cm−5 m 16 cm
=2 m 39 cm
따라서 ㉠에서 ㉡까지의 길이는 2 m 39 cm입니다.

대표문제 4

100 cm=1 m이므로
(아버지의 키)=178 cm=1 m 78 cm입니다.
(아버지의 키)=(수민이의 키)+45 cm
➡ (수민이의 키)=(아버지의 키)−45 cm
=1 m 78 cm−45 cm
=1 m 33 cm
따라서 (형의 키)=1 m 33 cm+25 cm=1 m 58 cm입니다.

4-1 1 m 73 cm

(빨간색 테이프의 길이)=(파란색 테이프의 길이)+1 m 36 cm
=2 m 54 cm+1 m 36 cm=3 m 90 cm
100 cm=1 m이므로 217 cm=2 m 17 cm입니다.
(노란색 테이프의 길이)=(빨간색 테이프의 길이)−2 m 17 cm
=3 m 90 cm−2 m 17 cm=1 m 73 cm

4-2 1 m 49 cm

100 cm=1 m이므로 (누나의 키)=165 cm=1 m 65 cm입니다.
(누나의 키)=(상민이의 키)+38 cm이므로
(상민이의 키)=(누나의 키)−38 cm=1 m 65 cm−38 cm=1 m 27 cm
따라서 (형의 키)=(상민이의 키)+22 cm=1 m 27 cm+22 cm=1 m 49 cm입니다.

다른 풀이
누나의 키는 165 cm이므로 (상민이의 키)=165 cm−38 cm=127 cm입니다.
따라서 (형의 키)=127 cm+22 cm=149 cm=1 m 49 cm입니다.

참고
누나는 상민이보다 38 cm 더 크고, 형은 상민이보다 22 cm 더 크므로 누나는 형보다
38 cm−22 cm=16 cm 더 크다는 조건으로 문제를 해결할 수도 있습니다.

서술형 **4-3** 7 m 12 cm

예 (은행나무의 높이)=(소나무의 높이)−48 cm이므로
(소나무의 높이)=(은행나무의 높이)+48 cm
=8 m 33 cm+48 cm
=8 m 81 cm
100 cm=1 m이므로 169 cm=1 m 69 cm입니다.
따라서 (느티나무의 높이)=(소나무의 높이)−1 m 69 cm
=8 m 81 cm−1 m 69 cm
=7 m 12 cm입니다.

채점 기준	배점
소나무의 높이를 구했나요?	2점
느티나무의 높이를 구했나요?	3점

4-4 4 m 70 cm

100 cm=1 m이므로 (희수가 뛴 거리)=179 cm=1 m 79 cm입니다.
(주호가 뛴 거리)=(희수가 뛴 거리)−54 cm=1 m 79 cm−54 cm=1 m 25 cm
(재화가 뛴 거리)=(주호가 뛴 거리)+41 cm=1 m 25 cm+41 cm=1 m 66 cm
(세 사람이 뛴 거리의 합)=1 m 79 cm+1 m 25 cm+1 m 66 cm
=3 m 170 cm=4 m 70 cm

대표문제 **5**

1 m 20 cm=120 cm이고
30 cm+30 cm+30 cm+30 cm=120 cm이므로
큰 사각형 모양 종이의 한 변의 길이는 30 cm입니다.
6×5=30이므로 이 종이를
6 cm씩 가로로 5칸, 세로로 5칸으로 나눌 수 있습니다.
따라서 네 변의 길이가 모두 같고 한 변의 길이가 6 cm인 똑같은 사각형 모양의 카드를
5×5=25(장)까지 만들 수 있습니다.

5-1 81장

큰 사각형 모양 종이의 한 변의 길이는 18 cm이고 2×9=18이므로
이 종이를 2 cm씩 가로로 9칸, 세로로 9칸으로 나눌 수 있습니다.
따라서 네 변의 길이가 모두 같고 한 변의 길이가 2 cm인 똑같은 사각형 모양의 카드를
9×9=81(장)까지 만들 수 있습니다.

5-2 16장

20 cm+20 cm+20 cm+20 cm=80 cm이므로
큰 사각형 모양 종이의 한 변의 길이는 20 cm입니다.
5×4=20이므로 이 종이를 5 cm씩 가로로 4칸, 세로로 4칸으로 나눌 수 있습니다.
따라서 네 변의 길이가 모두 같고 한 변의 길이가 5 cm인 똑같은 사각형 모양의 카드를
4×4=16(장)까지 만들 수 있습니다.

5-3 63장

큰 사각형 모양의 종이의 가로는 21 cm이고 $3\times7=21$이므로
3 cm씩 7칸으로 나눌 수 있습니다.
큰 사각형 모양의 종이의 세로는 27 cm이고 $3\times9=27$이므로
3 cm씩 9칸으로 나눌 수 있습니다.
따라서 네 변의 길이가 모두 같고 한 변의 길이가 3 cm인 똑같은 사각형 모양의 카드를
$7\times9=63$(장)까지 만들 수 있습니다.

대표문제 **6**

나무 막대 8개를 늘어놓았으므로 나무 막대 사이의 간격은 $8-1=7$(군데)입니다.
(나무 막대 8개의 길이의 합)
$=90$ cm$+90$ cm$+90$ cm$+90$ cm$+90$ cm$+90$ cm$+90$ cm$+90$ cm
$=720$ cm$=7$ m 20 cm
(간격의 길이의 합)
$=30$ cm$+30$ cm$+30$ cm$+30$ cm$+30$ cm$+30$ cm$+30$ cm
$=210$ cm$=2$ m 10 cm
➡ (전체 거리)$=$(나무 막대 8개의 길이의 합)$+$(간격의 길이의 합)
$=7$ m 20 cm$+2$ m 10 cm$=9$ m 30 cm

6-1 63 m

나무 10그루가 심어져 있으므로 나무 사이의 간격은 $10-1=9$(군데)입니다.
따라서 도로의 전체 길이는 $7\times9=63$ (m)입니다.

6-2 14 m 16 cm

나무 막대 10개를 늘어놓았으므로 나무 막대 사이의 간격은 $10-1=9$(군데)입니다.
(나무 막대 10개의 길이의 합)$=120$ cm$+120$ cm$+120$ cm$+120$ cm$+120$ cm
$+120$ cm$+120$ cm$+120$ cm$+120$ cm$+120$ cm
$=1200$ cm$=12$ m
(간격의 길이의 합)$=24$ cm$+24$ cm$+24$ cm$+24$ cm$+24$ cm$+24$ cm
$+24$ cm$+24$ cm$+24$ cm
$=216$ cm$=2$ m 16 cm
➡ (전체 거리)$=$(나무 막대 10개의 길이의 합)$+$(간격의 길이의 합)
$=12$ m$+2$ m 16 cm$=14$ m 16 cm

6-3 현우

현우는 나무 막대 8개를 늘어놓았으므로 나무 막대 사이의 간격은 $8-1=7$(군데)입니다.
(나무 막대 8개의 길이의 합)$=1\times8=8$ (m)
(간격의 길이의 합)$=6\times7=42$ (cm)
➡ (전체 거리)$=$(나무 막대 8개의 길이의 합)$+$(간격의 길이의 합)
$=8$ m$+42$ cm$=8$ m 42 cm

지우는 나무 막대 4개를 늘어놓았으므로 나무 막대 사이의 간격은 4−1=3(군데)입니다.
(나무 막대 4개의 길이의 합)=2×4=8 (m)
(간격의 길이의 합)=9×3=27 (cm)
➡ (전체 거리)=(나무 막대 4개의 길이의 합)+(간격의 길이의 합)
=8 m+27 cm=8 m 27 cm
8 m 42 cm>8 m 27 cm이므로 전체 거리가 더 긴 사람은 현우입니다.

6-4 61 m 50 cm

산책로 양쪽에 설치한 긴의자가 18개이므로 한쪽에 설치한 긴의자는 9개입니다.
긴의자 9개가 산책로의 처음부터 끝까지 놓여져 있으므로 긴의자 사이의 간격은
9−1=8(군데)입니다.
(긴의자 9개의 길이의 합)
=1 m 50 cm+1 m 50 cm+1 m 50 cm+1 m 50 cm+1 m 50 cm
+1 m 50 cm+1 m 50 cm+1 m 50 cm+1 m 50 cm
=9 m 450 cm=13 m 50 cm
(간격의 길이의 합)=6×8=48 (m)
➡ (산책로의 전체 길이)=13 m 50 cm+48 m=61 m 50 cm

대표문제 7

두 도막의 길이의 합과 차를 더하면
1 m 80 cm+40 cm=1 m 120 cm=2 m 20 cm이고,
이 길이는 긴 도막의 길이를 2번 더한 길이와 같습니다.

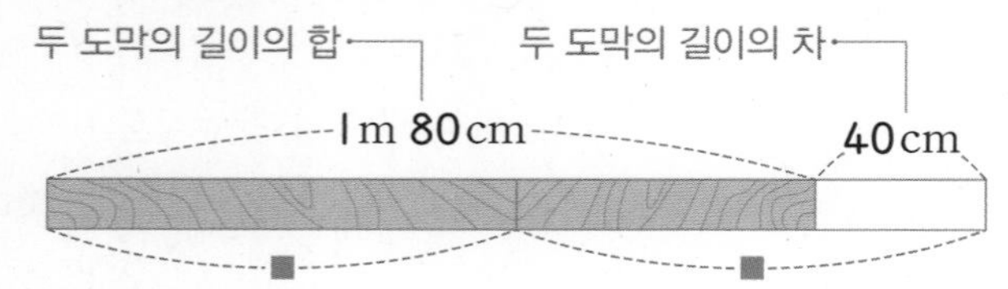

2 m 20 cm=1 m 10 cm+1 m 10 cm이므로
긴 도막의 길이는 1 m 10 cm이고,
짧은 도막의 길이는 1 m 10 cm−40 cm=110 cm−40 cm=70 cm입니다.

7-1 45 cm, 35 cm

두 도막의 길이의 합과 차를 더하면 80 cm+10 cm=90 cm이고,
이 길이는 긴 도막의 길이를 2번 더한 길이와 같습니다.

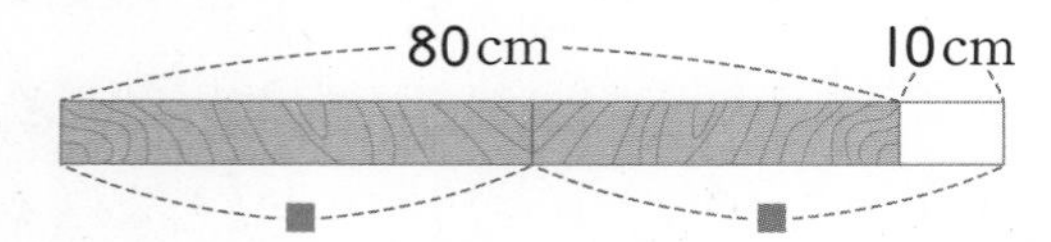

90 cm=45 cm+45 cm이므로 긴 도막의 길이는 45 cm이고,
짧은 도막의 길이는 45 cm−10 cm=35 cm입니다.

7-2 2 m 10 cm, 1 m 50 cm

두 도막의 길이의 합과 차를 더하면
3 m 60 cm+60 cm=3 m 120 cm=4 m 20 cm이고,
이 길이는 긴 도막의 길이를 2번 더한 길이와 같습니다.

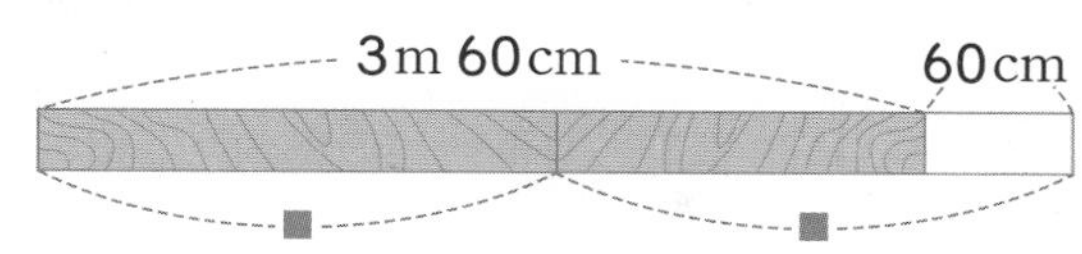

4 m 20 cm=2 m 10 cm+2 m 10 cm이므로 긴 도막의 길이는 2 m 10 cm이고,
짧은 도막의 길이는 2 m 10 cm−60 cm=1 m 110 cm−60 cm=1 m 50 cm입니다.

7-3 2 m 85 cm

나무 막대의 길이는 7 m 85 cm이고 가장 짧은 도막의 길이는 190 cm이므로
나머지 두 도막의 길이의 합은
7 m 85 cm−190 cm=7 m 85 cm−1 m 90 cm
=6 m 185 cm−1 m 90 cm=5 m 95 cm입니다.
나머지 두 도막의 길이의 합과 차를 더하면
5 m 95 cm+25 cm=5 m 120 cm=6 m 20 cm이고,
이 길이는 가장 긴 도막의 길이를 2번 더한 길이와 같습니다.

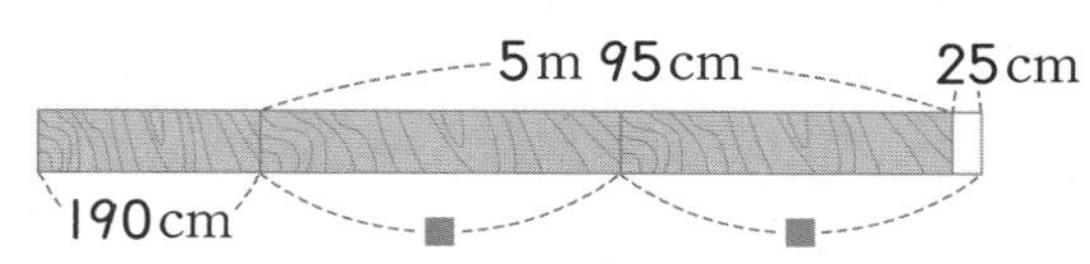

6 m 20 cm=3 m 10 cm+3 m 10 cm이므로
가장 긴 도막의 길이는 3 m 10 cm이고, 둘째로 긴 도막의 길이는
3 m 10 cm−25 cm=2 m 110 cm−25 cm=2 m 85 cm입니다.

대표문제 8

1 m=100 cm이므로 우산의 길이는 1 m 5 cm=105 cm입니다.
민희가 뼘으로 잰 길이는 12 cm씩 5번이므로
12 cm+12 cm+12 cm+12 cm+12 cm=60 cm입니다.
준수가 뼘으로 잰 길이는
1 m 5 cm−60 cm=105 cm−60 cm=45 cm입니다.
45 cm=15 cm+15 cm+15 cm이므로
준수의 한 뼘의 길이는 15 cm입니다.

8-1 10 cm

주하가 뼘으로 잰 길이는 12 cm씩 4번이므로
12 cm+12 cm+12 cm+12 cm=48 cm입니다.
동우가 뼘으로 잰 길이는 78 cm−48 cm=30 cm입니다.
30 cm=10 cm+10 cm+10 cm이므로 동우의 한 뼘의 길이는 10 cm입니다.

8-2 17 cm

식탁의 긴 쪽의 길이는 1 m 66 cm=166 cm입니다.
예지가 뼘으로 잰 길이는 14 cm씩 7번이므로
14 cm+14 cm+14 cm+14 cm+14 cm+14 cm+14 cm=98 cm입니다.
효미가 뼘으로 잰 길이는 1 m 66 cm−98 cm=166 cm−98 cm=68 cm입니다.
68 cm=17 cm+17 cm+17 cm+17 cm이므로
효미의 한 뼘의 길이는 17 cm입니다.

8-3 22 cm

미라는 발 길이로 9번 재고 은수는 발 길이로 6번 재었으므로 나무 막대의 길이는 미라와 은수의 발 길이의 합으로 6번 재고 미라의 발 길이로 9−6=3(번) 더 잰 것과 같습니다.
(미라와 은수의 발 길이의 합으로 6번 잰 길이)
=42 cm+42 cm+42 cm+42 cm+42 cm+42 cm=252 cm=2 m 52 cm
이고,
(미라의 발 길이로 3번 잰 길이)
=3 m 18 cm−2 m 52 cm=2 m 118 cm−2 m 52 cm=66 cm입니다.
66 cm=22 cm+22 cm+22 cm이므로 미라의 발 길이는 22 cm입니다.

8-4 56 cm

복도의 길이는 8 m=800 cm입니다.
소미와 태주가 각각 8걸음씩 재었으므로
소미와 태주의 한 걸음의 길이의 합으로 8번 잰 것과 같습니다.
800 cm
=100 cm+100 cm+100 cm+100 cm+100 cm+100 cm+100 cm+100 cm
이므로 소미와 태주의 한 걸음의 길이의 합은 100 cm입니다.
소미의 한 걸음은 태주의 한 걸음보다 12 cm 더 길므로
100 cm+12 cm=112 cm는 소미의 두 걸음의 길이와 같습니다.
112 cm=56 cm+56 cm이므로 소미의 한 걸음은 56 cm입니다.

84~85쪽

(30 cm인 부분 2곳)=30 cm+30 cm=60 cm ⋯⋯㉠
(35 cm인 부분 2곳)=35 cm+35 cm=70 cm ⋯⋯㉡
(40 cm인 부분 4곳)=40 cm+40 cm+40 cm+40 cm=160 cm ⋯⋯㉢
매듭으로 사용할 리본의 길이가 45 cm이므로
➡ (필요한 리본의 길이)=60 cm+70 cm+160 cm+45 cm
=335 cm=3 m 35 cm

9-1 6 m 54 cm

(한 바퀴 감는 데 필요한 끈의 길이)
=33 cm+46 cm+33 cm+46 cm=158 cm=1 m 58 cm
(4바퀴 감는 데 필요한 끈의 길이)
=1 m 58 cm+1 m 58 cm+1 m 58 cm+1 m 58 cm
=4 m 232 cm=6 m 32 cm
매듭으로 사용할 끈의 길이가 22 cm이므로
4바퀴 감아 묶는 데 필요한 끈의 길이는 6 m 32 cm+22 cm=6 m 54 cm입니다.

9-2 1 m 90 cm

(10 cm인 부분 2곳)=10 cm+10 cm=20 cm
(25 cm인 부분 2곳)=25 cm+25 cm=50 cm
(20 cm인 부분 4곳)=20 cm+20 cm+20 cm+20 cm=80 cm
매듭으로 사용할 리본의 길이가 40 cm이므로
(필요한 리본의 길이)=20 cm+50 cm+80 cm+40 cm
=190 cm=1 m 90 cm입니다.

9-3 69 cm

이어 붙인 리본의 길이는
1 m 78 cm+1 m 16 cm−10 cm=2 m 94 cm−10 cm=2 m 84 cm입니다.
(23 cm인 부분 2곳)=23 cm+23 cm=46 cm
(37 cm인 부분 2곳)=37 cm+37 cm=74 cm
(15 cm인 부분 4곳)=15 cm+15 cm+15 cm+15 cm=60 cm
매듭으로 사용할 리본의 길이가 35 cm이므로
(필요한 리본의 길이)=46 cm+74 cm+60 cm+35 cm
=215 cm=2 m 15 cm
따라서 상자를 묶고 남는 리본의 길이는 2 m 84 cm−2 m 15 cm=69 cm입니다.

9-4 50 cm

이어 붙인 리본의 길이는
2 m 56 cm+1 m 69 cm−5 cm=3 m 125 cm−5 cm
=3 m 120 cm=4 m 20 cm입니다.
(40 cm인 부분 2곳)=40 cm+40 cm=80 cm
(35 cm인 부분 2곳)=35 cm+35 cm=70 cm
(55 cm인 부분 4곳)=55 cm+55 cm+55 cm+55 cm=220 cm
매듭으로 사용한 리본의 길이를 □cm라 하면
80 cm+70 cm+220 cm+□cm=4 m 20 cm,
370 cm+□cm=420 cm,
□cm=420 cm−370 cm=50 cm입니다.
따라서 매듭으로 사용한 리본의 길이는 50 cm입니다.

1 민규

같은 길이를 잴 때 잰 횟수가 적을수록 한 뼘의 길이가 더 깁니다.
뼘으로 잰 횟수를 비교해 보면 $42<48<51$이므로 민규가 가장 적습니다.
따라서 한 뼘의 길이가 가장 긴 학생은 민규입니다.

2 6개

1 m=100 cm이므로 8 m 57 cm=857 cm입니다.
8 m 57 cm>8□0 cm ➡ 857 cm>8□0 cm에서 백의 자리 수는 같고, 일의 자리 수는 $7>0$이므로 □는 5와 같거나 작아야 합니다.
따라서 □ 안에 들어갈 수 있는 수는 0, 1, 2, 3, 4, 5로 모두 6개입니다.

서술형 **3** 1 m 4 cm

예 (사용한 리본의 길이)=1 m 24 cm+1 m 24 cm+1 m 24 cm+1 m 24 cm
=4 m 96 cm
따라서 사용하고 남은 리본의 길이는
6 m−4 m 96 cm=5 m 100 cm−4 m 96 cm=1 m 4 cm입니다.

채점 기준	배점
사용한 리본의 길이를 구했나요?	2점
사용하고 남은 리본의 길이를 구했나요?	3점

4 현지, 동우, 정우

실제 높이와 어림한 높이의 차가 작을수록 실제 높이에 가깝게 어림한 것입니다.
실제 높이와 어림한 높이의 차를 구하면 다음과 같습니다.
정우: 6 m 20 cm−6 m=20 cm
현지: 6 m 32 cm−6 m 20 cm=12 cm
동우: 6 m 20 cm−6 m 5 cm=15 cm
따라서 실제 높이와 어림한 높이의 차가 작은 사람부터 차례로 이름을 쓰면
현지, 동우, 정우입니다.

5 16 m 5 cm

(학교에서 도서관을 거쳐 병원까지 가는 거리)=37 m 16 cm+41 m 59 cm
=78 m 75 cm
➡ (학교에서 도서관을 거쳐 병원까지 가는 거리)−(학교에서 병원으로 바로 가는 거리)
=78 m 75 cm−62 m 70 cm
=16 m 5 cm

6 2 m 8 cm

이어 붙인 색 테이프의 길이는 각각 64 cm+2 m 17 cm=2 m 81 cm입니다.
㉠=2 m 81 cm−131 cm=2 m 81 cm−1 m 31 cm=1 m 50 cm
㉡=2 m 81 cm−2 m 23 cm=58 cm
➡ ㉠+㉡=1 m 50 cm+58 cm=1 m 108 cm=2 m 8 cm

7 67 cm

㉡: 288 cm－1 m 54 cm＝2 m 88 cm－1 m 54 cm＝1 m 34 cm
㉠: ㉡＋13 cm＝1 m 34 cm＋13 cm＝1 m 47 cm
㉢: ㉠＋8 cm＝1 m 47 cm＋8 cm＝1 m 55 cm
㉣: ㉢＋46 cm＝1 m 55 cm＋46 cm＝1 m 101 cm＝2 m 1 cm
따라서 가장 긴 것은 ㉣ 2 m 1 cm이고, 가장 짧은 것은 ㉡ 1 m 34 cm이므로
㉣과 ㉡의 길이의 차는
2 m 1 cm－1 m 34 cm＝1 m 101 cm－1 m 34 cm＝67 cm입니다.

8 85 cm

(삼각형을 만드는 데 사용한 철사의 길이)
＝1 m 10 cm＋1 m 30 cm＋2 m 14 cm＝4 m 54 cm
사각형의 가로의 길이의 합이 1 m 42 cm＋1 m 42 cm＝2 m 84 cm이므로
사각형의 세로의 길이의 합은
4 m 54 cm－2 m 84 cm＝3 m 154 cm－2 m 84 cm＝1 m 70 cm입니다.
1 m 70 cm＝170 cm＝85 cm＋85 cm이므로 사각형의 세로는 85 cm입니다.

9 7 m 40 cm

길이가 1 m 10 cm인 색 테이프 8장의 길이의 합은
1 m 10 cm＋1 m 10 cm＋1 m 10 cm＋⋯＋1 m 10 cm＝8 m 80 cm입니다.
8번
색 테이프 8장을 이어 붙일 때 겹쳐지는 부분은 8－1＝7(군데)이므로
겹쳐진 부분의 길이의 합은
20 cm＋20 cm＋20 cm＋20 cm＋20 cm＋20 cm＋20 cm
＝140 cm＝1 m 40 cm입니다.
➡ (이어 붙인 색 테이프의 전체 길이)
＝(색 테이프 8장의 길이의 합)－(겹쳐진 부분의 길이의 합)
＝8 m 80 cm－1 m 40 cm＝7 m 40 cm

10 60 cm

가장 짧은 도막의 길이를 □cm라 하면 네 도막의 길이의 합은
□cm＋(□cm＋20 cm)＋(□cm＋20 cm＋35 cm)＋(□cm＋20 cm＋35 cm)
＝3 m 70 cm
□cm＋□cm＋□cm＋□cm＋20 cm＋20 cm＋20 cm＋35 cm＋35 cm
＝3 m 70 cm
□cm＋□cm＋□cm＋□cm＋1 m 30 cm＝3 m 70 cm
□cm＋□cm＋□cm＋□cm＝3 m 70 cm－1 m 30 cm＝2 m 40 cm
60 cm＋60 cm＋60 cm＋60 cm＝2 m 40 cm이므로 □＝60입니다.
따라서 가장 짧은 도막의 길이는 60 cm입니다.

4 시각과 시간

1 시각 읽기, 1시간 알기

90~92쪽

1 풀이 참조

(1) 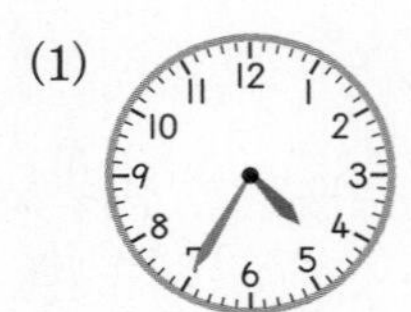

35분은 긴바늘이 숫자 7을 가리키게 그립니다.

(2) 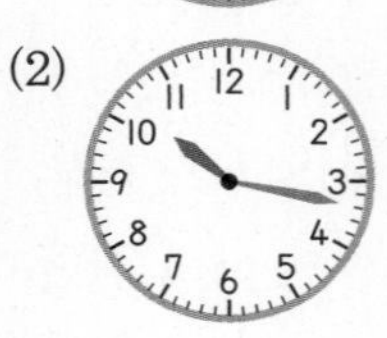

17분은 긴바늘이 숫자 3에서 작은 눈금 2칸 더 간 곳을 가리키게 그립니다.

2 9시 21분

짧은바늘이 숫자 9와 10 사이에 있으므로 9시이고,
긴바늘이 숫자 4에서 작은 눈금 1칸 더 간 곳을 가리키므로 21분입니다.

3 6, 55 / 7, 5

시계가 나타내는 시각은 6시 55분입니다.
6시 55분에서 7시가 되려면 5분이 더 지나야 하므로 7시 5분 전입니다.

4 민서

정우는 8시 15분에 일어났고 민서는 8시 10분 전, 즉 7시 50분에 일어났습니다.
따라서 더 일찍 일어난 사람은 민서입니다.

5 (1) 180 (2) 1, 25 (3) 108 (4) 2, 10

(1) 3시간=60분+60분+60분=180분
(2) 85분=60분+25분=1시간 25분
(3) 1시간 48분=60분+48분=108분
(4) 130분=60분+60분+10분=2시간 10분

6 지원

1시간=60분이므로 지원이가 놀이터에 있는 시간은
97분=60분+37분=1시간 37분입니다.
놀이터에 있는 시간을 비교하면 1시간 12분<1시간 37분이므로 두 사람 중 놀이터에 더 먼저 온 사람은 지원입니다.

7 50분

6시 30분부터 7시까지는 30분이고, 7시부터 7시 20분까지는 20분입니다.
따라서 6시 30분부터 7시 20분까지는 30+20=50(분)입니다.

8 4시간 20분

은수는 8시 30분에 학교에 도착하여 12시 50분에 학교에서 나왔습니다.
8시 30분 —4시간 후→ 12시 30분 —20분 후→ 12시 50분
따라서 은수가 학교에 있던 시간은 4시간 20분입니다.

2 하루의 시간, 달력 알기

93~95쪽

1 (1) 56 (2) 1, 19

(1) 2일 8시간=24시간+24시간+8시간=56시간
(2) 43시간=24시간+19시간=1일 19시간

2 10시간

하루는 24시간이므로 (낮의 길이)+(밤의 길이)=24시간입니다.
➡ (밤의 길이)=24−(낮의 길이)=24−14=10(시간)

3 오전에 ○표, 오후에 ○표, 오후에 ○표

- 성우는 오전 8시에 일어납니다.
- 진희는 오후 3시에 수영장에 갑니다.
- 민주는 오후 7시에 저녁 식사를 합니다.

4 (1) 11 (2) 3, 6

(1) 1주일 4일=7일+4일=11일
(2) 27일=7일+7일+7일+6일=3주일 6일

참고
1주일=7일, 2주일=7×2=14(일), 3주일=7×3=21(일), ...

5 토요일

5월 5일 어린이날은 토요일입니다. 5일부터 1주일 후인 12일은 5일과 같은 요일이므로 토요일입니다.

6 2일, 9일, 16일, 23일, 30일

5월의 수요일인 날짜는 2일, 9일, 16일, 23일, 30일입니다.

7 화요일

8월 12일은 토요일이므로 8월 13일은 일요일, 8월 14일은 월요일, 8월 15일은 화요일입니다.

다른 풀이
15일은 15−7=8(일)과 같은 요일입니다. 8일은 화요일이므로 15일도 화요일입니다.

8 (1) 29 (2) 3, 7

(1) 2년 5개월=12개월+12개월+5개월=29개월
(2) 43개월=12개월+12개월+12개월+7개월=3년 7개월

9 92일

3월은 31일, 4월은 30일, 5월은 31일까지 있으므로
지수가 줄넘기를 한 날은 모두 31+30+31=92(일)입니다.

학교에 도착한 시각은 지아가 8시 43분, 서진이가 9시 2분, 민서가 8시 28분입니다.
9시가 8시보다 더 늦은 시각이므로 가장 늦은 시각은 9시 2분입니다.
남은 두 시각을 비교하면 28분이 43분보다 더 이른 시각이므로
가장 이른 시각은 8시 28분입니다.
따라서 학교에 가장 먼저 도착한 학생은 민서입니다.

1-1 세호

놀이터에 도착한 시각은 진우가 4시 35분, 은수가 4시 17분, 세호가 5시 12분입니다.
5시가 4시보다 더 늦은 시각이므로 가장 늦은 시각은 5시 12분입니다.
따라서 놀이터에 가장 늦게 도착한 학생은 세호입니다.

1-2 동생

아침에 일어난 시각은 아버지가 7시 28분, 어머니가 6시 56분, 도현이가 8시 2분, 동생이 6시 43분입니다.
6시가 7시, 8시보다 더 이른 시각이므로 6시 56분과 6시 43분을 비교하면
43분이 56분보다 더 이른 시각입니다.
따라서 가장 이른 시각은 6시 43분이므로 가장 일찍 일어난 사람은 동생입니다.

1-3 서준, 효연, 은성

수영장에 도착한 시각은 서준이가 3시 15분 전=2시 45분, 은성이가 3시 12분, 효연이가 2시 48분입니다.
3시가 2시보다 더 늦은 시각이므로 가장 늦은 시각은 3시 12분입니다.
남은 두 시각을 비교하면 45분이 48분보다 더 이른 시각이므로
가장 이른 시각은 2시 45분입니다.
따라서 수영장에 일찍 도착한 사람부터 순서대로 이름을 쓰면 서준, 효연, 은성입니다.

동화책 읽기를 끝낸 시각은 오후 1시 50분에서 35분 후의 시각이므로
오후 1시 50분 —10분 후→ 오후 2시 —25분 후→ 오후 2시 25분입니다.
과학책 읽기를 끝낸 시각은 오후 2시 25분에서 47분 후의 시각이므로
오후 2시 25분 —35분 후→ 오후 3시 —12분 후→ 오후 3시 12분입니다.
따라서 책 읽기를 끝낸 시각은 오후 3시 12분입니다.

2-1 오전 10시 25분

민성이가 지하철역에 도착한 시각: 오전 9시 30분 —15분 후→ 오전 9시 45분
민성이가 놀이공원역에 내린 시각:
오전 9시 45분 —15분 후→ 오전 10시 —25분 후→ 오전 10시 25분

2-2 오후 3시

지연이가 피아노 학원에 도착한 시각:

오후 1시 50분 $\xrightarrow{\text{10분 후}}$ 오후 2시 $\xrightarrow{\text{6분 후}}$ 오후 2시 6분

지연이가 피아노 학원에서 나온 시각: 오후 2시 6분 $\xrightarrow{\text{54분 후}}$ 오후 3시

2-3 오후 1시 50분

현우가 집에서 나와야 하는 시각:

오후 3시 15분 $\xrightarrow{\text{15분 전}}$ 오후 3시 $\xrightarrow{\text{20분 전}}$ 오후 2시 40분

현우가 준비를 시작해야 하는 시각:

오후 2시 40분 $\xrightarrow{\text{40분 전}}$ 오후 2시 $\xrightarrow{\text{10분 전}}$ 오후 1시 50분

2-4 오후 2시 50분

요섭이네 가족이 공항에 도착해야 하는 시각: 오후 5시 $\xrightarrow{\text{40분 전}}$ 오후 4시 20분

요섭이네 가족이 집에서 나와야 하는 시각:

오후 4시 20분 $\xrightarrow{\text{20분 전}}$ 오후 4시 $\xrightarrow{\text{1시간 전}}$ 오후 3시 $\xrightarrow{\text{10분 전}}$ 오후 2시 50분

100~101쪽

대표문제 3

긴바늘이 숫자 1에서 작은 눈금 2칸 더 간 곳을 가리키므로 7분을 나타냅니다.
7분일 때 짧은바늘이 숫자 8에 가장 가까우려면 짧은바늘은
숫자 8과 9 사이에 있어야 하므로 8시를 나타냅니다.
따라서 시계가 나타내는 시각은 8시 7분입니다.

3-1 4시 41분

긴바늘이 숫자 8에서 작은 눈금 1칸 더 간 곳을 가리키면 41분입니다.
41분일 때 짧은바늘이 숫자 5에 가장 가까이 있으려면 짧은바늘은 숫자 4와 5 사이에 있어야 하므로 4시를 나타냅니다.
따라서 시계가 나타내는 시각은 4시 41분입니다.

참고
5시 41분일 때 짧은바늘은 숫자 5와 6 사이에서 6에 더 가깝습니다.

3-2 1시 53분

긴바늘이 숫자 10에서 작은 눈금 3칸 더 간 곳을 가리키면 53분입니다.
53분일 때 짧은바늘이 숫자 2에 가장 가까이 있으려면 짧은바늘은 숫자 1과 2 사이에 있어야 하므로 1시를 나타냅니다.
따라서 시계가 나타내는 시각은 1시 53분입니다.

3-3 7시 13분

긴바늘이 숫자 3에서 작은 눈금 2칸 덜 간 곳을 가리키면 13분입니다.
13분일 때 짧은바늘이 숫자 7에 가장 가까이 있으려면 짧은바늘은 숫자 7과 8 사이에 있어야 하므로 7시를 나타냅니다.
따라서 시계가 나타내는 시각은 7시 13분입니다.

참고

6시 13분일 때 짧은바늘은 숫자 6과 7 사이에서 6에 더 가깝습니다.

3-4 9시 21분

긴바늘이 숫자 5에서 작은 눈금 4칸 덜 간 곳을 가리키면 21분입니다.
21분일 때 짧은바늘이 숫자 9에 가장 가까이 있으려면 짧은바늘은 숫자 9와 10 사이에 있어야 하므로 9시를 나타냅니다.
따라서 시계가 나타내는 시각은 9시 21분입니다.

102~103쪽

서울역을 출발한 시각: 4시 12분
부산역에 도착한 시각: 7시 35분
서울역에서 부산역까지 가는 데 걸린 시간:
4시 12분 $\xrightarrow{\text{3시간 후}}$ 7시 12분 $\xrightarrow{\text{23분 후}}$ 7시 35분
따라서 서울역에서 부산역까지 가는 데 걸린 시간은 3시간 23분입니다.

4-1 1시간 35분

주희가 도서관에 들어간 시각은 1시 40분, 도서관에서 나온 시각은 3시 15분입니다.
도서관에 있던 시간:
1시 40분 $\xrightarrow{\text{1시간 후}}$ 2시 40분 $\xrightarrow{\text{20분 후}}$ 3시 $\xrightarrow{\text{15분 후}}$ 3시 15분
따라서 주희가 도서관에 있던 시간은 1시간+20분+15분=1시간 35분입니다.

4-2 1시간 41분

영화가 시작한 시각은 오전 11시 45분, 끝난 시각은 오후 1시 26분입니다.
영화 상영 시간:
오전 11시 45분 $\xrightarrow{\text{15분 후}}$ 낮 12시 $\xrightarrow{\text{1시간 후}}$ 오후 1시 $\xrightarrow{\text{26분 후}}$ 오후 1시 26분
따라서 영화의 상영 시간은 15분+1시간+26분=1시간 41분입니다.

4-3 5시간 59분

수목원에 도착한 시각은 오전 9시 18분, 수목원에서 나온 시각은 오후 3시 17분입니다.
수목원에 있던 시간:
오전 9시 18분 $\xrightarrow{\text{42분 후}}$ 오전 10시 $\xrightarrow{\text{5시간 후}}$ 오후 3시 $\xrightarrow{\text{17분 후}}$ 오후 3시 17분
따라서 수목원에 있던 시간은 42분+5시간+17분=5시간 59분입니다.

104~105쪽

5월은 31일, 6월은 30일, 7월은 31일까지 있습니다.

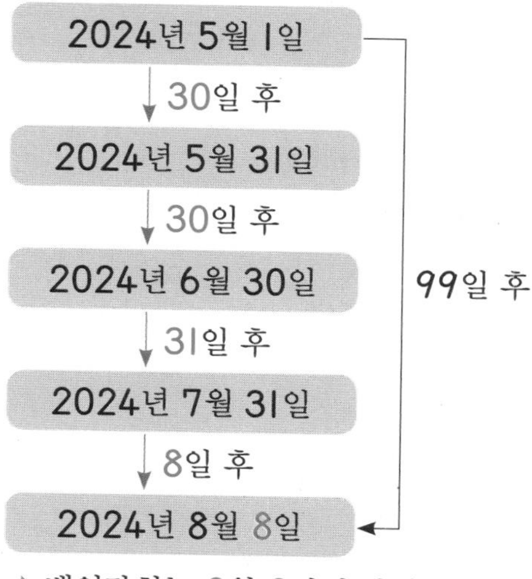

➡ 백일잔치는 8월 8일에 하게 됩니다.

5-1 8월 29일

7월은 31일까지 있습니다.
7월 20일에서 11일 후: 7월 31일
7월 31일에서 $40-11=29$(일) 후: 8월 29일
➡ 개학식하는 날은 8월 29일입니다.

5-2 6월 2일

3월은 31일, 4월은 30일, 5월은 31일까지 있습니다.
3월 14일에서 17일 후: 3월 31일
3월 31일에서 30일 후: 4월 30일
4월 30일에서 31일 후: 5월 31일
5월 31일에서 $80-17-30-31=2$(일) 후: 6월 2일
➡ 은서가 피아노 발표회를 하는 날은 6월 2일입니다.

5-3 11월 21일

9월은 30일, 10월은 31일까지 있습니다.
9월 22일에서 8일 후: 9월 30일
9월 30일에서 31일 후: 10월 31일
10월 31일에서 $60-8-31=21$(일) 후: 11월 21일
➡ 초콜릿을 11월 21일까지 먹으면 됩니다.

5-4 2025년 2월 4일

12월은 31일, 1월은 31일까지 있습니다.
2024년 12월 16일에서 15일 후: 2024년 12월 31일
2024년 12월 31일에서 31일 후: 2025년 1월 31일
2025년 1월 31일에서 $50-15-31=4$(일) 후: 2025년 2월 4일
➡ 서연이네 가족이 인천공항에 들어오는 날은 2025년 2월 4일입니다.

106~107쪽

일주일은 7일이므로 7일마다 같은 요일이 반복되고,

9월의 마지막 날은 30일입니다.
30일과 같은 요일인 날짜: 30−7=23(일)
23−7=16(일)
16−7=9(일)
➡ 9일이 금요일이므로 이달의 마지막 날은 금요일입니다.

6-1 목요일

같은 요일은 7일마다 반복되므로 12월에 25일과 같은 요일인 날짜를 알아보면
25−7=18(일), 18−7=11(일), 11−7=4(일)입니다.
따라서 12월 4일이 목요일이므로 12월 25일도 목요일입니다.

서술형 **6-2** 금요일

예 같은 요일은 7일마다 반복되므로 8월에 31일과 같은 요일인 날짜를 알아보면
31−7=24(일), 24−7=17(일), 17−7=10(일), 10−7=3(일)입니다.
따라서 8월 3일이 금요일이므로 8월 31일도 금요일입니다.

채점 기준	배점
8월에 31일과 같은 요일인 날짜를 구했나요?	3점
윤아의 생일은 무슨 요일인지 구했나요?	2점

6-3 화요일

한 주의 월요일 날짜를 □일이라고 하면 □+□+1+□+2=18,
□+□+□=15입니다.
5+5+5=15에서 □=5이므로 월요일은 5일, 화요일은 6일, 수요일은 7일입니다.
이달의 27일과 같은 요일인 날짜를 알아보면 27−7−7−7=6(일)이고,
6일은 화요일이므로 27일도 화요일입니다.

6-4 화요일

이 해 5월 첫째 주의 월요일 날짜를 □일이라고 하면
□+□+1+□+2+□+3+□+4=20, □+□+□+□+□=10입니다.
2+2+2+2+2=10에서 □=2이므로 2일은 월요일입니다.
5월은 31일까지 있고 2일, 9일, 16일, 23일, 30일이 월요일이므로
31일은 화요일입니다.

108~109쪽

잠든 시각은 4시 52분이고, 일어난 시각은 5시 37분입니다.
4시 52분 —8분 후→ 5시 —37분 후→ 5시 37분
따라서 정호가 낮잠을 잔 시간은 8+37=45(분)입니다.

7-1 3시간 4분

시작한 시각: 2시 28분, 끝낸 시각: 5시 32분

그림을 그린 시간: 2시 28분 $\xrightarrow{3시간\ 후}$ 5시 28분 $\xrightarrow{4분\ 후}$ 5시 32분

따라서 미연이는 3시간 4분 동안 그림을 그렸습니다.

7-2 2시간 28분

시작한 시각: 3시 47분, 끝낸 시각: 6시 15분

자전거를 탄 시간:

3시 47분 $\xrightarrow{2시간\ 후}$ 5시 47분 $\xrightarrow{13분\ 후}$ 6시 $\xrightarrow{15분\ 후}$ 6시 15분

따라서 서우는 2시간+13분+15분=2시간 28분 동안 자전거를 탔습니다.

7-3 3시간 10분

시작한 시각: 01:80 ➡ 08:10, 끝난 시각: 05:11 ➡ 11:20

야구 경기 시간: 8시 10분 $\xrightarrow{3시간\ 후}$ 11시 10분 $\xrightarrow{10분\ 후}$ 11시 20분

따라서 야구 경기는 3시간 10분 동안 하였습니다.

110~111쪽

대표문제 8

2시에서 3시간 후의 시각은 2+3=5(시)여야 하는데

5시 9분이므로 3시간 동안 9분 빨라진 것입니다.

9를 같은 세 수의 합으로 나타내면 9=3+3+3이므로

현아의 시계는 1시간에 3분씩 빨라집니다.

8-1 7시 16분

승준이의 시계는 한 시간에 4분씩 빨라지므로

4시간 동안 4+4+4+4=16(분) 빨라집니다.

3시에서 4시간 후의 시각은 3+4=7(시)여야 하는데 16분이 빨라지므로

7시 16분을 가리킵니다.

8-2 2분

4시에서 5시간 후의 시각은 4+5=9(시)여야 하는데 8시 50분이므로

5시간 동안 10분 느려진 것입니다.

10=2+2+2+2+2이므로 운호의 시계는 1시간에 2분씩 느려집니다.

8-3 3분

1시에서 6시간 후의 시각은 1+6=7(시)여야 하는데 7시 18분이므로

6시간 동안 18분 빨라진 것입니다.

18=3+3+3+3+3+3이므로 민채의 시계는 1시간에 3분씩 빨라집니다.

8-4 5분

8시에서 3시간 후의 시각은 8+3=11(시)여야 하는데 10시 45분이므로

3시간 동안 15분 느려진 것입니다.

15=5+5+5이므로 시계탑의 시계는 1시간에 5분씩 느려집니다.

1 2시 15분

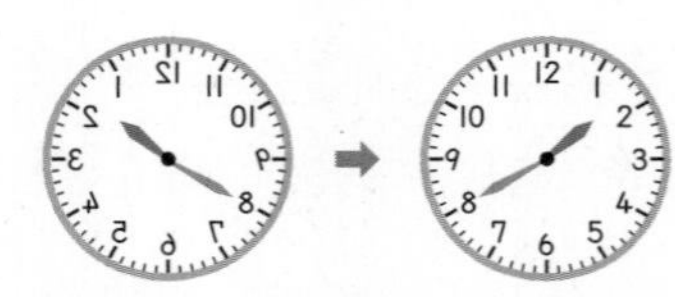

시계가 나타내는 시각은 1시 40분이므로 35분 후의 시각은

1시 40분 $\xrightarrow{20분\ 후}$ 2시 $\xrightarrow{15분\ 후}$ 2시 15분입니다.

2 오후 5시 30분

줄넘기를 끝낸 시각: 오후 3시 20분 $\xrightarrow{40분\ 후}$ 오후 4시 $\xrightarrow{10분\ 후}$ 오후 4시 10분

농구를 시작한 시각: 오후 4시 10분 $\xrightarrow{10분\ 후}$ 오후 4시 20분

농구를 끝낸 시각: 오후 4시 20분 $\xrightarrow{40분\ 후}$ 오후 5시 $\xrightarrow{30분\ 후}$ 오후 5시 30분

다른 풀이

줄넘기를 한 후 쉬고 농구를 하는 데 걸린 시간:

50분+10분+70분=1시간+70분=1시간+1시간+10분=2시간 10분

따라서 농구를 끝낸 시각은 오후 3시 20분 $\xrightarrow{2시간\ 후}$ 오후 5시 20분 $\xrightarrow{10분\ 후}$ 오후 5시 30분입니다.

서술형 **3** 배준

예 배준이가 수학 공부를 한 시간:

3시 20분 $\xrightarrow{1시간\ 후}$ 4시 20분 $\xrightarrow{30분\ 후}$ 4시 50분 ➡ 1시간 30분

연희가 수학 공부를 한 시간: 2시 40분 $\xrightarrow{20분\ 후}$ 3시 $\xrightarrow{30분\ 후}$ 3시 30분 ➡ 50분

1시간 30분이 50분보다 더 긴 시간이므로 수학 공부를 더 오랫동안 한 사람은 배준입니다.

채점 기준	배점
배준이가 수학 공부를 한 시간을 구했나요?	2점
연희가 수학 공부를 한 시간을 구했나요?	2점
수학 공부를 더 오랫동안 한 사람은 누구인지 구했나요?	1점

4 금요일

5월의 마지막 날은 31일이고 6월 1일 월요일의 바로 전날이므로 5월 31일은 일요일입니다.

같은 요일은 7일마다 반복되므로 5월 31일과 같은 요일인 날짜를 알아보면

31−7=24(일), 24−7=17(일), 17−7=10(일)입니다.

따라서 5월 10일은 일요일, 5월 9일은 토요일, 5월 8일은 금요일입니다.

5 8시 18분

짧은바늘이 숫자 5와 6 사이에 있고 긴바늘이 숫자 9에서 작은 눈금 3칸 더 간 곳을 가리키면 5시 48분입니다.

시계의 긴바늘이 1바퀴를 돌면 1시간이 지나고, 반 바퀴를 돌면 30분이 지나게 되므로 5시 48분에서 긴바늘이 2바퀴 반을 돌면 2시간 30분이 지나게 됩니다.

➡ 시계가 나타내는 시각:

5시 48분 $\xrightarrow{2시간\ 후}$ 7시 48분 $\xrightarrow{12분\ 후}$ 8시 $\xrightarrow{18분\ 후}$ 8시 18분

6 오전 9시 57분

시계가 하루에 6분씩 빨라지므로 1주일(7일) 후에는 $6\times7=42$(분) 빨라집니다.
오늘 오전 9시 15분에서 1주일 후에는 오전 9시 15분이어야 하는데 42분이 빨라지므로 시계가 가리키는 시각은 오전 9시 15분 $\xrightarrow{42\text{분 후}}$ 오전 9시 57분입니다.

7 4대

오전 9시 20분 $\xrightarrow{50\text{분 후}}$ 오전 10시 10분 $\xrightarrow{50\text{분 후}}$ 오전 11시 $\xrightarrow{50\text{분 후}}$
오전 11시 50분 $\xrightarrow{50\text{분 후}}$ 오후 12시 40분
따라서 오전 중에 탈 수 있는 대전행 고속버스는 모두 4대입니다.

8 45분

민희의 시계는 한 시간에 2분씩 빨라지고 지수의 시계는 한 시간에 3분씩 느려지므로 두 시계는 한 시간에 $2+3=5$(분)씩 차이가 늘어납니다.
12월 24일 오후 9시부터 12월 25일 오전 6시까지의 시간은 9시간이므로
두 시계가 가리키고 있는 시각의 차이는 $5\times9=45$(분)입니다.

9 31

달력에서 날짜는 아래쪽으로 한 칸 가면 7씩 커지고, 오른쪽으로 한 칸 가면 1씩 커지며 10월은 31일까지 있습니다.

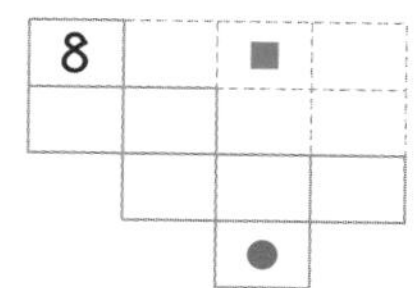

■$=8+1+1=10$, ●$=$■$+7+7+7=10+7+7+7=31$입니다.
따라서 빈칸에 알맞은 수 중에서 가장 큰 수는 31입니다.

서술형 **10** 화요일

예 $1+2+3+4+5+6=21$이므로 9월 첫째 주는 1일부터 6일까지 있습니다.
9월 6일은 첫째 주의 마지막 날이므로 토요일이고 9월의 마지막 날은 30일입니다.
같은 요일은 7일마다 반복되므로 9월 6일과 같은 요일인 날짜를 알아보면
$6+7=13$(일), $13+7=20$(일), $20+7=27$(일)입니다.
따라서 9월 27일은 6일과 같은 토요일이므로 28일은 일요일, 29일은 월요일, 30일은 화요일입니다.

채점 기준	배점
9월 첫째 주의 날짜를 모두 구했나요?	2점
9월의 마지막 날짜를 알고 있나요?	1점
9월의 마지막 날은 무슨 요일인지 구했나요?	2점

5 표와 그래프

1 표로 나타내기

116~117쪽

1 태권도

윤찬이가 좋아하는 운동은 태권도입니다.

2 3, 4, 5, 2, 2, 16

좋아하는 운동별 학생 수를 세어 봅니다.
(합계)$=3+4+5+2+2=16$(명)

3 3, 4, 3, 2, 5, 3, 20

(합계)$=3+4+3+2+5+3=20$(번)

4 5명

(보라색을 좋아하는 학생 수)$=23-8-2-5-3=5$(명)

2 그래프로 나타내기

118~119쪽

1 ㉣, ㉢, ㉠, ㉡

그래프로 나타내는 순서
㉣ 가로와 세로에 나타낼 것을 정합니다.
㉢ 가로와 세로를 각각 몇 칸으로 할지 정합니다.
㉠ 간식별 학생 수를 ○로 나타냅니다.
㉡ 마지막으로 그래프에 제목을 씁니다.

2 풀이 참조

좋아하는 간식별 학생 수

6		○			
5		○		○	
4		○	○	○	
3	○	○	○	○	
2	○	○	○	○	○
1	○	○	○	○	○
학생 수(명) / 간식	김밥	떡볶이	피자	햄버거	라면

좋아하는 간식별 학생 수만큼 그래프에 ○를 아래에서 위로 한 칸에 하나씩 중간에 빈칸이 없게 채워서 표시합니다.

3 4, 6, 18 / 풀이 참조

좋아하는 꽃별 학생 수

6			○	
5			○	○
4	○		○	○
3	○	○	○	○
2	○	○	○	○
1	○	○	○	○
학생 수(명) / 꽃	장미	백합	튤립	해바라기

표에서 백합은 3명, 해바라기는 5명이므로 그래프에 ○를 백합은 3개, 해바라기는 5개 표시합니다.
그래프에서 ○가 장미는 4개, 튤립은 6개이므로 표의 빈칸 중 장미에 4, 튤립에 6을 써넣습니다.
(합계)$=4+3+6+5=18$(명)

3 표와 그래프

120~121쪽

1 (1) 그래프 (2) 표

(1) 그래프에서 ○의 수를 비교하면 항목별 학생 수의 많고 적음을 한눈에 비교할 수 있습니다.
(2) 표의 합계를 보면 조사한 자료의 전체 수를 알기 쉽습니다.

2 풀이 참조

월별 비 온 날수

9				○
8				○
7			○	○
6			○	○
5			○	○
4	○		○	○
3	○		○	○
2	○	○	○	○
1	○	○	○	○
날수(일) / 월	3	4	5	6

비 온 날수는 3월: 4일, 4월: 2일, 5월: 7일입니다.
따라서 (6월에 비 온 날수)
$=22-4-2-7=9$(일)이므로
그래프에 ○를 9개 그립니다.

3 4월

그래프에서 ○가 가장 적은 월을 찾으면 4월이므로 비가 가장 적게 온 때는 4월입니다.

4 6월

그래프에서 ○가 가장 많은 월을 찾으면 6월이므로 비가 가장 많이 온 때는 6월입니다.

5 3일

3월에 비 온 날수는 4일, 5월에 비 온 날수는 7일입니다.
따라서 3월과 5월에 비 온 날수의 차는 $7-4=3$(일)입니다.

122~123쪽

그래프에서 ○가 가장 많은 동물은 강아지, 가장 적은 동물은 햄스터입니다.
가장 많은 학생들이 좋아하는 동물과 학생 수: 강아지 → 5명
가장 적은 학생들이 좋아하는 동물과 학생 수: 햄스터 → 1명
➡ (학생 수의 차)$=5-1=4$(명)

1-1 8명

그래프에서 ○가 가장 많은 혈액형은 O형, 가장 적은 혈액형은 AB형입니다.
가장 많은 학생들의 혈액형과 학생 수: O형 → 6명
가장 적은 학생들의 혈액형과 학생 수: AB형 → 2명
➡ (O형인 학생 수)+(AB형인 학생 수)=6+2=8(명)

1-2 14명

위인별 존경하는 학생 수는 이순신: 3명, 세종대왕: 6명, 김구: 4명, 장영실: 5명, 유관순: 2명입니다.
(전체 학생 수)=3+6+4+5+2=20(명)
○가 가장 많은 위인은 세종대왕이므로 가장 많은 학생들이 존경하는 위인의 학생 수는 6명입니다.
➡ (전체 학생 수)−(세종대왕을 존경하는 학생 수)=20−6=14(명)

○와 ●의 수의 차: 1모둠 1개, 2모둠 0개, 3모둠 4개, 4모둠 3개
여학생 수와 남학생 수의 차가 가장 큰 모둠은 3모둠이고,
이 모둠의 ○와 ●의 수를 세어 보면 여학생은 5명, 남학생은 1명입니다.
➡ (여학생 수)+(남학생 수)=5+1=6(명)

2-1 재호, 규빈, 영주, 다은

각 학생의 ○와 △의 수의 차는
다은: 1개, 재호: 4개, 영주: 2개, 규빈: 3개입니다.
4>3>2>1이므로 먹은 빵과 우유 수의 차가 큰 사람부터 차례로 이름을 쓰면 재호, 규빈, 영주, 다은입니다.

2-2 7개

각 상자의 △과 □의 수의 차는
가 상자: 2개, 나 상자: 3개, 다 상자: 5개, 라 상자: 1개입니다.
△과 □의 수의 차가 3개인 상자는 나 상자이고, 나 상자의 △은 2개, □은 5개입니다.
➡ 2+5=7(개)

(정민이가 딴 딸기 수)=(은서가 딴 딸기 수)+4
=7+4=11(개)
(현아가 딴 딸기 수)=(합계)−(승우가 딴 딸기 수)−(정민이가 딴 딸기 수)
−(은서가 딴 딸기 수)
=35−9−11−7
=8(개)

3-1 5명

(미국에 가고 싶은 학생 수)=(일본에 가고 싶은 학생 수)+3
=3+3=6(명)
(중국에 가고 싶은 학생 수)=(합계)−(프랑스에 가고 싶은 학생 수)−(미국에 가고 싶은 학생 수)−(일본에 가고 싶은 학생 수)
=22−8−6−3
=5(명)

서술형 **3-2** 만화

예 (영화를 좋아하는 학생 수)=(만화를 좋아하는 학생 수)−5
=11−5=6(명)
(예능을 좋아하는 학생 수)=30−11−6−4=9(명)
TV 프로그램별 학생 수를 비교하면 11>9>6>4이므로 가장 많은 학생들이 좋아하는 TV 프로그램은 만화입니다.

채점 기준	배점
영화를 좋아하는 학생 수를 구했나요?	2점
예능을 좋아하는 학생 수를 구했나요?	2점
가장 많은 학생들이 좋아하는 TV 프로그램을 구했나요?	1점

3-3 20명

(피아노를 배우고 싶은 학생 수)=(바이올린을 배우고 싶은 학생 수)+4
=4+4=8(명)
(우쿨렐레를 배우고 싶은 학생 수)=(플루트를 배우고 싶은 학생 수)+2
=3+2=5(명)
(채은이네 반 학생 수)=8+4+5+3
=20(명)

128~129쪽

그래프에서 포도의 ○는 4개이므로 포도를 좋아하는 학생은 4명입니다.
(귤을 좋아하는 학생 수)=18−5−3−4=6(명)
표와 그래프를 완성합니다.

좋아하는 과일별 학생 수

과일	사과	귤	바나나	포도	합계
학생 수(명)	5	6	3	4	18

좋아하는 과일별 학생 수

6		○		
5	○	○		
4	○	○		○
3	○	○	○	○
2	○	○	○	○
1	○	○	○	○
학생 수(명) / 과일	사과	귤	바나나	포도

4-1 풀이 참조

장래 희망별 학생 수

장래 희망	선생님	의사	운동선수	가수	합계
학생 수(명)	6	4	5	7	22

장래 희망별 학생 수

7				○
6	○			○
5	○		○	○
4	○	○	○	○
3	○	○	○	○
2	○	○	○	○
1	○	○	○	○
학생 수(명) / 장래 희망	선생님	의사	운동선수	가수

그래프에서 운동선수의 ○는 5개이므로 운동선수가 장래 희망인 학생은 5명입니다.
표에서 전체 학생 수가 22명이므로
(선생님이 장래 희망인 학생 수)$=22-4-5-7=6$(명)입니다.

4-2 풀이 참조

받고 싶은 생일 선물별 학생 수

선물	인형	장난감	자전거	휴대폰	합계
학생 수(명)	4	6	4	5	19

받고 싶은 생일 선물별 학생 수

6		○		
5		○		○
4	○	○	○	○
3	○	○	○	○
2	○	○	○	○
1	○	○	○	○
학생 수(명) / 선물	인형	장난감	자전거	휴대폰

그래프에서 장난감의 ○는 6개이므로 장난감을 받고 싶은 학생은 6명입니다.
(자전거를 받고 싶은 학생 수)=(장난감을 받고 싶은 학생 수)-2
$=6-2=4$(명)
(휴대폰을 받고 싶은 학생 수)$=19-4-6-4=5$(명)

130~131쪽

대표문제 5

여름에 태어난 학생은 2명입니다.
(겨울에 태어난 학생 수)$=2\times2=4$(명)
(조사한 학생 수)$=6+2+5+4=17$(명)

5-1 17장

(초록 색종이 수)=(빨간 색종이 수)=4장
(전체 색종이 수)=(빨간 색종이 수)+(노란 색종이 수)+(파란 색종이 수)
+(초록 색종이 수)
$=4+6+3+4=17$(장)

5-2 6명

과학관에 가고 싶은 학생이 2명이므로
(미술관에 가고 싶은 학생 수)=(과학관에 가고 싶은 학생 수)×3
=2×3=6(명)입니다.
동혁이네 반 학생은 모두 23명이므로
(놀이공원에 가고 싶은 학생 수)=23−5−6−2−4=6(명)입니다.

132~133쪽

(형우네 모둠이 맞힌 문제 수의 합)=2+4+5+3=14(개)
(지수네 모둠이 맞힌 문제 수의 합)=14−2=12(개)
따라서 준기가 맞힌 문제는 12−4−2−3=3(개)입니다.

6-1 5개

(효은이가 먹은 사탕 수의 합)=1+3+5+2=11(개)
(영재가 먹은 사탕 수의 합)=11+4=15(개)
따라서 영재가 2일에 먹은 사탕은 15−4−2−4=5(개)입니다.

6-2 4명

(1반의 학생 수)=6+4+3+5=18(명)
(2반의 학생 수)=18−3=15(명)
따라서 2반에서 혈액형이 O형인 학생은 15−4−5−2=4(명)입니다.

134~135쪽

그래프에서 ○의 수를 세어 보면 모두 9개입니다.
○의 수: 9개 ➡ 학생 수: 18명
○의 수: 1개 ➡ 학생 수: 2명
다 마을의 ○는 4개이므로 다 마을에 사는 학생은 2×4=8(명)입니다.

7-1 12개

그래프에서 ○의 수를 세어 보면 모두 8개입니다.
○ 8개가 나타내는 종이꽃이 24개이고 3×8=24이므로
○ 1개가 나타내는 종이꽃은 3개입니다.
수빈이의 ○는 4개이므로 수빈이가 접은 종이꽃은 3×4=12(개)입니다.

7-2 26시간

그래프에서 농구와 줄넘기의 ○의 수를 세어 보면 모두 2+5=7(개)입니다.
○ 7개가 14시간을 나타내고 2×7=14이므로 ○ 1개는 2시간을 나타냅니다.
태권도: 2×3=6(시간), 농구: 2×2=4(시간), 줄넘기: 2×5=10(시간),
축구: 2×3=6(시간)
➡ (운동한 전체 시간)=6+4+10+6=26(시간)

2반의 학생 수는 3반의 학생 수보다 4명 더 적으므로 세로 눈금 한 칸은 4명을 나타냅니다. 그래프의 세로 눈금에 4부터 4씩 커지는 수 4, 8, 12, 16을 아래부터 차례로 써넣습니다.
1반의 학생은 16명이므로 1반에 ○를 4개 표시합니다.
4반의 학생은 56－16－12－16＝12(명)이므로 4반에 ○를 3개 표시합니다.

반별 학생 수

16	○		○	
12	○	○	○	○
8	○	○	○	○
4	○	○	○	○
학생 수(명) / 반	1반	2반	3반	4반

8-1 풀이 참조

좋아하는 간식별 학생 수

12				
9	○		○	
6	○	○	○	
3	○	○	○	○
학생 수(명) / 간식	떡볶이	김밥	햄버거	라면

햄버거를 좋아하는 학생 수는 김밥을 좋아하는 학생 수보다 3명 더 많으므로 세로 눈금 한 칸은 3명을 나타냅니다.
그래프의 세로 눈금에 3부터 3씩 커지는 수 3, 6, 9, 12를 아래부터 차례로 써넣습니다.
떡볶이를 좋아하는 학생은 9명이므로 떡볶이에 ○를 3개 표시합니다.
라면을 좋아하는 학생은 27－9－6－9＝3(명)이므로 라면에 ○를 1개 표시합니다.

8-2 풀이 참조

좋아하는 운동 경기별 학생 수

학생 수(명) / 운동 경기	2	4	6	8	10	12	14	16
야구	○	○	○	○	○	○	○	
농구	○	○	○	○	○			
배구	○	○	○	○	○	○		
축구	○	○	○	○	○	○	○	○

야구를 좋아하는 학생 수는 농구를 좋아하는 학생 수보다 4명 더 많으므로 가로 눈금 한 칸은 2명을 나타냅니다.
그래프의 가로 눈금에 2부터 2씩 커지는 수 2, 4, 6, ..., 14, 16을 왼쪽부터 차례로 써넣습니다.
배구를 좋아하는 학생은 12명이므로 배구에 ○를 6개 표시합니다.
축구를 좋아하는 학생은 52－14－10－12＝16(명)이므로 축구에 ○를 8개 표시합니다.

1 10, 6, 4, 2, 22 / 8교시

통합: 10교시, 국어: 6교시, 수학: 4교시, 창체: 2교시

➡ (합계)$=10+6+4+2=22$(교시)

$10>6>4>2$이므로 수업 시간이 가장 많은 과목은 10교시인 통합이고, 가장 적은 과목은 2교시인 창체입니다.

따라서 두 과목의 수업 시간의 차는 $10-2=8$(교시)입니다.

2 풀이 참조

채집하고 싶은 곤충별 학생 수

곤충	나비	잠자리	사슴벌레	매미	합계
학생 수(명)	8	4	10	2	24

채집하고 싶은 곤충별 학생 수

10			○	
8	○		○	
6	○		○	
4	○	○	○	
2	○	○	○	○
학생 수(명) / 곤충	나비	잠자리	사슴벌레	매미

그래프에서 나비를 채집하고 싶은 학생은 8명이므로

(사슴벌레를 채집하고 싶은 학생 수)$=24-8-4-2=10$(명)입니다.

3 범퍼카, 바이킹, 탐험보트, 회전목마

1반과 2반의 학생들이 타고 싶은 놀이기구별 학생 수를 구하면

바이킹: $4+3=7$(명), 탐험보트: $1+5=6$(명), 범퍼카: $5+4=9$(명),

회전목마: $3+2=5$(명)

$9>7>6>5$이므로 가장 많은 학생들이 타고 싶은 놀이기구부터 차례로 쓰면 범퍼카, 바이킹, 탐험보트, 회전목마입니다.

서술형 **4** 2반, 1명

예 (1반의 학생 수)$=4+1+5+3=13$(명)

(2반의 학생 수)$=3+5+4+2=14$(명)

$13<14$이므로 2반의 학생 수가 $14-13=1$(명) 더 많습니다.

채점 기준	배점
1반의 학생 수를 구했나요?	2점
2반의 학생 수를 구했나요?	2점
어느 반의 학생 수가 몇 명 더 많은지 구했나요?	1점

5 풀이 참조

좋아하는 채소별 학생 수

12	○			
10	○		○	
8	○		○	○
6	○	○	○	○
4	○	○	○	○
2	○	○	○	○
학생 수(명) / 채소	당근	파프리카	토마토	오이

(토마토를 좋아하는 학생 수)
=(파프리카를 좋아하는 학생 수)+4
=6+4=10(명)
(오이를 좋아하는 학생 수)
=(전체 학생 수)
−(당근을 좋아하는 학생 수)
−(파프리카를 좋아하는 학생 수)
−(토마토를 좋아하는 학생 수)
=36−12−6−10=8(명)

6 5명

(파란색을 좋아하는 남학생 수)=24−5−7−3=9(명)
(전체 여학생 수)=45−24=21(명)
(파란색을 좋아하는 여학생 수)=21−8−3−6=4(명)
따라서 파란색을 좋아하는 남학생은 파란색을 좋아하는 여학생보다 9−4=5(명) 더 많습니다.

7 7명

(소시지빵과 단팥빵을 좋아하는 학생 수)=21−6−3=12(명)
단팥빵을 좋아하는 학생 수를 □명이라 하면
소시지빵을 좋아하는 학생 수는 (□+2)명이므로
□+□+2=12, □+□=10, □=5입니다.
따라서 소시지빵을 좋아하는 학생은 5+2=7(명)입니다.

8 70명

비석치기를 좋아하는 학생 수와 제기차기를 좋아하는 학생 수의 차가 5명이므로 세로 눈금 한 칸은 5명을 나타냅니다.
딱지치기: 5×4=20(명),
비석치기: 5×2=10(명),
제기차기: 5×3=15(명),
굴렁쇠 굴리기: 5×5=25(명)

좋아하는 민속놀이별 학생 수

25				○
20	○			○
15	○		○	○
10	○	○	○	○
5	○	○	○	○
학생 수(명) / 민속놀이	딱지치기	비석치기	제기차기	굴렁쇠 굴리기

➡ (성현이네 학교 2학년 학생 수)=20+10+15+25=70(명)

Brain

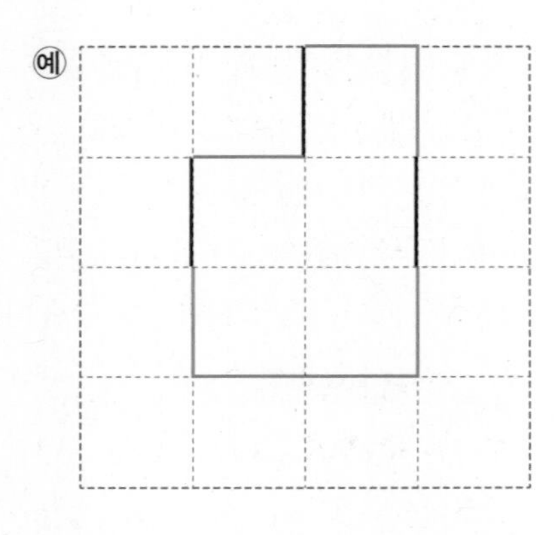

6 규칙 찾기

1 무늬에서 규칙 찾기

144~145쪽

1 (1) ▲ ● (2) ● ●

(1) ■, ▲, ●가 반복되는 규칙입니다.
(2) 빨간색, 초록색, 보라색이 반복되는 규칙입니다.

2 ◆에 ○표

★, ▲, ◆가 반복되는 규칙이므로 ㉠에 알맞은 모양은 ◆입니다.

3 풀이 참조

I	I	5	4	I	I
5	4	I	I	5	4
I	I	5	4	I	I

왼쪽 무늬에서 ●, ●, ♥, ◆가 반복되는 규칙이고, 이 규칙에 따라 ●는 I, ♥는 5, ◆는 4로 바꾸어 나타낸 것입니다.

4 풀이 참조

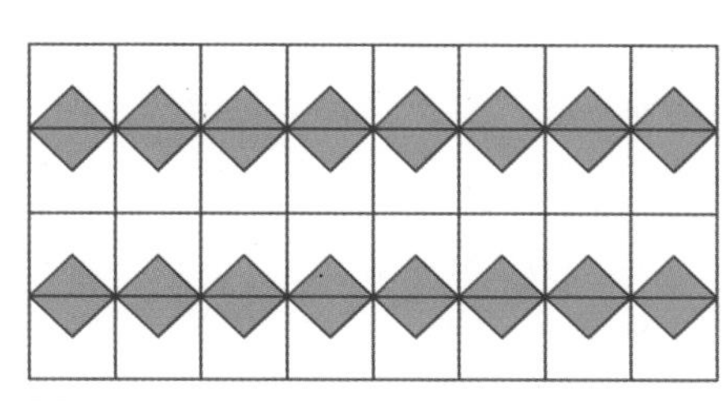

◺ 모양을 오른쪽과 아래쪽으로 뒤집어가며 규칙이 있는 무늬를 만들었습니다.

5 풀이 참조

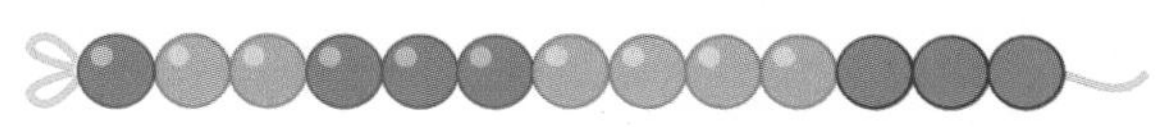

초록색 구슬과 노란색 구슬이 반복되고, 색깔이 바뀔 때 구슬의 수가 한 개씩 늘어나는 규칙입니다.

6

색칠한 칸이 시계 방향으로 3칸씩 이동하는 규칙입니다.

2 쌓은 모양에서 규칙 찾기

146~147쪽

1 ㉢

㉠은 왼쪽에서 오른쪽으로 3층, I층, 2층이 반복되게 쌓은 것이고,
㉡은 왼쪽에서 오른쪽으로 I층, 3층, 2층이 반복되게 쌓은 것입니다.

2 12개

쌓기나무의 수는 한 층씩 내려갈수록 $2+1=3$(개)씩 늘어납니다.
따라서 4층: 3개, 3층: $3+3=6$(개), 2층: $6+3=9$(개), 1층: $9+3=12$(개)입니다.

3 풀이 참조

예 쌓기나무가 왼쪽에서 오른쪽으로 1개, 2개, 3개, ...로 1개씩 늘어나는 규칙입니다.
쌓기나무는 1층으로 놓여져 있습니다.

4 8개

오른쪽으로 2층, 1층이 반복되게 쌓는 규칙입니다.
따라서 □ 안에 쌓을 쌓기나무는 모두 $2+1+2+1+2=8$(개)입니다.

5 20개

쌓기나무가 1층으로 쌓을 때는 2개, 2층으로 쌓을 때는 $2+4=6$(개), 3층으로 쌓을 때는 $2+4+6=12$(개)로 한 층씩 내려갈수록 쌓기나무는 2개씩 늘어납니다.
따라서 쌓기나무를 4층으로 쌓으려면 쌓기나무는 모두 $2+4+6+8=20$(개) 필요합니다.

3 덧셈표, 곱셈표에서 규칙 찾기

148~149쪽

1 풀이 참조

+	4	5	6	7	8
4	8	9	10	11	12
5	9	10	11	12	13
6	10	11	12	13	14
7	11	12	13	14	15
8	12	13	14	15	16

2 3군데

합이 14보다 더 큰 곳은 $7+8=15$, $8+7=15$, $8+8=16$으로 모두 3군데입니다.

3 풀이 참조

예 같은 줄에서 오른쪽으로 갈수록 1씩 커집니다.

4 풀이 참조

×	3	4	5	6	7
3	9	12	15	18	21
4	12	16	20	24	28
5	15	20	25	30	35
6	18	24	30	36	42
7	21	28	35	42	49

5 풀이 참조

예 9부터 오른쪽으로 갈수록 3씩 커집니다.

9 → 12 → 15 → 18 → 21 (+3, +3, +3, +3)

6 풀이 참조

예 21부터 아래쪽으로 내려갈수록 7씩 커집니다.

21 → 28 → 35 → 42 → 49 (+7, +7, +7, +7)

4. 생활에서 규칙 찾기

150~151쪽

1 (1) 6, 커집니다에 ○표
(2) 1, 작아집니다에 ○표
(3) 7, 커집니다에 ○표
(4) 5, 작아집니다에 ○표

(1) 수가 → 방향으로 1, 7, 13과 같이 6씩 커집니다.
(2) 수가 ↓ 방향으로 6, 5, 4, 3, 2, 1과 같이 1씩 작아집니다.
(3) 수가 ↗ 방향으로 1, 8, 15와 같이 7씩 커집니다.
(4) 수가 ↖ 방향으로 13, 8, 3과 같이 5씩 작아집니다.

2 풀이 참조

예 ↓ 방향으로 7씩 커지는 규칙이 있습니다.

4 → 11 → 18 → 25 (+7, +7, +7)

모든 요일은 7일마다 반복되는 규칙이 있습니다.

3 (1) 풀이 참조
(2) 17시

(1) 예 2시간 30분마다 출발하는 규칙이 있습니다.
9시 30분 —2시간 후→ 11시 30분 —30분 후→ 12시,
12시 —2시간 후→ 14시 —30분 후→ 14시 30분 ➡ 2시간 30분마다 출발합니다.
(2) 14시 30분 —2시간 후→ 16시 30분 —30분 후→ 17시

4 ㉘번

신발장 번호는 → 방향으로 4씩 커지고, ↓ 방향으로 1씩 커지는 규칙입니다.
규칙에 따라 가열 넷째 칸부터 일곱째 칸까지 → 방향으로 번호를 써 보면
⑬번, ⑰번, ㉑번, ㉕번이고,
일곱째 칸 가열에서 라열까지 ↓ 방향으로 번호를 써 보면 ㉕번, ㉖번, ㉗번, ㉘번입니다.
따라서 민영이의 신발이 들어 있는 칸의 번호는 ㉘번입니다.

152~153쪽

모양과 색깔이 변하므로 모양과 색깔의 규칙을 각각 찾아봅니다.
- 모양은 □, △, ○가 반복됩니다.

• 색깔은 빨간색, 노란색이 반복됩니다.
빈칸에 알맞은 모양은 △이고, 색깔은 노란색입니다.
따라서 빈칸에 알맞은 모양을 그리고 색칠한 것은 ▲입니다.

1-1 구름에 ○표

모양은 해, 구름, ★, 구름이 반복되고,
색깔은 빨간색, 파란색, 파란색이 반복됩니다.
따라서 빈칸에 알맞은 모양은 구름이고 색깔은 빨간색입니다.

1-2 ◆, ◇

모양은 ○, ♡, ◇가 반복되고, 색깔은 빨간색 색칠하기와 색칠하지 않기가 반복됩니다.
따라서 빈칸에 알맞은 모양은 ◆, ◇입니다.

1-3

▲	●

,

●	▲

▲는 시계 방향으로 1칸씩 이동하고, ●는 시계 반대 방향으로 1칸씩 이동합니다.
따라서 빈칸에 알맞은 모양은 (▲●/빈칸), (●▲/빈칸)입니다.

1-4

도형은 안쪽에서부터 △, ○, □의 순서로 시작하여 안쪽에서 바깥쪽으로 하나씩 이동합니다.
색깔은 안쪽에서부터 바깥쪽으로 초록색, 노란색, 파란색의 순서대로 색칠합니다.
따라서 빈칸에 알맞은 도형은 안쪽에서부터 △, ○, □를 순서대로 그리고,
초록색, 노란색, 파란색을 색칠합니다.

154~155쪽

대표문제 2

1층일 때 1개, 2층일 때 3개, 3층일 때 5개, 4층일 때 7개, ...이므로
(+2, +2, +2)
한 층 늘어날 때마다 쌓기나무가 2개씩 늘어납니다.
따라서 필요한 쌓기나무는 5층일 때 $7+2=9$(개),
6층일 때 $9+2=11$(개),
7층일 때 $11+2=13$(개)입니다.

2-1 22개

층수와 개수가 늘어나는 규칙을 찾아보면
1층일 때 1개, 2층일 때 $1+3=4$(개), 3층일 때 $4+3=7$(개), 4층일 때
$7+3=10$(개), ...이므로 한 층 늘어날 때마다 쌓기나무가 3개씩 늘어납니다.
따라서 8층으로 쌓으려면 쌓기나무는 모두 $10+3+3+3+3=22$(개) 필요합니다.

2-2 21개

층수와 개수가 늘어나는 규칙을 찾아보면
1층일 때 1개, 2층일 때 $1+2=3$(개), 3층일 때 $1+2+3=6$(개), 4층일 때
$1+2+3+4=10$(개), ...이므로

한 층 늘어날 때마다 쌓기나무가 2개, 3개, 4개, ...로 늘어납니다.
따라서 6층으로 쌓으려면 쌓기나무는 모두 $1+2+3+4+5+6=21$(개) 필요합니다.

2-3 49개

층수와 개수가 늘어나는 규칙을 찾아보면
1층일 때 1개, 2층일 때 $1+3=4$(개), 3층일 때 $4+5=9$(개), 4층일 때 $9+7=16$(개), ...이므로
한 층 늘어날 때마다 쌓기나무가 3개, 5개, 7개, ...로 늘어납니다.
따라서 7층으로 쌓으려면 쌓기나무는 모두 $1+3+5+7+9+11+13=49$(개) 필요합니다.

다른 풀이
쌓기나무를 사각형 모양으로 쌓았습니다.
1층일 때 (1×1)개, 2층일 때 (2×2)개, 3층일 때 (3×3)개, 4층일 때 (4×4)개, ...로
(쌓기나무의 수)=(1층에 놓인 쌓기나무의 수)×(층수)의 규칙이 있습니다.
따라서 7층으로 쌓으려면 쌓기나무는 모두 $7\times7=49$(개) 필요합니다.

대표문제 3

곱셈표에서 왼쪽의 수와 위쪽의 수가 같으므로 점선을 따라 접었을 때 만나는 수는 서로 같습니다.
㉮에 알맞은 수는 $8\times5=40$이므로 ㉮와 만나는 수도 40입니다.
㉯에 알맞은 수는 $6\times7=42$이므로 ㉯와 만나는 수도 42입니다.
➡ (㉮와 만나는 수)+(㉯와 만나는 수)$=40+42=82$

3-1 18

덧셈표에서 왼쪽의 수와 위쪽의 수가 같으므로 점선을 따라 접었을 때 만나는 수는 서로 같습니다.
㉮에 알맞은 수는 $4+3=7$이므로 ㉮와 만나는 수도 7입니다.
㉯에 알맞은 수는 $5+6=11$이므로 ㉯와 만나는 수도 11입니다.
➡ (㉮와 만나는 수)+(㉯와 만나는 수)$=7+11=18$

서술형 **3-2** 5

예 곱셈표에서 왼쪽의 수와 위쪽의 수가 같으므로 점선을 따라 접었을 때 만나는 수는 서로 같습니다.
㉮에 알맞은 수는 $5\times7=35$이므로 ㉮와 만나는 수도 35입니다.
㉯에 알맞은 수는 $6\times5=30$이므로 ㉯와 만나는 수도 30입니다.
따라서 ㉮, ㉯와 각각 만나는 두 수의 차는 $35-30=5$입니다.

채점 기준	배점
㉮, ㉯와 각각 만나는 두 수를 구했나요?	각 2점
㉮, ㉯와 각각 만나는 두 수의 차를 구했나요?	1점

3-3 45

덧셈표에서 왼쪽의 수와 위쪽의 수가 같으므로 점선을 따라 접었을 때 만나는 수는 서로

갈습니다.

㉮에 알맞은 수는 $6+7=13$이므로 ㉮와 만나는 수도 13입니다.

㉯에 알맞은 수는 $8+9=17$이므로 ㉯와 만나는 수도 17입니다.

㉰에 알맞은 수는 $9+6=15$이므로 ㉰와 만나는 수도 15입니다.

따라서 ㉮, ㉯, ㉰와 각각 만나는 세 수의 합은 $13+17+15=45$입니다.

아래쪽으로 내려갈수록 3씩 커지므로

㉠$=12+3=15$, ㉡$=15+3=18$입니다.

오른쪽으로 갈수록 3씩 커지므로

㉢$=18+3=21$, ◆$=21+3=24$입니다.

따라서 ◆에 알맞은 수는 24입니다.

4-1 (위에서부터) 42, 35

25	30	
30	36	㉡42
㉠35		49

25에서 아래쪽으로 내려갈수록 5씩 커지므로 5단 곱셈구구입니다.

➡ ㉠$=30+5=35$

30에서 오른쪽으로 갈수록 6씩 커지므로 6단 곱셈구구입니다.

➡ ㉡$=36+6=42$

4-2 12

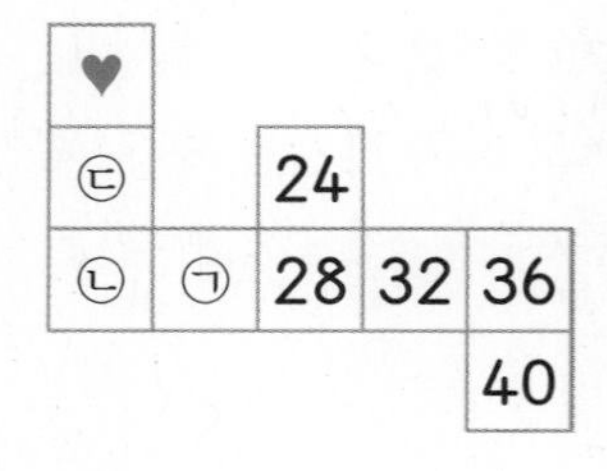

왼쪽으로 갈수록 4씩 작아집니다.

➡ ㉠$=28-4=24$, ㉡$=24-4=20$

위쪽으로 올라갈수록 4씩 작아집니다.

➡ ㉢$=20-4=16$, ♥$=16-4=12$

4-3 63

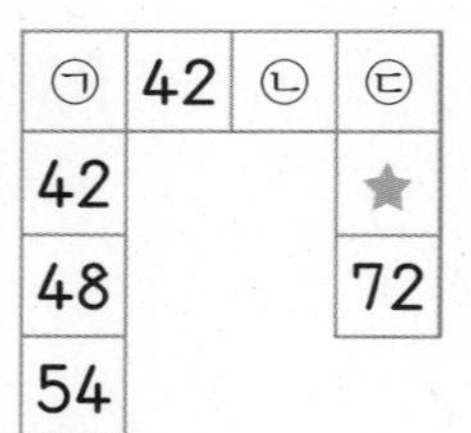

54에서 위쪽으로 올라갈수록 6씩 작아지므로 6단 곱셈구구입니다.

➡ ㉠$=42-6=36$

36에서 오른쪽으로 갈수록 6씩 커지므로 6단 곱셈구구입니다.

➡ ㉡$=42+6=48$, ㉢$=48+6=54$

54에서 아래쪽으로 내려갈수록 □씩 커진다고 하면

$54+□+□=72$, $□+□=18$, $□=9$입니다.

54에서 아래쪽으로 내려갈수록 9씩 커지므로 9단 곱셈구구입니다.

➡ ★$=54+9=63$

6시 ➡ 6시 15분 ➡ 6시 30분 ➡ 6시 45분

15분 후 15분 후 15분 후

시계의 시각이 6시부터 15분씩 흐르는 규칙입니다.
따라서 마지막 시계에 알맞은 시각은 6시 45분에서 15분 후의 시각인 7시입니다.

5-1

시각이 3시 40분 ➡ 4시 ➡ 4시 20분으로 20분씩 흐르는 규칙입니다.
4시 20분에서 20분 후의 시각은 4시 40분이므로 넷째 시계에 알맞은 시각은 4시 40분입니다.
따라서 넷째 시계에 긴바늘은 8을 가리키고, 짧은바늘은 4와 5 사이를 가리키도록 그립니다.

서술형 **5-2** 9시 40분

예 시각이 8시 ➡ 8시 25분 ➡ 8시 50분 ➡ 9시 15분으로 25분씩 흐르는 규칙입니다. 따라서 9시 15분에서 25분 후의 시각은 9시 40분이므로 마지막 시계에 알맞은 시각은 9시 40분입니다.

채점 기준	배점
시간이 흐르는 규칙을 찾았나요?	3점
마지막 시계에 알맞은 시각을 구했나요?	2점

5-3 7시

시각이 5시 20분 ➡ 5시 30분 ➡ 5시 50분 ➡ 6시 20분으로
흐르는 시간이 10분, 20분, 30분, ...으로 10분씩 늘어나는 규칙입니다.
따라서 6시 20분에서 40분 후의 시각은 7시이므로 마지막 시계에 알맞은 시각은 7시입니다.

162~163쪽

대표문제 **6**

달력에서 첫째 수요일은 2일이고 같은 요일은 7일마다 반복되므로
둘째 수요일은 2+7=9(일),
셋째 수요일은 9+7=16(일),
넷째 수요일은 16+7=23(일)입니다.

6-1 17일

달력에서 첫째 토요일이 3일이고 같은 요일은 7일마다 반복되므로
둘째 토요일은 3+7=10(일), 셋째 토요일은 10+7=17(일)입니다.

6-2 26일

달력에서 1일은 목요일이므로 첫째 일요일은 4일, 첫째 월요일은 5일입니다.
첫째 월요일은 5일이고 같은 요일은 7일마다 반복되므로
둘째 월요일은 5+7=12(일), 셋째 월요일은 12+7=19(일),
넷째 월요일은 19+7=26(일)입니다.

6-3 25일

달력에서 10월의 마지막 날인 31일은 수요일이므로 11월의 첫째 일요일은 4일입니다.
11월 첫째 일요일은 4일이고 같은 요일은 7일마다 반복되므로
둘째 일요일은 4+7=11(일),
셋째 일요일은 11+7=18(일),
넷째 일요일은 18+7=25(일)입니다.
11월은 30일까지 있으므로 마지막 일요일은 넷째 일요일인 25일입니다.

대표문제 7

4개의 수 2, 4, 7, 3이 반복되는 규칙입니다.
16은 4를 4번 더한 수와 같으므로 수를 16개까지 늘어놓으면 2, 4, 7, 3이 각각 4개씩 있습니다.
2가 4개이면 2×4=8, 4가 4개이면 4×4=16,
7이 4개이면 7×4=28, 3이 4개이면 3×4=12입니다.
➡ (늘어놓은 수들의 합)=8+16+28+12=64

7-1 60

3개의 수 5, 9, 1이 반복되는 규칙입니다.
12는 3을 4번 더한 수와 같으므로 수를 12개까지 늘어놓으면 5, 9, 1이 각각 4개씩 있습니다.
5가 4개이면 5×4=20, 9가 4개이면 9×4=36,
1이 4개이면 1×4=4입니다.
➡ (늘어놓은 수들의 합)=20+36+4=60

7-2 76

4개의 수 7, 3, 3, 6이 반복되는 규칙입니다.
16은 4를 4번 더한 수와 같으므로 수를 16개까지 늘어놓으면 7, 6은 각각 4개씩 있고, 3은 8개 있습니다.
7이 4개이면 7×4=28, 6이 4개이면 6×4=24,
3이 8개이면 3×8=24입니다.
➡ (늘어놓은 수들의 합)=28+24+24=76

7-3 48

4개의 수 4, 0, 2, 8이 반복되는 규칙입니다.
15는 4를 3번 더하고 3을 더한 수와 같으므로 수를 15개까지 늘어놓으면 4, 0, 2는 각각 4개씩 있고, 8은 3개 있습니다.
4가 4개이면 4×4=16, 0이 4개이면 0×4=0,
2가 4개이면 2×4=8, 8이 3개이면 8×3=24입니다.
➡ (늘어놓은 수들의 합)=16+0+8+24=48

1 풀이 참조

×	㉠2	4	6	㉡8
3	6	12	18	24
㉢4	8	16	24	32
㉣5	10	20	30	40
6	12	24	36	48

3×㉠=6이므로 ㉠=2, 6×㉡=48이므로 ㉡=8, ㉢×8=32이므로 ㉢=4, ㉣×4=20이므로 ㉣=5 입니다.
왼쪽의 수와 위쪽의 수가 만나는 곳에 곱을 써넣어 곱셈표를 완성합니다.

서술형 **2** 13시 40분, 15시 10분

예 시각이 6시 10분 ➡ 7시 40분 ➡ 9시 10분 ➡ 10시 40분 ➡ ...
으로 1시간 30분마다 출발하는 규칙이 있습니다. 따라서 12시 10분 다음에 출발하는 시각은 13시 40분, 15시 10분, 16시 40분, ...이므로 13시부터 16시까지 이 열차가 출발하는 시각은 13시 40분, 15시 10분입니다.

채점 기준	배점
열차가 출발하는 시각에서 규칙을 찾았나요?	2점
13시부터 16시까지 열차가 출발하는 시각을 모두 구했나요?	3점

3 5, 9

쌓기나무를 이용하여 1씩 커지는 수들의 합에서 규칙을 찾습니다.
쌓기나무를 옮겨 보면 쌓은 모양은 가운데 수만큼씩 쌓은 쌓기나무가 나열한 수들의 개수만큼 있는 규칙입니다. 즉 1+2+3+⋯+7+8+9는 5만큼씩 9개 있는 것과 같습니다.
➡ $1+2+3+4+5+6+7+8+9=5+5+5+5+5+5+5+5+5=5\times9$

4

♡	○
▲	◇

모양은 시계 방향으로 한 칸씩 이동하여 그리고,
색깔은 시계 반대 방향으로 한 칸씩 이동하여 색칠하는 규칙입니다.

5 5층

위에서부터 각 층에 사용한 쌓기나무를 세어 보면 1개, 3개, 6개, 10개, ...로 아래층으로 갈수록 사용한 쌓기나무의 수가 2개, 3개, 4개, ...와 같이 늘어납니다.
규칙에 따라 4층까지 쌓을 때 사용한 쌓기나무는 1+3+6+10=20(개),
5층까지 쌓을 때 사용한 쌓기나무는 1+3+6+10+15=35(개)입니다.
따라서 사용한 쌓기나무가 35개라면 5층까지 쌓은 것입니다.

6 8, 3, 6

1부터 시작하여 시계 방향으로 3칸씩 이동하는 규칙입니다.
5에서 시계 방향으로 3칸 이동하면 8,
8에서 시계 방향으로 3칸 이동하면 3,
3에서 시계 방향으로 3칸 이동하면 6입니다.
따라서 빈칸에 알맞은 수는 순서대로 8, 3, 6입니다.

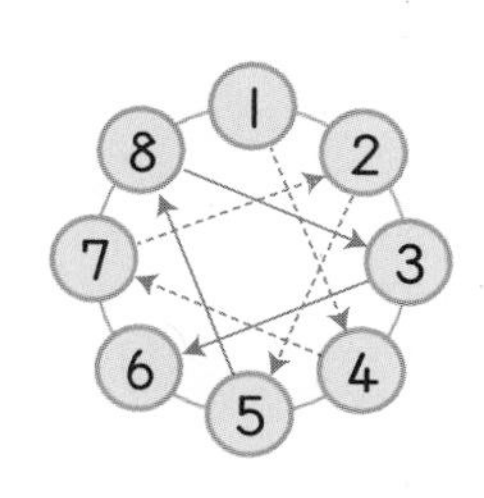

7 여덟째

사용한 연결 모형의 수에서 규칙을 찾아봅니다.
첫째: (4×1)개, 둘째: (4×2)개, 셋째: (4×3)개, 넷째: (4×4)개, ...
32=4×8이므로 연결 모형 32개를 사용하여 만든 모양은 여덟째입니다.

1 네 자리 수

다시푸는 최상위 S

2~4쪽

1 7800원

1000원짜리 지폐 4장: 4000원
500원짜리 동전 3개: 1500원
100원짜리 동전 23개: 2300원
따라서 은아의 저금통에 들어 있는 돈은 모두 7800원입니다.

2 3098, 4898

3398에서 눈금 두 칸만큼 뛰어 세면 3998이므로 눈금 두 칸은 600을 나타냅니다.
600은 300이 2개인 수이므로 눈금 한 칸의 크기는 300입니다. 즉 ●는 300입니다.
따라서 ㉠은 3398보다 300만큼 더 작은 수인 3098이고,
㉡은 4598보다 300만큼 더 큰 수인 4898입니다.

3 5, 2

1000이 5개 ➡ 5000
10이 43개 ➡ 430
1이 27개 ➡ 27
5457

5457과 ●657을 비교하면 ●=5입니다.
5457은 5657보다 200만큼 더 작은 수이고 200은 100이 2개인 수이므로 ■=2 입니다.

4 7637

어떤 수에서 작아지는 규칙으로 400씩 5번 뛰어 세어 5837이 되었으므로
어떤 수는 5837에서 커지는 규칙으로 400씩 5번 뛰어 센 수입니다.
5837에서 커지는 규칙으로 400씩 5번 뛰어 세면
5837 − 6237 − 6637 − 7037 − 7437 − 7837이므로 어떤 수는 7837 입니다.
7837에서 작아지는 규칙으로 40씩 5번 뛰어 세면
7837 − 7797 − 7757 − 7717 − 7677 − 7637입니다.
따라서 바르게 뛰어 센 수는 7637입니다.

5 3개

- 6000보다 크고 7000보다 작으므로 천의 자리 숫자는 6입니다.
- 십의 자리 수는 천의 자리 수보다 3만큼 더 크므로 6+3=9입니다.
- 일의 자리 수는 천의 자리 수보다 크고, 백의 자리 수는 일의 자리 수보다 크므로 일의 자리 수와 백의 자리 수는 다음과 같습니다.

일의 자리 수: 7 ➡ 백의 자리 수: 8, 9

일의 자리 수: 8 ➡ 백의 자리 수: 9

일의 자리 수: 9 ➡ 백의 자리 수: ×

따라서 조건을 모두 만족하는 네 자리 수는 6897, 6997, 6998로 3개입니다.

6 5720, 7250, 7520

일의 자리 숫자가 0인 네 자리 수는 □□□0입니다.
이 수는 5400보다 커야 하므로 천의 자리에 올 수 있는 수는 5와 7입니다.

- 5□□0일 때 만들 수 있는 수는 5270, 5720이고 이 중 5400보다 큰 수는 5720입니다.
- 7□□0일 때 만들 수 있는 수는 7250, 7520이고 모두 5400보다 큽니다.

따라서 일의 자리 숫자가 0인 네 자리 수 중에서 5400보다 큰 수는 5720, 7250, 7520입니다.

7 26가지

천의 자리 수가 5로 같으므로 ㉠에는 7보다 작은 수가 들어갈 수 없습니다.
㉠=7일 때 ㉡에는 0, 1, 2, 3, 4, 5가 들어갈 수 있으므로 (7, ㉡)은 6가지입니다.
㉠=8일 때 ㉡에는 0, 1, 2, 3, 4, 5, 6, 7, 8, 9가 들어갈 수 있으므로 (8, ㉡)은 10가지입니다.
㉠=9일 때 ㉡에는 0, 1, 2, 3, 4, 5, 6, 7, 8, 9가 들어갈 수 있으므로 (9, ㉡)은 10가지입니다.
따라서 (㉠, ㉡)은 모두 6+10+10=26(가지)입니다.

8 11가지

2500원짜리 필통 두 개를 사려면 5000원을 내야 합니다.

1000원짜리	500원짜리	100원짜리
3장	4개	•
3장	3개	5개
3장	2개	10개
3장	1개	15개
3장	•	20개
2장	5개	5개
2장	4개	10개
2장	3개	15개
2장	2개	20개
1장	5개	15개
1장	4개	20개

따라서 돈을 낼 수 있는 방법은 모두 11가지입니다.

1 80묶음

100이 40개인 수는 4000이므로 김 40톳은 모두 4000장입니다.
1000은 100이 10개인 수이므로 50이 20개인 수입니다.
➡ 4000은 50이 80개인 수입니다.
따라서 김 4000장을 한 묶음에 50장씩 묶으면 모두 80묶음이 됩니다.

서술형 **2** 7일

예 0에서 4200까지 600씩 뛰어 세면
0 − 600 − 1200 − 1800 − 2400 − 3000 − 3600 − 4200이므로
7번 뛰어 세어야 합니다.
따라서 효경이는 돈을 7일 동안 모아야 합니다.

채점 기준	배점
0에서 600씩 몇 번 뛰어 세어야 4200이 되는지 구했나요?	3점
돈을 며칠 동안 모아야 하는지 구했나요?	2점

3 9325

1000이 5개 ➡ 5000
100이 37개 ➡ 3700
10이 22개 ➡ 220
1이 5개 ➡ 5
8925

8925에서 커지는 규칙으로 100씩 4번 뛰어 세면
8925 − 9025 − 9125 − 9225 − 9325입니다.
따라서 구하는 수는 9325입니다.

4 ㉢, ㉠, ㉡, ㉣

40□9, 450□는 천의 자리 수가 4이고 3□70, 302□는 천의 자리 수가 3이므로
40□9, 450□는 3□70, 302□보다 큽니다.
40□9와 450□를 비교하면
백의 자리 수가 0<5이므로 40□9<450□입니다. ➡ ㉠<㉢
3□70과 302□를 비교하면 3□70의 백의 자리에 가장 작은 수인 0을 넣어도 십의 자리 수가 7>2이므로 3070>302□입니다. ➡ ㉡>㉣
따라서 큰 수부터 차례로 기호를 쓰면 ㉢, ㉠, ㉡, ㉣입니다.

5 7654, 2045

7>6>5>4>2>0
가장 큰 수를 만들려면 높은 자리부터 큰 수를 차례로 놓아야 합니다. ➡ 7654
가장 작은 수를 만들려면 높은 자리부터 작은 수를 차례로 놓아야 합니다. 이때 가장 높은 자리에는 0이 올 수 없으므로 둘째로 작은 수를 가장 높은 자리에 놓습니다.
➡ 2045
따라서 만들 수 있는 수 중에서 가장 큰 수는 7654, 가장 작은 수는 2045입니다.

6 80개

성우가 가지고 있는 돈을 알아보면 다음과 같습니다.

1000원짜리 지폐 4장: 4000원
500원짜리 동전 3개: 1500원
100원짜리 동전 24개: 2400원
→ 7900원

7900은 100이 79개인 수입니다.
정미가 7900원보다 더 많은 돈을 가지고 있고 100원짜리 동전만 가지고 있으므로 100원짜리 동전을 적어도 $79+1=80$(개) 가지고 있습니다.

7 14개

7365보다 크고 7505보다 작은 네 자리 수이므로 천의 자리 숫자는 7이고 백의 자리 숫자는 3, 4, 5가 될 수 있습니다.
이 중 일의 자리 숫자가 4인 수는 73□4, 74□4, 75□4입니다.
73□4의 □ 안에는 7, 8, 9가 들어갈 수 있고,
74□4의 □ 안에는 0, 1, 2, 3, ..., 8, 9가 들어갈 수 있고,
75□4의 □ 안에는 0이 들어갈 수 있습니다.
따라서 구하는 수는 모두 $3+10+1=14$(개)입니다.

8 16가지

한 가지 메뉴를 주문하는 경우: 김밥 / 만두 / 떡볶이 / 튀김 / 순대 / 우동 ➡ 6가지
두 가지 메뉴를 주문하는 경우: 김밥, 만두 → 3000원
김밥, 떡볶이 → 3000원
김밥, 튀김 → 1500원
김밥, 순대 → 3500원
만두, 튀김 → 2500원
떡볶이, 튀김 → 2500원
튀김, 순대 → 3000원
튀김, 우동 → 3500원
➡ 8가지
세 가지 메뉴를 주문하는 경우: 김밥, 만두, 튀김 → 3500원
김밥, 떡볶이, 튀김 → 3500원
➡ 2가지
따라서 3500원으로 음식을 주문할 수 있는 방법은 모두 $6+8+2=16$(가지)입니다.

9 5993

4593에서 4633으로 40이 커졌으므로 40씩 뛰어 세는 규칙입니다.
40씩 10번 뛰어 센 것은 100씩 4번 뛰어 센 것과 같으므로 백의 자리 수가 4만큼 더 커집니다.
4713에서 40씩 10번 뛰어 세면 5113입니다.
다시 5113에서 40씩 10번 뛰어 세면 5513입니다.
다시 5513에서 40씩 10번 뛰어 세면 5913입니다.
6000에 가장 가까운 수를 찾아야 하므로 5913에서 40씩 뛰어 세면
5913 — 5953 — 5993 — 6033입니다.
5993과 6033 중 6000에 더 가까운 수는 5993입니다.

10 43번

• 일의 자리 숫자가 5인 경우: 3675, 3685, 3695 ➡ 3번

3705, 3715, 3725, ..., 3795 ➡ 10번

3805, 3815, 3825, ..., 3895 ➡ 10번

• 십의 자리 숫자가 5인 경우: 3750, 3751, 3752, ..., 3759 ➡ 10번

3850, 3851, 3852, ..., 3859 ➡ 10번

따라서 숫자 5는 모두 $3+10+10+10+10=43$(번) 쓰게 됩니다.

2 곱셈구구

다시푸는 최상위 S

1 ㉣

바둑돌을 8개씩 묶으면 5묶음입니다.
㉠ 8씩 5묶음이므로 8을 5번 더하여 전체 바둑돌 수를 구합니다.
➡ $8+8+8+8+8=40$
㉡ 8단 곱셈구구는 곱이 8씩 커지므로 8×5는 8×4에 8을 더한 수와 같습니다.
➡ $8\times4+8=8\times5=40$
㉢ 8씩 5묶음은 5씩 8묶음과 같으므로 5×8을 구하여 전체 바둑돌 수를 구합니다.
➡ $5\times8=40$
㉣ 5×8은 5를 8번 더한 수이므로 5×4를 2번 더하여 전체 바둑돌 수를 구합니다.
➡ $5\times4+5\times4=5\times8=40$
따라서 옳지 않은 것은 ㉣입니다.

2 5, 6

$6\times4=24$이므로 $5\times\square>24$입니다.
$5\times4=20$, $5\times5=25$이므로 □ 안에는 4보다 큰 수가 들어가야 합니다.
따라서 □ 안에 들어갈 수 있는 수는 5, 6, 7, 8, 9입니다.
$25+26=51$이므로 $\square\times8<51$입니다.
$6\times8=48$, $7\times8=56$이므로 □ 안에는 7보다 작은 수가 들어가야 합니다.
따라서 □ 안에 들어갈 수 있는 수는 1, 2, 3, 4, 5, 6입니다.
➡ □ 안에 공통으로 들어갈 수 있는 수는 5, 6입니다.

서술형 3 52개

예 닭 한 마리의 다리는 2개이므로 닭 8마리의 다리는 $2\times8=16$(개)입니다.
소 한 마리의 다리는 4개이므로 소 9마리의 다리는 $4\times9=36$(개)입니다.
따라서 이 농장에서 기르는 닭과 소의 다리는 모두 $16+36=52$(개)입니다.

채점 기준	배점
닭 8마리의 다리 수를 구했나요?	2점
소 9마리의 다리 수를 구했나요?	2점
닭과 소의 다리는 모두 몇 개인지 구했나요?	1점

4 35

• 두 수의 곱이 0인 경우는 곱하는 수 중 한 수가 반드시 0이어야 하므로 모르는 수 카드 중에 수 0이 있어야 합니다.
• 두 수의 곱이 5인 경우는 $1\times5=5$ 또는 $5\times1=5$이므로 모르는 수 카드 중에 수 1과 5가 있어야 합니다.
➡ 모르는 3장의 수 카드에 적힌 수 : 0, 1, 5
따라서 5장의 수 카드 중에서 2장을 골라 구할 수 있는 두 수의 곱 중에서 가장 큰 곱은 가장 큰 수와 둘째로 큰 수를 곱한 $7\times5=35$입니다.

5 7줄

학생들이 한 줄에 6명씩 8줄로 서 있으므로 전체 학생은 $6\times8=48$(명)입니다.
한 모둠은 한 줄에 5명씩 4줄로 서므로 $5\times4=20$(명)입니다.
따라서 다른 한 모둠의 학생은 $48-20=28$(명)입니다.
다른 한 모둠이 한 줄에 4명씩 □줄로 선다고 하면 $4\times\square=28$이고,
$4\times7=28$이므로 $\square=7$입니다.
따라서 다른 한 모둠은 한 줄에 4명씩 7줄로 서야 합니다.

6 63

어떤 수를 □라 하면 잘못 구한 식은 $\square+7\times8=83$, $\square+56=83$입니다.
➡ $83-56=\square$, $\square=27$
따라서 바르게 구하면 $27+4\times9=27+36=63$입니다.

7 45

◆×◆=6●에서 같은 두 수의 곱의 십의 자리 수가 6이 되는 수는 $8\times8=64$이므로
◆=8, ●=4입니다.
▲×◆=■에서 ◆=8이므로 ▲×8=■입니다.
▲×8=■, 4×★=■에서 ■는 20보다 크고 40보다 작은 수이므로
곱셈구구를 이용하여 알아보면
$3\times8=24$, $4\times8=32$ …… ㉠
$4\times6=24$, $4\times7=28$, $4\times8=32$, $4\times9=36$ …… ㉡
서로 다른 수이면서 ㉠과 ㉡ 중 곱이 같은 것은 $3\times8=24$, $4\times6=24$이므로
▲=3, ■=24, ★=6입니다.
따라서 ◆+●+▲+■+★$=8+4+3+24+6=45$입니다.

8 4개

어떤 수를 □라 하면
첫째 조건에서 □=1, 2, 3, 4, 5, 6, 7, 8, 9입니다.
첫째와 둘째 조건에서 $\square\times4>15$이므로 □=4, 5, 6, 7, 8, 9입니다.
첫째와 셋째 조건에서 $7\times\square<50$이므로 □=1, 2, 3, 4, 5, 6, 7입니다.
따라서 조건을 모두 만족하는 어떤 수는 4, 5, 6, 7로 4개입니다.

9 9개

- 6인용 긴의자가 7개라면 9인용 긴의자는 $15-7=8$(개)입니다.
  이때 6인용 긴의자에 앉은 사람은 $6\times7=42$(명)이고,
  9인용 긴의자에 앉은 사람은 $9\times8=72$(명)입니다.
  ➡ 긴의자에 앉은 사람은 모두 $42+72=114$(명)이므로 틀립니다.
- 6인용 긴의자가 6개라면 9인용 긴의자는 $15-6=9$(개)입니다.
  이때 6인용 긴의자에 앉은 사람은 $6\times6=36$(명)이고,
  9인용 긴의자에 앉은 사람은 $9\times9=81$(명)입니다.
  ➡ 긴의자에 앉은 사람은 모두 $36+81=117$(명)이므로 맞습니다.

따라서 9인용 긴의자는 9개입니다.

1 32

곱하는 두 수를 바꾸어 곱해도 곱은 같습니다.
$2\times8=8\times2$이므로 ㉠$=8$입니다.
$4\times6=6\times4$이므로 ㉡$=4$입니다.
➡ ㉠$\times$㉡$=8\times4=32$

2 43개

1층에 놓인 쌓기나무는 3개씩 3줄이므로 $3\times3=9$(개)입니다.
한 층에 9개씩 4층으로 쌓았으므로 상자 모양을 만드는 데 사용한 쌓기나무는 $9\times4=36$(개)입니다.
➡ (가지고 있는 쌓기나무의 수)=(상자 모양을 만드는 데 사용한 쌓기나무의 수)+(남은 쌓기나무의 수)
$=36+7=43$(개)

3 8개

(영우가 가지고 있는 쿠키의 수)$=6\times9+2=54+2=56$(개)
쿠키 56개를 한 줄에 □개씩 7줄로 놓는다면 $\square\times7=56$, $8\times7=56$이므로 $\square=8$입니다. 따라서 쿠키를 7줄로 모두 놓으려면 한 줄에 8개씩 놓아야 합니다.

서술형 **4** 8쪽

예 (3쪽씩 일주일 동안 푼 쪽수)$=3\times7=21$(쪽)이므로
(남은 쪽수)$=85-21=64$(쪽)입니다.
따라서 하루에 □쪽씩 8일 동안 모두 풀려면 $\square\times8=64$에서 $8\times8=64$, $\square=8$이므로 하루에 8쪽씩 풀어야 합니다.

채점 기준	배점
3쪽씩 일주일 동안 푼 쪽수를 구했나요?	2점
남은 쪽수를 구했나요?	1점
8일 동안 모두 풀려면 하루에 몇 쪽씩 풀어야 하는지 구했나요?	2점

5 8, 3, 9

- 6단 곱셈구구의 곱은 6씩 커지므로 6×8에 6을 더한 수는 6×9와 같습니다.
  $6\times9=6\times8+6$ ➡ ●$=8$
- 6×9는 6을 9번 더한 수이므로 6×3을 세 번 더한 것과 같습니다.
  $6\times9=6\times3+6\times3+6\times3$ ➡ ■$=3$
- $6\times9=9\times6=9+9+9+9+9+9$ ➡ ▲$=9$

6 미라

은수: 7점은 1번 맞혔으므로 $7\times1=7$(점), 5점은 4번 맞혔으므로 $5\times4=20$(점), 2점은 1번 맞혔으므로 $2\times1=2$(점)입니다. ➡ (점수)$=7+20+2=29$(점)
미라: 7점은 2번 맞혔으므로 $7\times2=14$(점), 5점은 3번 맞혔으므로 $5\times3=15$(점), 2점은 1번 맞혔으므로 $2\times1=2$(점)입니다. ➡ (점수)$=14+15+2=31$(점)

진주: 7점은 3번 맞혔으므로 $7\times3=21$(점), 5점은 0번 맞혔으므로 $5\times0=0$(점),
2점은 3번 맞혔으므로 $2\times3=6$(점)입니다. ➡ (점수)$=21+6=27$(점)
따라서 얻은 점수가 가장 높은 사람은 미라이므로 이긴 사람은 미라입니다.

7 49개

첫째: $1\times1=1$(개), 둘째: $2\times2=4$(개), 셋째: $3\times3=9$(개), ...
(가로로 놓인 바둑돌의 수)×(줄 수)로 바둑돌을 늘어놓은 규칙을 알아보면
가로로 놓인 바둑돌의 수와 줄 수는 각각 1부터 1씩 커집니다.
➡ 넷째: $4\times4=16$(개), 다섯째: $5\times5=25$(개), 여섯째: $6\times6=36$(개),
일곱째: $7\times7=49$(개)
따라서 일곱째에 놓이는 바둑돌은 49개입니다.

8 60, 144

5, 6, 7, ...은 오른쪽으로 갈수록 1씩 커지므로 12는 7에서 1씩 5번 뛰어 센 수입니다.
위에서 둘째 줄은 오른쪽으로 갈수록 5씩 커지므로 35부터 5씩 커지도록 수를 쓰면
35−40−45−50−55−60입니다.
➡ ㉠=60
위에서 셋째 줄은 오른쪽으로 갈수록 6씩 커지므로 42부터 6씩 커지도록 수를 쓰면
42−48−54−60−66−72입니다.
➡ (세로줄 6과 가로줄 12가 만나는 칸)=72
위에서 넷째 줄은 오른쪽으로 갈수록 7씩 커지므로 49부터 7씩 커지도록 수를 쓰면
49−56−63−70−77−84입니다.
➡ (세로줄 7과 가로줄 12가 만나는 칸)=84
㉠이 있는 세로줄은 60, 72, 84, ...로 12씩 커지므로 84부터 12씩 커지도록 수를
쓰면 84−96−108−120−132−144입니다.
➡ ㉡=144

9 10칸

나영이가 3번 이기고, 3번 비기고, 4번 졌으므로
연서는 4번 이기고, 3번 비기고, 3번 졌습니다.
나영: 3번 이겼으므로 $7\times3=21$(칸)을 올라가고 4번 졌으므로 $3\times4=12$(칸)을 내려
갑니다.
➡ (나영이가 올라간 계단의 수)$=21-12=9$(칸)
연서: 4번 이겼으므로 $7\times4=28$(칸)을 올라가고 3번 졌으므로 $3\times3=9$(칸)을 내려
갑니다.
➡ (연서가 올라간 계단의 수)$=28-9=19$(칸)
따라서 나영이는 연서보다 $19-9=10$(칸) 더 아래에 있습니다.

10 2살

3년 후 세 사람의 나이의 합은 $45+3+3+3=54$(살)입니다.
3년 후 진호와 동생의 나이의 합을 □살이라 하면
삼촌의 나이는 (□×5)살이고 □+□×5=54(살)입니다.
□+□+□+□+□+□=54, □×6=54, 9×6=54이므로 □=9입니다.
합이 9이고 차가 1인 두 수는 5와 4이므로 3년 후 진호의 나이는 5살, 동생의 나이는
4살입니다. 따라서 올해 진호의 나이는 $5-3=2$(살)입니다.

3 길이 재기

다시 푸는 최상위 S

14~16쪽

1 정아, 수지

(태현이가 가진 철사의 길이)$=448$ cm
(수지가 가진 철사의 길이)$=3$ m 91 cm$=3$ m$+91$ cm$=300$ cm$+91$ cm$=391$ cm
(정아가 가진 철사의 길이)$=452$ cm
452 cm>448 cm>391 cm이므로
가장 긴 철사를 가진 사람은 정아이고 가장 짧은 철사를 가진 사람은 수지입니다.

2 45걸음

$4\times5=20$이므로 20 m는 4 m씩 5번 잰 길이와 같습니다.
4 m는 우성이의 9걸음과 같으므로
우성이의 걸음으로 20 m를 재어 보려면 9걸음씩 5번 걸어야 합니다.
따라서 우성이가 20 m를 재어 보려면 $9\times5=45$(걸음) 걸어야 합니다.

3 3 m 40 cm

(㉠~㉡의 길이)$=$(㉠~㉢의 길이)$+$(㉢~㉣의 길이)$-$(㉡~㉣의 길이)
$=5$ m 46 cm$+4$ m 27 cm-6 m 33 cm
$=9$ m 73 cm-6 m 33 cm
$=3$ m 40 cm
따라서 ㉠에서 ㉡까지의 길이는 3 m 40 cm입니다.

서술형 **4** 7 m 73 cm

예 (벚나무의 높이)$=$(은행나무의 높이)-72 cm이므로
(은행나무의 높이)$=$(벚나무의 높이)$+72$ cm$=9$ m 16 cm$+72$ cm$=9$ m 88 cm
100 cm$=1$ m이므로 215 cm$=2$ m 15 cm입니다.
(단풍나무의 높이)$=$(은행나무의 높이)-2 m 15 cm
$=9$ m 88 cm-2 m 15 cm$=7$ m 73 cm입니다.

채점 기준	배점
은행나무의 높이를 구했나요?	2점
단풍나무의 높이를 구했나요?	3점

5 72장

큰 사각형 모양의 종이의 가로는 32 cm이고 $4\times8=32$이므로
4 cm씩 8칸으로 나눌 수 있습니다.
큰 사각형 모양의 종이의 세로는 36 cm이고 $4\times9=36$이므로
4 cm씩 9칸으로 나눌 수 있습니다.
따라서 네 변의 길이가 모두 같고 한 변의 길이가 4 cm인 똑같은 사각형 모양의 카드를
$8\times9=72$(장)까지 만들 수 있습니다.

6 65 m 60 cm

산책로 양쪽에 설치한 긴의자가 16개이므로 한쪽에 설치한 긴의자는 8개입니다.
긴의자 8개가 산책로의 처음부터 끝까지 놓여져 있으므로 긴의자 사이의 간격은
8－1＝7(군데)입니다.
(긴의자 8개의 길이의 합)
＝1 m 20 cm＋1 m 20 cm＋1 m 20 cm＋1 m 20 cm＋1 m 20 cm
＋1 m 20 cm＋1 m 20 cm＋1 m 20 cm
＝8 m 160 cm＝9 m 60 cm
(간격의 길이의 합)＝8×7＝56 (m)
➡ (산책로의 전체 길이)＝9 m 60 cm＋56 m＝65 m 60 cm

7 3 m 99 cm

나무 막대의 길이는 10 m 53 cm이고 가장 짧은 도막의 길이는 210 cm이므로
나머지 두 도막의 길이의 합은
10 m 53 cm－210 cm＝10 m 53 cm－2 m 10 cm＝8 m 43 cm입니다.
나머지 두 도막의 길이의 합과 차를 더하면
8 m 43 cm＋45 cm＝8 m 88 cm이고 이 길이는 가장 긴 도막의 길이를 2번 더한
길이와 같습니다.

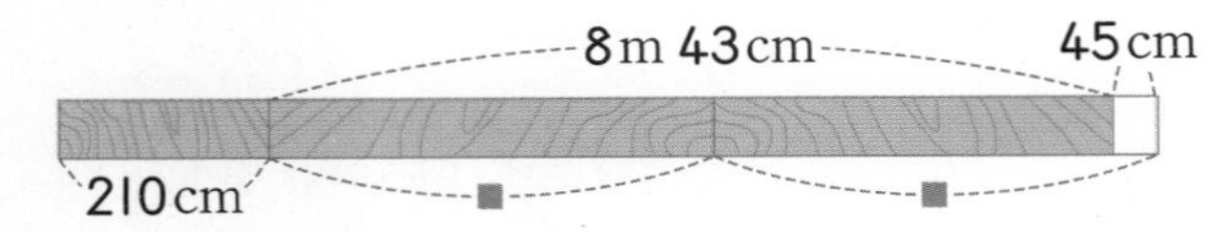

8 m 88 cm＝4 m 44 cm＋4 m 44 cm이므로
가장 긴 도막의 길이는 4 m 44 cm이고, 둘째로 긴 도막의 길이는
4 m 44 cm－45 cm＝3 m 144 cm－45 cm＝3 m 99 cm입니다.

8 24 cm

진주는 발 길이로 7번 재고 수아는 발 길이로 5번 재었으므로 나무 막대의 길이는
진주와 수아의 발 길이의 합으로 5번 재고 진주의 발 길이로 7－5＝2(번) 더 잰 것과
같습니다.
(진주와 수아의 발 길이의 합으로 5번 잰 길이)
＝45 cm＋45 cm＋45 cm＋45 cm＋45 cm＝225 cm＝2 m 25 cm이고,
(진주의 발 길이로 2번 잰 길이)＝2 m 73 cm－2 m 25 cm＝48 cm입니다.
48 cm＝24 cm＋24 cm이므로 진주의 발 길이는 24 cm입니다.

9 71 cm

이어 붙인 리본의 길이는
1 m 34 cm＋1 m 28 cm－8 cm＝2 m 62 cm－8 cm＝2 m 54 cm입니다.
(22 cm인 부분 2곳)＝22 cm＋22 cm＝44 cm
(35 cm인 부분 2곳)＝35 cm＋35 cm＝70 cm
(10 cm인 부분 4곳)＝10 cm＋10 cm＋10 cm＋10 cm＝40 cm
매듭으로 사용할 리본의 길이가 29 cm이므로
(필요한 리본의 길이)＝44 cm＋70 cm＋40 cm＋29 cm＝183 cm＝1 m 83 cm
따라서 상자를 묶고 남는 리본의 길이는
2 m 54 cm－1 m 83 cm＝1 m 154 cm－1 m 83 cm＝71 cm입니다.

1 은주

같은 길이를 잴 때 잰 횟수가 많을수록 한 뼘의 길이가 더 짧습니다.
뼘으로 잰 횟수를 비교해 보면 $41>35>30$이므로 은주가 가장 많습니다.
따라서 한 뼘의 길이가 가장 짧은 학생은 은주입니다.

2 8개

$1\text{ m}=100\text{ cm}$이므로 $6\text{ m }74\text{ cm}=674\text{ cm}$입니다.
$6\text{ m }74\text{ cm}>6\square2\text{ cm}$ ➡ $674\text{ cm}>6\square2\text{ cm}$에서 백의 자리 수는 같고 일의 자리 수는 $4>2$이므로 □는 7과 같거나 작아야 합니다.
따라서 □ 안에 들어갈 수 있는 수는 0, 1, 2, 3, 4, 5, 6, 7로 모두 8개입니다.

서술형 **3** 3 m 11 cm

예 (사용한 리본의 길이)$=1\text{ m }63\text{ cm}+1\text{ m }63\text{ cm}+1\text{ m }63\text{ cm}$
$=3\text{ m }189\text{ cm}=4\text{ m }89\text{ cm}$
따라서 사용하고 남은 리본의 길이는
$8\text{ m}-4\text{ m }89\text{ cm}=7\text{ m }100\text{ cm}-4\text{ m }89\text{ cm}=3\text{ m }11\text{ cm}$입니다.

채점 기준	배점
사용한 리본의 길이를 구했나요?	2점
사용하고 남은 리본의 길이를 구했나요?	3점

4 재화, 세아, 지유

실제 높이와 어림한 높이의 차가 작을수록 실제 높이에 가깝게 어림한 것입니다.
실제 높이와 어림한 높이의 차를 구하면 다음과 같습니다.
지유: $8\text{ m }12\text{ cm}-7\text{ m }10\text{ cm}=1\text{ m }2\text{ cm}$
세아: $8\text{ m }12\text{ cm}-7\text{ m }88\text{ cm}=7\text{ m }112\text{ cm}-7\text{ m }88\text{ cm}=24\text{ cm}$
재화: $8\text{ m }30\text{ cm}-8\text{ m }12\text{ cm}=18\text{ cm}$
따라서 실제 높이와 어림한 높이의 차가 작은 사람부터 차례로 이름을 쓰면
재화, 세아, 지유입니다.

5 8 m 10 cm

(은행에서 병원을 거쳐 우체국까지 가는 거리)$=25\text{ m }29\text{ cm}+33\text{ m }48\text{ cm}$
$=58\text{ m }77\text{ cm}$
➡ (은행에서 병원을 거쳐 우체국까지 가는 거리)−(은행에서 우체국으로 바로 가는 거리)
$=58\text{ m }77\text{ cm}-50\text{ m }67\text{ cm}=8\text{ m }10\text{ cm}$

6 4 m 73 cm

이어 붙인 색 테이프의 길이는 각각 $72\text{ cm}+3\text{ m }19\text{ cm}=3\text{ m }91\text{ cm}$입니다.
㉠$=3\text{ m }91\text{ cm}-243\text{ cm}=3\text{ m }91\text{ cm}-2\text{ m }43\text{ cm}=1\text{ m }48\text{ cm}$
㉡$=3\text{ m }91\text{ cm}-66\text{ cm}=3\text{ m }25\text{ cm}$
➡ ㉠+㉡$=1\text{ m }48\text{ cm}+3\text{ m }25\text{ cm}=4\text{ m }73\text{ cm}$

7 1 m 14 cm

㉡: 412 cm－1 m 92 cm＝4 m 12 cm－1 m 92 cm
＝3 m 112 cm－1 m 92 cm＝2 m 20 cm
㉠: ㉡＋26 cm＝2 m 20 cm＋26 cm＝2 m 46 cm
㉣: ㉠－39 cm＝2 m 46 cm－39 cm＝2 m 7 cm
㉢: ㉣－75 cm＝2 m 7 cm－75 cm＝1 m 107 cm－75 cm＝1 m 32 cm
따라서 가장 긴 것은 ㉠ 2 m 46 cm이고, 가장 짧은 것은 ㉢ 1 m 32 cm이므로
㉠과 ㉢의 길이의 차는 2 m 46 cm－1 m 32 cm＝1 m 14 cm입니다.

8 76 cm

(삼각형을 만드는 데 사용한 철사의 길이)
＝1 m 26 cm＋1 m 49 cm＋2 m 9 cm＝4 m 84 cm
사각형의 가로의 길이의 합이
1 m 66 cm＋1 m 66 cm＝2 m 132 cm＝3 m 32 cm이므로
사각형의 세로의 길이의 합은 4 m 84 cm－3 m 32 cm＝1 m 52 cm입니다.
1 m 52 cm＝152 cm＝76 cm＋76 cm이므로 사각형의 세로는 76 cm입니다.

9 13 m 10 cm

길이가 2 m 30 cm인 색 테이프 7장의 길이의 합은
2 m 30 cm＋2 m 30 cm＋2 m 30 cm＋…＋2 m 30 cm＝14 m 210 cm
(7번)
＝16 m 10 cm입니다.
색 테이프 7장을 이어 붙일 때 겹쳐지는 부분은 7－1＝6(군데)이므로
겹쳐진 부분의 길이의 합은
50 cm＋50 cm＋50 cm＋50 cm＋50 cm＋50 cm＝300 cm＝3 m입니다.
➡ (이어 붙인 색 테이프의 전체 길이)
＝(색 테이프 7장의 길이의 합)－(겹쳐진 부분의 길이의 합)
＝16 m 10 cm－3 m
＝13 m 10 cm

10 90 cm

가장 짧은 도막의 길이를 □cm라 하면 네 도막의 길이의 합은
□cm＋(□cm＋40 cm)＋(□cm＋40 cm＋55 cm)＋(□cm＋40 cm＋55 cm)
＝5 m 90 cm
□cm＋□cm＋□cm＋□cm＋40 cm＋40 cm＋40 cm＋55 cm＋55 cm
＝5 m 90 cm
□cm＋□cm＋□cm＋□cm＋2 m 30 cm＝5 m 90 cm
□cm＋□cm＋□cm＋□cm＝5 m 90 cm－2 m 30 cm＝3 m 60 cm
90 cm＋90 cm＋90 cm＋90 cm＝3 m 60 cm이므로 □＝90입니다.
따라서 가장 짧은 도막의 길이는 90 cm입니다.

4 시각과 시간

다시 푸는 최상위 S

1 수빈

아침 식사를 한 시각은 한별이가 7시 58분, 초아가 8시 28분, 수빈이가 7시 46분, 희정이가 9시 15분입니다.
7시가 8시, 9시보다 더 이른 시각이므로 7시 58분과 7시 46분을 비교하면 46분이 58분보다 더 이른 시각입니다.
따라서 가장 이른 시각은 7시 46분이므로 가장 일찍 아침 식사를 한 사람은 수빈입니다.

2 오후 4시 1분

연수가 도서관에 도착한 시각: 오후 2시 40분 $\xrightarrow{\text{20분 후}}$ 오후 3시 $\xrightarrow{\text{3분 후}}$ 오후 3시 3분
연수가 도서관에서 나온 시각: 오후 3시 3분 $\xrightarrow{\text{57분 후}}$ 오후 4시 $\xrightarrow{\text{1분 후}}$ 오후 4시 1분

3 4시 46분

긴바늘이 숫자 8에서 작은 눈금 6칸 더 간 곳을 가리키면 46분입니다.
46분일 때 짧은바늘이 숫자 5에 가장 가까이 있으려면 짧은바늘은 숫자 4와 5 사이에 있어야 하므로 4시를 나타냅니다.
따라서 시계가 나타내는 시각은 4시 46분입니다.

4 4시간 26분

놀이공원에 있던 시간: 오전 10시 4분 $\xrightarrow{\text{4시간 후}}$ 오후 2시 4분 $\xrightarrow{\text{26분 후}}$ 오후 2시 30분
따라서 놀이공원에 있던 시간은 4시간 26분입니다.

5 12월 25일

10월은 31일, 11월은 30일까지 있습니다.
10월 16일에서 15일 후: 10월 31일
10월 31일에서 30일 후: 11월 30일
11월 30일에서 $70-15-30=25$(일) 후: 12월 25일
➡ 음료수를 12월 25일까지 마시면 됩니다.

6 토요일

이 해 4월 한 주의 월요일의 날짜를 □일이라고 하면
$\square+\square+1+\square+2+\square+3+\square+4=30$, $\square+\square+\square+\square+\square=20$입니다.
$4+4+4+4+4=20$에서 $\square=4$이므로 4일은 월요일입니다.
4월은 30일까지 있고 4일, 11일, 18일, 25일은 월요일입니다.
➡ 26일: 화요일, 27일: 수요일, 28일: 목요일, 29일: 금요일, 30일: 토요일
따라서 4월의 마지막 날은 토요일입니다.

7 1시간 45분

시작한 시각: 2시 35분, 끝낸 시각: 4시 20분
줄넘기를 한 시간: 2시 35분 $\xrightarrow{\text{1시간 후}}$ 3시 35분 $\xrightarrow{\text{25분 후}}$ 4시 $\xrightarrow{\text{20분 후}}$ 4시 20분
따라서 도윤이는 1시간+25분+20분=1시간 45분 동안 줄넘기를 했습니다.

8 10분

7시에서 4시간 후의 시각은 7+4=11(시)여야 하는데 10시 20분이므로 4시간 동안 40분 느려진 것입니다.
40=10+10+10+10이므로 시계탑의 시계는 1시간에 10분씩 느려집니다.

다시푸는 MATH MASTER

23~25쪽

1 3시 45분

시계가 나타내는 시각은 2시 25분이고 80분=1시간 20분입니다.
2시 25분 $\xrightarrow{\text{1시간 후}}$ 3시 25분 $\xrightarrow{\text{20분 후}}$ 3시 45분

2 오후 4시 5분

75분=60분+15분=1시간 15분이므로
줄넘기를 끝낸 시각: 오후 1시 40분 $\xrightarrow{\text{1시간 후}}$ 오후 2시 40분 $\xrightarrow{\text{15분 후}}$ 오후 2시 55분
축구를 시작한 시각: 오후 2시 55분 $\xrightarrow{\text{5분 후}}$ 오후 3시 $\xrightarrow{\text{10분 후}}$ 오후 3시 10분
축구를 끝낸 시각: 오후 3시 10분 $\xrightarrow{\text{50분 후}}$ 오후 4시 $\xrightarrow{\text{5분 후}}$ 오후 4시 5분

다른 풀이
줄넘기를 한 후 쉬고 축구를 하는 데 걸린 시간:
75분+15분+55분=1시간 15분+15분+55분=2시간 25분
따라서 축구를 끝낸 시각은
오후 1시 40분 $\xrightarrow{\text{2시간 후}}$ 오후 3시 40분 $\xrightarrow{\text{20분 후}}$ 오후 4시 $\xrightarrow{\text{5분 후}}$ 오후 4시 5분입니다.

서술형 **3** 현준

예 보미가 숙제를 한 시간: 4시 40분 $\xrightarrow{\text{1시간 후}}$ 5시 40분 $\xrightarrow{\text{20분 후}}$ 6시 $\xrightarrow{\text{10분 후}}$ 6시 10분 ➡ 1시간 30분
현준이가 숙제를 한 시간: 1시 25분 $\xrightarrow{\text{2시간 후}}$ 3시 25분 $\xrightarrow{\text{10분 후}}$ 3시 35분 ➡ 2시간 10분
따라서 숙제를 더 오랫동안 한 사람은 현준입니다.

채점 기준	배점
보미가 숙제를 한 시간을 구했나요?	2점
현준이가 숙제를 한 시간을 구했나요?	2점
숙제를 더 오랫동안 한 사람은 누구인지 구했나요?	1점

4 목요일

5월은 31일까지 있고 31일, 24일, 17일, 10일, 3일은 모두 같은 요일입니다.
(−7, −7, −7, −7)
5월 3일이 금요일이므로 5월 31일도 금요일이고, 6월 6일은 5월 31일에서 6일 후입니다.
5월 31일이 금요일이므로 6일 후인 6월 6일은 목요일입니다.

5 10시 39분

짧은바늘이 숫자 7과 8 사이에 있고 긴바늘이 숫자 1에서 작은 눈금 4칸 더 간 곳을 가리키면 7시 9분입니다.
시계의 긴바늘이 1바퀴를 돌면 1시간이 지나고, 반 바퀴를 돌면 30분이 지나게 되므로 7시 9분에서 긴바늘이 3바퀴 반을 돌면 3시간 30분이 지나게 됩니다.
➡ 시계가 나타내는 시각: 7시 9분 $\xrightarrow{\text{3시간 후}}$ 10시 9분 $\xrightarrow{\text{30분 후}}$ 10시 39분

6 오전 11시 11분

시계가 하루에 8분씩 빨라지므로 1주일(7일) 후에는 $8\times7=56$(분) 빨라집니다.
오늘 오전 10시 15분에서 1주일 후에는 오전 10시 15분이어야 하는데 56분이 빨라지므로 시계가 가리키는 시각은
오전 10시 15분 $\xrightarrow{\text{45분 후}}$ 오전 11시 $\xrightarrow{\text{11분 후}}$ 오전 11시 11분입니다.

7 7대

오전 7시 40분 $\xrightarrow{\text{40분 후}}$ 오전 8시 20분 $\xrightarrow{\text{40분 후}}$ 오전 9시 $\xrightarrow{\text{40분 후}}$
오전 9시 40분 $\xrightarrow{\text{40분 후}}$ 오전 10시 20분 $\xrightarrow{\text{40분 후}}$ 오전 11시 $\xrightarrow{\text{40분 후}}$
오전 11시 40분 $\xrightarrow{\text{40분 후}}$ 오후 12시 20분
따라서 오전 중에 탈 수 있는 부산행 고속버스는 모두 7대입니다.

8 1시간 12분

의주의 시계는 한 시간에 4분씩 빨라지고 종우의 시계는 한 시간에 5분씩 느려지므로 두 시계는 한 시간에 $4+5=9$(분)씩 차이가 늘어납니다.
어제 오후 11시부터 오늘 오전 7시까지의 시간은 8시간이므로
두 시계가 가리키고 있는 시각의 차이는 $9\times8=72$(분)입니다.
➡ 72분=60분+12분=1시간 12분

9 30

달력에서 날짜는 아래쪽으로 한 칸 가면 7씩 커지고, 오른쪽으로 한 칸 가면 1씩 커지며 12월 달력은 31일까지 있습니다.

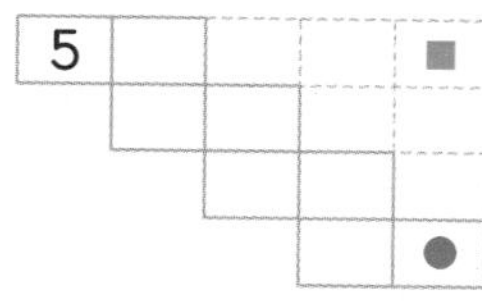

■$=5+1+1+1+1=9$,
●$=$■$+7+7+7=9+7+7+7=30$입니다.
따라서 빈칸에 알맞은 수 중에서 가장 큰 수는 30입니다.

서술형 **10** 금요일

예 $1+2+3+4=10$이므로 10월 첫째 주는 1일부터 4일까지 있습니다.
10월 4일은 첫째 주의 마지막 날이므로 토요일이고 10월의 마지막 날은 31일입니다.
같은 요일은 7일마다 반복되므로 10월 4일과 같은 요일인 날짜를 알아보면
$4+7=11$(일), $11+7=18$(일), $18+7=25$(일)입니다.
따라서 10월 25일은 4일과 같은 토요일이므로 6일 후인 31일은 금요일입니다.

채점 기준	배점
10월 첫째 주의 날짜를 모두 구했나요?	2점
10월의 마지막 날짜를 알고 있나요?	1점
10월의 마지막 날은 무슨 요일인지 구했나요?	2점

5 표와 그래프

다시푸는 최상위 S

26~29쪽

1 13명

자장면: 4명, 피자: 3명, 치킨: 6명, 김밥: 5명, 떡볶이: 1명
(전체 학생 수)=4+3+6+5+1=19(명)
○가 가장 많은 음식은 치킨이므로 가장 많은 학생들이 좋아하는 음식의 학생 수는 6명입니다.
➡ (전체 학생 수)−(치킨을 좋아하는 학생 수)=19−6=13(명)

2 8명

각 모둠의 ○와 ●의 수의 차는
개나리 모둠: 2개, 진달래 모둠: 2개, 목련 모둠: 4개, 튤립 모둠: 3개입니다.
여학생 수와 남학생 수의 차가 4명인 모둠은 목련 모둠이고, 목련 모둠의 여학생은 2명, 남학생은 6명입니다.
따라서 목련 모둠의 학생은 모두 2+6=8(명)입니다.

서술형 **3** 초록색

예 (파란색을 좋아하는 학생 수)=(빨간색을 좋아하는 학생 수)+4=8+4=12(명)
(노란색을 좋아하는 학생 수)=28−8−3−12=5(명)
좋아하는 색깔별 학생 수를 비교하면 3<5<8<12이므로 가장 적은 학생들이 좋아하는 색깔은 초록색입니다.

채점 기준	배점
파란색을 좋아하는 학생 수를 구했나요?	2점
노란색을 좋아하는 학생 수를 구했나요?	2점
가장 적은 학생들이 좋아하는 색깔을 구했나요?	1점

4 풀이 참조

혈액형별 학생 수

혈액형	A형	B형	O형	AB형	합계
학생 수(명)	5	5	2	6	18

혈액형별 학생 수

6				○
5	○	○		○
4	○	○		○
3	○	○		○
2	○	○	○	○
1	○	○	○	○
학생 수(명) / 혈액형	A형	B형	O형	AB형

그래프에서 A형의 ○는 5개이므로 혈액형이 A형인 학생은 5명입니다.
(O형인 학생 수)=(A형인 학생 수)−3=5−3=2(명)
(AB형인 학생 수)=18−5−5−2=6(명)

5 5명

북한산에 가고 싶은 학생이 3명이므로
(백두산에 가고 싶은 학생 수)=(북한산에 가고 싶은 학생 수)×2=3×2=6(명)입니다.
승아네 반 학생은 모두 24명이므로
(지리산에 가고 싶은 학생 수)=24−6−4−6−3=5(명)입니다.

6 2명

(1반의 학생 수)=4+2+5+6=17(명)
(2반의 학생 수)=17−2=15(명)
따라서 2반에서 취미가 운동인 학생은 15−5−3−5=2(명)입니다.

7 42개

그래프에서 병수와 선영이의 ○의 수를 세어 보면 모두 2+3=5(개)입니다.
○ 5개가 나타내는 종이학이 15개이고 3×5=15이므로
○ 1개가 나타내는 종이학은 3개입니다.
병수: 3×2=6(개), 창민: 3×4=12(개), 미라: 3×5=15(개),
선영: 3×3=9(개)
➡ (학생들이 접은 종이학 수)=6+12+15+9=42(개)

8 풀이 참조

좋아하는 과일별 학생 수

과일 \ 학생 수(명)	3	6	9	12	15	18
사과	○	○	○			
딸기	○	○	○	○	○	○
포도	○	○	○	○	○	
귤	○	○	○	○		

딸기를 좋아하는 학생 수는 사과를 좋아하는 학생 수보다 9명 더 많으므로 가로 눈금 한 칸은 3명을 나타냅니다.
그래프의 가로 눈금에 3부터 3씩 커지는 수 3, 6, 9, 12, 15, 18을 왼쪽부터 차례로 써넣습니다.
포도를 좋아하는 학생은 15명이고 3×5=15이므로 포도에 ○를 5개 표시합니다.
귤을 좋아하는 학생은 54−9−18−15=12(명)이고 3×4=12이므로 귤에 ○를 4개 표시합니다.

1 8, 7, 5, 3, 23 / 3교시

통합: 8교시, 국어: 7교시, 수학: 5교시, 창체: 3교시
➡ (합계)=8+7+5+3=23(교시)
8>7>5>3이므로 수업 시간이 가장 많은 과목은 8교시인 통합이고, 셋째로 많은 과목은 5교시인 수학입니다.
따라서 두 과목의 수업 시간의 차는 8−5=3(교시)입니다.

2 풀이 참조

좋아하는 동물별 학생 수

동물	강아지	고양이	햄스터	토끼	합계
학생 수(명)	10	6	2	4	22

좋아하는 동물별 학생 수

10	○			
8	○			
6	○	○		
4	○	○		○
2	○	○	○	○
학생 수(명) / 동물	강아지	고양이	햄스터	토끼

그래프에서 강아지를 좋아하는 학생은 10명이므로
(햄스터를 좋아하는 학생 수)=22−10−6−4=2(명)입니다.

3 과학책, 만화책, 동화책, 위인전

1반과 2반의 학생들이 읽고 싶은 책별 학생 수를 구하면
위인전: 2+3=5(명), 동화책: 3+6=9(명), 만화책: 6+4=10(명),
과학책: 5+6=11(명)입니다.
11>10>9>5이므로 가장 많은 학생들이 읽고 싶은 책부터 차례로 쓰면
과학책, 만화책, 동화책, 위인전입니다.

서술형 **4** 2반, 3명

예 (1반의 학생 수)=2+3+6+5=16(명)
(2반의 학생 수)=3+6+4+6=19(명)
16<19이므로 2반의 학생 수가 19−16=3(명) 더 많습니다.

채점 기준	배점
1반의 학생 수를 구했나요?	2점
2반의 학생 수를 구했나요?	2점
어느 반의 학생 수가 몇 명 더 많은지 구했나요?	1점

5 풀이 참조

좋아하는 운동별 학생 수

21	○			
18	○			
15	○	○		
12	○	○		
9	○	○		○
6	○	○		○
3	○	○	○	○
학생 수(명) / 운동	야구	축구	배구	농구

(배구를 좋아하는 학생 수)=(축구를 좋아하는 학생 수)$-12=15-12=3$(명)
(농구를 좋아하는 학생 수)=(전체 학생 수)$-$(야구를 좋아하는 학생 수)
$-$(축구를 좋아하는 학생 수)$-$(배구를 좋아하는 학생 수)
$=48-21-15-3=9$(명)

6 4명

(가을을 좋아하는 남학생 수)$=34-8-10-7=9$(명)
(전체 여학생 수)$=62-34=28$(명)
(가을을 좋아하는 여학생 수)$=28-6-12-5=5$(명)
따라서 가을을 좋아하는 남학생은 가을을 좋아하는 여학생보다 $9-5=4$(명) 더 많습니다.

7 8명

(리코더와 우쿨렐레를 배우고 싶은 학생 수)$=25-7-5=13$(명)
리코더를 배우고 싶은 학생 수를 □명이라 하면 우쿨렐레를 배우고 싶은 학생 수는 (□$+3$)명이므로 □$+$□$+3=13$, □$+$□$=10$, □$=5$입니다.
따라서 우쿨렐레를 배우고 싶은 학생은 $5+3=8$(명)입니다.

8 56명

프랑스에 가고 싶은 학생 수와 일본에 가고 싶은 학생 수의 차가 8명이므로 세로 눈금 한 칸은 4명을 나타냅니다.
중국: $4\times3=12$(명), 미국: $4\times5=20$(명), 프랑스: $4\times2=8$(명),
일본: $4\times4=16$(명)
➡ (창석이네 학교 2학년 학생 수)$=12+20+8+16=56$(명)

가고 싶은 나라별 학생 수

20		○		
16		○		○
12	○	○		○
8	○	○	○	○
4	○	○	○	○
학생 수(명) / 나라	중국	미국	프랑스	일본

6 규칙 찾기

다시푸는

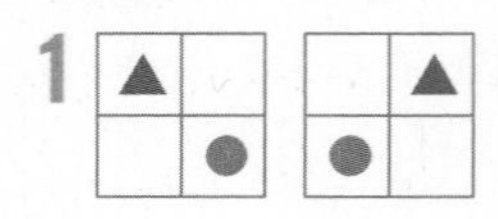

1

▲	
	●

	▲
●	

▲와 ●는 각각 시계 방향으로 1칸씩 이동합니다.

따라서 빈칸에 알맞은 모양은

▲	
	●

,

	▲
●	

입니다.

2 36개

층수와 개수가 늘어나는 규칙을 찾아보면
1층일 때 1개, 2층일 때 $1+3=4$(개), 3층일 때 $1+3+5=9$(개),
4층일 때 $1+3+5+7=16$(개), ...이므로
한 층 늘어날 때마다 쌓기나무가 3개, 5개, 7개, ...로 늘어납니다.
따라서 6층으로 쌓으려면 쌓기나무는 모두 $1+3+5+7+9+11=36$(개) 필요합니다.

서술형 **3** 15

예 곱셈표에서 왼쪽의 수와 위쪽의 수가 같으므로 점선을 따라 접었을 때 만나는 수는 서로 같습니다.
㉮에 알맞은 수는 $6\times8=48$이므로 ㉮와 만나는 수도 48입니다.
㉯에 알맞은 수는 $9\times7=63$이므로 ㉯와 만나는 수도 63입니다.
따라서 ㉮와 ㉯가 각각 만나는 두 수의 차는 $63-48=15$입니다.

채점 기준	배점
㉮, ㉯와 각각 만나는 두 수를 구했나요?	각 2점
㉮, ㉯와 각각 만나는 두 수의 차를 구했나요?	1점

4 40

	㉠	㉡	㉢	㉣
35	38			㉤
28	31	34		★
21				

위쪽으로 올라갈수록 7씩 커집니다.
➡ ㉠$=38+7=45$
오른쪽으로 갈수록 3씩 커집니다.
➡ ㉡$=45+3=48$, ㉢$=48+3=51$,
㉣$=51+3=54$
위쪽으로 올라갈수록 7씩 커지므로 아래쪽으로 내려갈수록 7씩 작아집니다.
➡ ㉤$=54-7=47$, ★$=47-7=40$

5 3시 45분

시각이 2시 15분 ➡ 2시 30분 ➡ 2시 50분 ➡ 3시 15분으로 흐르는 시간이 15분, 20분, 25분, ...으로 5분씩 늘어나는 규칙입니다.
따라서 3시 15분에서 30분 후의 시각은 3시 45분이므로 마지막 시계에 알맞은 시각은 3시 45분입니다.

6 30일

달력에서 9월의 마지막 날인 30일은 목요일이므로 10월 첫째 금요일은 1일입니다.
10월 첫째 토요일은 2일이고 같은 요일은 7일마다 반복되므로

둘째 토요일은 $2+7=9$(일), 셋째 토요일은 $9+7=16$(일),
넷째 토요일은 $16+7=23$(일), 다섯째 토요일은 $23+7=30$(일)입니다.
10월은 31일까지 있으므로 마지막 토요일은 다섯째 토요일인 30일입니다.

7 96

4개의 수 1, 8, 3, 9가 반복되는 규칙입니다.
19는 4를 4번 더하고 3을 더한 수와 같으므로 수를 19개까지 늘어놓으면
1, 8, 3은 각각 5개씩 있고, 9는 4개 있습니다.
1이 5개이면 $1\times5=5$, 8이 5개이면 $8\times5=40$, 3이 5개이면 $3\times5=15$,
9가 4개이면 $9\times4=36$입니다.
➡ (늘어놓은 수들의 합)$=5+40+15+36=96$

다시푸는 MATH MASTER

37~39쪽

1 풀이 참조

×	6	7	㉠8	㉡9
4	24	28	32	36
5	30	35	40	45
㉢6	36	42	48	54
㉣7	42	49	56	63

$4\times$㉠$=32$이므로 ㉠$=8$, $4\times$㉡$=36$이므로 ㉡$=9$,
㉢$\times7=42$이므로 ㉢$=6$, ㉣$\times$㉡$=$㉣$\times9=63$이므로 ㉣$=7$입니다.
왼쪽의 수와 위쪽의 수가 만나는 곳에 곱을 써넣어 곱셈표를 완성합니다.

서술형 **2** 14시 40분, 15시 50분, 17시

예 시각이 10시 ➡ 11시 10분 ➡ 12시 20분 ➡ 13시 30분 ➡ ...으로 1시간 10분마다 상영을 시작하는 규칙이 있습니다. 따라서 13시 30분 다음에 상영을 시작하는 시각은 14시 40분, 15시 50분, 17시, ...이므로 14시부터 17시까지 영상 상영을 시작하는 시각은 14시 40분, 15시 50분, 17시입니다.

채점 기준	배점
영상 상영을 시작하는 시각에서 규칙을 찾았나요?	2점
14시부터 17시까지 영상 상영을 시작하는 시각을 모두 구했나요?	3점

3 8, 7

쌓기나무를 이용하여 1씩 커지는 수들의 합에서 규칙을 찾습니다. 쌓기나무를 옮겨 보면 쌓은 모양은 가운데 수만큼씩 쌓은 쌓기나무가 나열한 수들의 개수만큼 있는 규칙입니다. 즉 $5+6+7+8+9+10+11$은 8만큼씩 7개 있는 것과 같습니다.
➡ $5+6+7+8+9+10+11=8+8+8+8+8+8+8=8\times7$
+3 +2 +1 −1 −2 −3

4 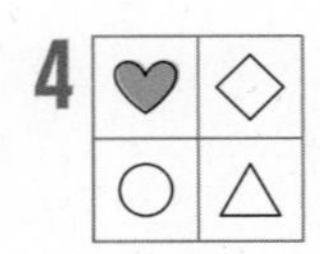

모양은 시계 반대 방향으로 한 칸씩 이동하여 그리고,
색깔은 시계 방향으로 한 칸씩 이동하여 색칠하는 규칙입니다.

따라서 빈칸에 알맞은 모양은 ♥ ◇ ○ △ 입니다.

5 7층

위에서부터 각 층에 사용한 쌓기나무를 세어 보면 1개, 1+3=4(개), 1+3+3=7(개),
1+3+3+3=10(개)로 아래층으로 갈수록 사용한 쌓기나무의 수가 3개씩 늘어납니다.
규칙에 따라 5층까지 쌓을 때 사용한 쌓기나무는 1+4+7+10+13=35(개),
6층까지 쌓을 때 사용한 쌓기나무는 1+4+7+10+13+16=51(개),
7층까지 쌓을 때 사용한 쌓기나무는 1+4+7+10+13+16+19=70(개)입니다.
따라서 사용한 쌓기나무가 70개라면 7층까지 쌓은 것입니다.

6 6, 3, 10, 7, 4

1부터 시작하여 시계 반대 방향으로 3칸씩 이동하는 규칙입니다.
9에서 시계 반대 방향으로 3칸 이동하면 6,
6에서 시계 반대 방향으로 3칸 이동하면 3,
3에서 시계 반대 방향으로 3칸 이동하면 10,
10에서 시계 반대 방향으로 3칸 이동하면 7,
7에서 시계 반대 방향으로 3칸 이동하면 4입니다.
따라서 빈칸에 알맞은 수는 순서대로 6, 3, 10, 7, 4입니다.

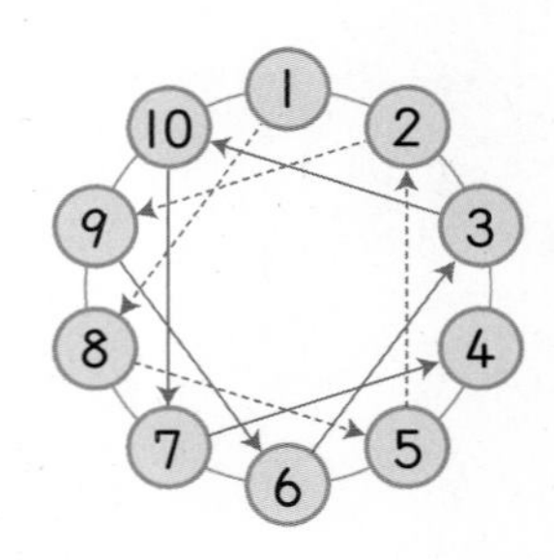

7 일곱째

사용한 연결 모형의 수에서 규칙을 찾아봅니다.
첫째: 3×3=9(개), 둘째: 3×4=12(개), 셋째: 3×5=15(개),
넷째: 3×6=18(개)이므로
다섯째: 3×7=21(개), 여섯째: 3×8=24(개), 일곱째: 3×9=27(개)이므로
연결 모형 27개를 사용하여 만든 모양은 일곱째입니다.

한걸음 한걸음 디딤돌을 걷다 보면
수학이 완성됩니다.

개념 다지기
원리, 기본

문제해결력 강화
문제유형, 응용

심화 완성
최상위 수학S, 최상위 수학

연산 개념 다지기
디딤돌 연산

디딤돌
연산은
수학이다

개념+문제해결력 강화를 동시에
기본+유형, 기본+응용

상위권의 힘, 사고력 강화
최상위 사고력

최상위
사고력

개념 이해 → **개념 응용** → **개념 확장**

학습 능력과 목표에 따라
맞춤형이 가능한 디딤돌 초등 수학